Hochschultext

Wolfgang Rosenstiel
Raul Camposano

# Rechnergestützter Entwurf hochintegrierter MOS-Schaltungen

Mit 172 Abbildungen

Springer-Verlag Berlin Heidelberg NewYork
London Paris Tokyo 1989

Dr. rer. nat. Wolfgang Rosenstiel
Forschungszentrum Informatik
an der Universität Karlsruhe
Haid-und-Neu-Straße 10-14
7500 Karlsruhe

Dr. rer. nat. Raul Camposano
IBM T.J. Watson Research Center
Yorktown Heights
P.O. Box 218
NY 10598 / USA

CIP-Titelaufnahme der Deutschen Bibliothek
Rosenstiel, Wolfgang:
Rechnergestützter Entwurf hochintegrierter MOS-Schaltungen /
Wolfgang Rosenstiel ; Raul Camposano.
Berlin ; Heidelberg ; NewYork ; London ; Paris ; Tokyo : Springer, 1989
(Hochschultext)
ISBN-13: 978-3-540-50278-4 e-ISBN-13: 978-3-642-95574-7
DOI: 10.1007/ 978-3-642-95574-7
NE: Camposano, Raul:



2068/3020-543210 Gedruckt auf säurefreiem Papier

# Vorwort

Dieses Buch gibt eine Einführung in den Entwurf und die Entwurfsautomatisierung hochintegrierter MOS-Schaltungen. Es behandelt die für das Verständnis und die Entwicklung von Werkzeugen für den Layout-Entwurf notwendigen Aspekte. Das Buch soll sowohl Studenten der Informatik und Elektrotechnik als auch Werkzeug-Entwickler mit den grundlegenden Schaltungstechniken und Entwurfsstilen sowie den Methoden und Algorithmen zur Entwurfsautomatisierung vertraut machen.

Dieses Buch entstand aus Skripten zu Vorlesungen, welche die Autoren seit 1982 an der Universität Karlsruhe im Bereich der technischen Informatik zu den Themen "Entwurf und Herstellung integrierter Schaltungen" und "Automatisierung des Entwurfs hochintegrierter Schaltungen" gehalten haben bzw. noch halten.

Die Autoren bedanken sich sehr bei Herrn Prof. Dr.-Ing. D. Schmid, ohne dessen großzügige Unterstützung - auch während der kritischen Durchsicht des fertigen Werks - die Erstellung dieses Buches nicht möglich gewesen wäre. Die Autoren danken auch Herrn M. Baumgartner sowie Frau S. Hellebrand, Frau Ch. Rosenstiel und den Herren B. Eschermann, T. Kropf, M. Rudolph und H.-J. Wunderlich für die Durchsicht des Manuskripts. Nicht zuletzt gebührt auch Frau D. Reiter herzlicher Dank, die den Kampf mit den Tücken der Technik, von denen (gerade) auch die Mikroelektronik nicht immer frei ist, sehr sorgfältig und zuverlässig geführt hat.

Die Autoren danken dem Forschungszentrum Informatik an der Universität Karlsruhe und der Firma IBM für die Unterstützung dieses Buchs. Die Autoren bedanken sich auch bei den Firmen Siemens und IBM für die überlassenen Layouts und Chipfotos.

Wolfgang Rosenstiel — Karlsruhe
Raul Camposano — Yorktown Heights

Januar 1989

# Inhaltsverzeichnis

# 1 Einleitung

Die mit zunehmender Integrationsdichte stark fallenden Kosten für eine einzelne Schaltfunktion sind letztlich die treibende Kraft, immer mehr Transistoren auf einem Schaltkreis zu integrieren. Tabelle 1.1 zeigt diesen Kostenverfall am Beispiel eines 1 MBit großen Speichers, dessen Preis sich in der Vergangenheit ungefähr alle zehn Jahre um drei Größenordnungen verringert hat.

**Tabelle 1.1.** Kostenentwicklung am Beispiel eines 1 MBit Speichers (mittlere Werte)

| Zeit | Verwendete IC's | | | | Preis (in DM) |
|---|---|---|---|---|---|
| 1973 | 1024 | IC's | à | 1 KBit | 150.000,-- |
| 1977 | 64 | IC's | à | 16 KBit | 10.000,-- |
| 1981 | 16 | IC's | à | 64 KBit | 800,-- |
| 1984 | 4 | IC's | à | 256 KBit | 240,-- |
| 1988 | 1 | IC | à | 1 MBit | 50,-- |

Diese Entwicklung ist durch einen immer besseren Herstellungsprozeß möglich geworden. Dazu gehören die eigentliche Fertigungstechnik, aber auch die Prozeßtechnologie sowie die Lithographie, welche die entworfenen Muster auf den Chip überträgt. Diese drei Techniken zusammen erreichen heutzutage bereits Auflösungen unter 1,0 µm. Es wird erwartet, daß die Feldeffekt-Transistortechnologie noch dramatische Verbesserungen vor allem hinsichtlich der Integrationsdichte und auch in geringerem Maß bezüglich der Geschwindigkeit erzielen wird. So wird prognostiziert, daß die Anzahl der Transistoren pro Chip im Zeitraum von 1990 bis zum Jahr 2020 um den Faktor 1.000 auf eine Milliarde Transistoren pro Chip ansteigen wird. Die Integrationsdichte wird dabei um einen Faktor 100 steigen, was durch eine Strukturverkleinerung von 1,0 auf 0,1 µm erreicht werden soll. Zusätzlich wird erwartet, daß die Kantenlänge eines Chips sich von heutzutage 1 cm auf 3 cm verdreifacht, wodurch sich ein weiterer Faktor von etwa 10 ergibt. Aufgrund der mit zunehmender

Miniaturisierung immer stärker dominierenden Laufzeiten auf Leitungen, wird der Anstieg der Geschwindigkeit "nur" auf den Faktor 10 geschätzt, was immerhin noch maximale Taktfrequenzen von mehreren hundert MHz bedeuten würde.

Neben diesen technologischen Entwicklungen sind die in den letzten Jahren erzielten Verbesserungen beim Entwurf hochintegrierter Schaltungen dafür verantwortlich, daß diese enormen technologischen Möglichkeiten nicht nur bei extrem regulären Strukturen, wie zum Beispiel Speichern, genutzt werden können. Verbesserte Chiparchitekturen und der zunehmende Einsatz des Rechners für den Entwurf integrierter Schaltkreise sind wesentliche Voraussetzungen für die Beherrschung dieser ungeheuren Komplexitäten. Während zu Beginn der 80er Jahre der Entwurf einer Logikschaltung mit z. B. 20.000 logischen Schaltfunktionen noch manuell mit einen Aufwand von mehreren Mannjahren durchzuführen war, können derartige Bausteine heutzutage bereits mit Standardzellen-Systemen unter Verwendung von Silicon-Compilern oder Synthesewerkzeugen nahezu vollautomatisch entworfen werden.

Diese beiden grundlegenden Tendenzen, der technologische Fortschritt einerseits und die Entwicklung von rechnerunterstützten Entwurfswerkzeugen andererseits, haben dazu geführt, daß Schaltungen auch anwendungsspezifisch für kleinere Stückzahlen entworfen werden können. Durch die Verwendung anwendungsspezifischer Bausteine (ASIC) können komplette Systeme auf einem einzigen Chip implementiert werden. Dadurch verwischen sich die traditionellen Schnittstellen zwischen System-Entwerfern und Chip-Designern und die technologischen Randbedingungen müssen bereits vom System-Entwerfer in einer sehr frühen Entwurfsphase berücksichtigt werden.

Dieses Buch enthält die notwendigen Grundlagen für das Verständnis und den Entwurf hochintegrierter MOS-Schaltungen. Obwohl der rechnerunterstützte Entwurf dabei im Vordergrund steht, werden die notwendigen physikalischen und elektrotechnischen Grundbegriffe nicht vernachlässigt. Auch die Herstellung integrierter Schaltungen wird kurz angesprochen, da ein gewisses Verständnis davon für den Entwurf notwendig ist.

Damit ist dieses Buch weniger zur Erweiterung und Vertiefung der zu den angesprochenen Themen reichlich vorhandenen Spezialliteratur gedacht. Vielmehr sollen die notwendigen Grundlagen sowohl *des Schaltungsentwurfs* als auch *der Entwurfsautomatisierung* verständlich zusammengestellt werden, um den Leser in die Lage zu versetzen, auf dem Gebiet des Entwurfs hochintegrierter Schaltungen tätig zu werden und die Spezialliteratur zu verstehen.

Das vorliegende Buch konzentriert sich fast ausschließlich auf Silizium als Basismaterial mikroelektronischer Schaltungen, da Silizium bei der Herstellung integrierter Schaltungen bei weitem dominiert. Eine Reihe von Eigenschaften, die in ihrer Kombination einmalig sind, haben die Verwendung von Silizium erheblich begünstigt. Eine solche Eigenschaft ist der Bandabstand, d. h. die Energiedifferenz zwischen den Valenzelektronen und Elektronen, die zur Stromleitung zur Verfügung stehen. Wenn der Abstand zu klein ist, führt bereits ein kleiner Temperaturanstieg dazu, daß nahezu alle Valenzelektronen in das Leitungsband aufsteigen, wodurch eine genaue Steuerung der elektrischen Eigenschaften erschwert wird (der Halbleiter wird dann zum Leiter). Silizium ist dagegen mit einem Bandabstand von 1,12 eV ein Halbleiter, der in einem großen Temperaturbereich um die typische Einsatztemperatur von ca. 300 K betrieben werden kann.

Weitere entscheidende Vorteile von Silizium sind, daß es in ausreichendem Maße ("wie Sand am Meer" im wahrsten Sinne des Wortes) vorhanden ist und daß man mit relativ niedrigem Aufwand nahezu perfekte Silizium-Monokristalle erzeugen kann. Darüber hinaus ist Siliziumdioxid ($SiO_2$) gleichzeitig ein sehr guter Isolator, was die Herstellung integrierter Schaltkreise auf Silizium-Basis entscheidend vereinfacht. Manche andere Materialien weisen bezüglich einzelner dieser Eigenschaften durchaus gewisse Vorteile gegenüber Silizium auf. Kein anderes Material verfügt jedoch über diese optimale Kombination der verschiedenen Eigenschaften.

Allerdings soll an dieser Stelle nicht verschwiegen werden, daß besonders Galliumarsenid (GaAs) in den letzten Jahren auch vermehrt Verwendung findet. Ein Grund für die Entwicklung von Galliumarsenid-Schaltungen ist die höhere Geschwindigkeit. So ist die Beweglichkeit der Elektronen im Leitungsband von Galliumarsenid sechsmal höher als bei Silizium. Ein weiterer Grund für die zunehmende Verwendung von Galliumarsenid, insbesondere im militärischen Bereich, ist die geringere Empfindlichkeit gegen Strahlungseinflüsse. Insgesamt ist allerdings der Anteil von Galliumarsenid-Schaltungen heutzutage noch so vernachlässigbar gering, daß die Konzentration auf Silizium für das vorliegende Buch angebracht ist. Für diese Einschränkung spricht auch, daß es, wie im Kap. 2 beschrieben wird, noch eine Reihe offener Probleme und Schwierigkeiten bei Galliumarsenid-Schaltungen gibt.

Nach einer detaillierten Darstellung der technologischen Entwicklung, die sowohl die Integrationstechnik als auch die Entwurfsautomatisierung umfaßt, werden im dritten Kapitel die physikalischen und elektrotechnischen Grundlagen für das Verständnis von MOS-Schaltungen behandelt. Das Kapitel beinhaltet die notwendigen Grundlagen der Elektrostatik und die Ableitung der für IC's wesentlichen elektrischen Grundbegriffe

(Widerstand, Kapazität). Mit Hilfe eines einfachen Bändermodells, das sich aus der Quantenphysik ableiten läßt, werden die wichtigsten (vereinfachten) Gleichungen für Halbleiter und den MOS-Feldeffekttransistor (MOS-FET) abgeleitet, die für die Behandlung der MOS-Schaltungen benötigt werden. Die verschiedensten Schaltungstechniken wie z. B. nMOS, CMOS, statisch, dynamisch usw. werden dabei berücksichtigt. Nur kurz wird im Rahmen dieses Buchs auf Bipolarschaltungen eingegangen, auch wenn sie bei Anwendungen mit sehr kurzen Schaltzeiten heute noch dominieren.

Die Kapitel vier, fünf und sechs bilden mit dem Thema "rechnerunterstützter Schaltungsentwurf" den zweiten Schwerpunkt des Buches. Gewissermaßen als Überleitung zu Entwurfswerkzeugen werden in Kapitel vier zunächst verschiedene Entwurfsstile behandelt. Mit verschiedenen Entwurfsstilen wird versucht, die Summe von Entwurfs- und Herstellungskosten bei der jeweiligen Stückzahl zu optimieren. So lohnt sich ein sogenannter Vollkunden-Entwurf (full custom design) aufgrund der enormen Entwicklungskosten nur für sehr hohe Stückzahlen, wie sie üblicherweise bei Speicherbausteinen oder Mikroprozessoren auftreten. Zellenorientierte Entwürfe benötigen zwar den vollen produktionstechnischen Durchlauf mit allen Maskenebenen und Herstellungsschritten, allerdings sind die Entwurfskosten durch die Verwendung von Standard- oder Makrozellen gegenüber einem Vollkunden-Entwurf reduziert. Der durch die Standardisierung leicht höhere Flächenbedarf macht Standardzellen für nicht ganz so hohe Stückzahlen zur rentablen Alternative. Für noch kleinere Stückzahlen wird durch eine teilweise Vorfertigung der Entwicklungskostenanteil weiter reduziert. Zu den Entwurfsstilen dieser Klasse gehören die Gate-Arrays und deren moderne Variante Sea-of-Gates. Hier werden auf dem Wafer die einzelnen Transistoren bereits vorgefertigt, so daß nur noch die Metallisierung individuell durchzuführen ist. Die mit dieser Vorfertigung verbundene Standardisierung vereinfacht - wie bereits bei Zellen-Schaltungen - die Entwicklung entsprechender Entwurfswerkzeuge. Durch deren Einsatz können dann die Entwurfskosten erheblich reduziert werden. Dadurch können Gate-Arrays schon bei wenigen hundert Stück rentabler sein als die Verwendung von Standard-IC's. Nicht zu vergessen sind in diesem Zusammenhang auch die sogenannten programmierbaren Schaltungen, bei denen die Fertigung im Grunde genommen abgeschlossen ist, und deren Funktion der Anwender durch die Verwendung entsprechender Programmiermaßnahmen (z. B. Durchbrennen entsprechender Sicherungen) festlegt. Typische Vertreter solcher programmierbarer Bausteine sind PAL's (Programmable Array Logic) oder FPLA's (Field Programmable Logic Arrays). Neuerdings werden auch sogenannte LCA's (Logic Cell Arrays) angeboten, bei denen kleine Logikblöcke und deren Verbindungen von einem RAM gesteuert werden. Bei dieser neuesten Variante programmierbarer Schaltungen werden bereits Komplexitäten bis zu 10.000 Gatterfunktionen angeboten, wodurch diese Bausteine zu einer sehr ernst zu nehmenden, wichtigen Variante anwendungsspezifischer integrierter Schaltungen werden.

Kapitel fünf gibt eine Einführung in den rechnerunterstützten Entwurf. Dazu werden die Werkzeuge, die im anschließenden Kapitel sechs dann jeweils ausführlich behandelt werden, zunächst gemäß verschiedener Kriterien klassifiziert. Klassifikationskriterien sind dabei die verschiedenen Sichten und unterschiedlichen Ebenen des Entwurfsprozesses, die Aufgabe des Werkzeugs, der Entwurfsstil sowie die Einteilung in Steuerwerk und Datenpfad.

Kapitel sechs behandelt schließlich die einzelnen Entwurfswerkzeuge im Detail. Dazu gehört zunächst die Einführung häufig verwendeter Datenstrukturen. Bei der Behandlung der Werkzeuge konzentrieren wir uns ausschließlich auf den rechnerunterstützten Entwurf der Geometrie integrierter Schaltungen, die aufgrund der dort vorhandenen hohen Komplexität nach wie vor am intensivsten durch Werkzeuge unterstützt werden muß. Im Rahmen der verschiedenen Entwurfsaufgaben werden jeweils Algorithmen und Methoden, die den verschiedenen Werkzeugen zugrundeliegen, vorgestellt. Dazu gehören u. a. so wichtige Themen wie Plazierung und Verdrahtung, Schaltungsextraktion, Entwurfsregel-Überprüfung usw.

Den Abschluß dieses Buches bildet nochmals ein technologienäheres Gebiet, nämlich die Herstellung integrierter Schaltungen. Die Herstellung ist zwar ein für den Entwerfer etwas weiter entfernt liegendes Thema. Das Kapitel ist aber dennoch in das Buch aufgenommen worden, weil die Herstellung für das Verständnis der Entwurfsregeln und des Aufbaus einer Schaltung entscheidend ist. Darüber hinaus sollen durch die Vorstellung einiger üblicher nMOS- und CMOS-Prozesse beim Entwerfer das Verständnis für die Probleme der Herstellung geweckt und auch noch einige Erklärungen und Ergänzungen für wichtige in früheren Kapiteln des Buchs behandelte Themen gegeben werden. Dazu gehören ganz wesentlich die in Kapitel vier erwähnten verschiedenen Entwurfsstile, aber auch gewisse Randbedingungen des Entwurfs wie beispielsweise geometrische und elektrische Entwurfsregeln.

Am Ende des 7. Kapitels wird ein weiteres Mal auf die Problematik der zunehmenden Leitungslaufzeiten als Ergebnis weiterer Strukturverkleinerungen hingewiesen. Während sich die Miniaturisierung für die aktiven Elemente - die Transistoren - sehr vorteilhaft auswirkt, ist dies für die Verbindung der Transistoren auf dem Chip eher nachteilig. Zunächst werden nicht alle Verbindungen zwischen Transistoren kürzer, wenn die

Transistoren kleiner werden. Während nämlich die Transistoren immer kleiner geworden sind, sind die Chips selbst größer geworden. Im Ergebnis tendieren die sogenannten Langstreckenverbindungen dazu, mit zunehmender Chipgröße länger zu werden. Doch selbst auf lokale Verbindungen, die mit zunehmender Transistorverkleinerung kürzer werden, wirkt sich diese Miniaturisierung nicht günstig aus. Wegen des elektrischen Verhaltens der Verbindungsleitungen wird die Laufzeit auf diesen Leitungen nicht kürzer, sondern bleibt für kurze Verbindungen konstant. Allerdings steigt dabei die Stromdichte an, was die Gefahr einer Migration, d. h. einer Zerstörung einzelner Leitungen erhöht. Für die Langstreckenverbindungen dagegen steigt aufgrund der zunehmenden Länge auch die Laufzeit an, so daß diese Verbindungen mehr und mehr die Gesamtgeschwindigkeit für eine integrierte Schaltung bestimmen. Dieser Effekt macht auch deutlich, daß im Bereich der Entwurfswerkzeuge neue Optimierungsziele definiert und in eine entsprechende Rechnerunterstützung umgesetzt werden müssen. Es geht nicht länger darum, die aktiven Elemente, d.h. die Gatter und die einzelnen Transistoren, sondern die Verbindungsstrukturen auf dem Chip zu reduzieren.

# 2 Technologische Entwicklung

Im Jahre 1946 versuchten Shockley und Pearson, einen *Feldeffekttransistor* (FET, Field Effect Transistor) auf der Basis von Silizium und Germanium herzustellen. Aufgrund damals noch nicht bekannter Oberflächeneffekte war dieser Versuch zunächst nicht geglückt. Mittlerweile waren Bardeen und Brattain mit dem bipolaren Transistor erfolgreich, so daß die Nutzung des Feldeffekts nicht weiter verfolgt wurde. Shockley arbeitete jedoch weiter an der Lösung der aufgetretenen Probleme und veröffentlichte 1950 einen Artikel über Feldeffekttransistoren mit einem Gate auf der Basis eines pn-Übergangs (Sperrschicht-FET), die aber keine Vorteile gegenüber bipolaren Transistoren aufwiesen. Nachdem die Probleme beim Übergang zwischen $SiO_2$ und Silizium von Atalla gelöst werden konnten, wodurch der eigentliche *MOS-FET* (Metal Oxid Semiconductor) mit isoliertem Gate erst ermöglicht wurde, begann ab 1960 mit den ersten integrierten Schaltungen (Integrated Circuit, IC) der sensationelle Siegeszug der MOS-Transistoren.

*Feldeffekttransistoren*, besonders vom Typ *MOSFET*, werden heute vorwiegend für den Aufbau hochintegrierter Schaltungen verwendet, wie z. B. für Mikroprozessoren und Halbleiterspeicher.

Bei der Herstellung unterscheidet man p-Kanal und n-Kanal MOS-Transistoren als Verarmungs- und Anreicherungstypen. Die zuerst auf dem Markt erschienenen MOS-Schaltungen wurden in p-Kanal Metall-Gate Technologie realisiert. Die Gründe waren vor allem ein einfacher Herstellungsprozeß und hohe Zuverlässigkeit. In der heutigen Großintegration wird hauptsächlich der n-Kanal Anreicherungstyp mit Verarmungslasttransistor verwendet. Hauptgrund hierfür ist die Tatsache, daß durch die größere Elektronenbeweglichkeit die Leitfähigkeit des Kanals, in Abhängigkeit von der jeweiligen Dotierung, um den Faktor 3 erhöht werden konnte, was zu einer entsprechenden Erhöhung der Schaltgeschwindigkeit führte. Problematisch für die n-Kanal-Technik war lange Zeit der Umstand, daß geringe Verunreinigungen des Oxids während des Herstellungsprozesses zu unzulässig großen Änderungen der Schwellspannung führten. Mit neuen Techniken konnte dies jedoch behoben werden, so daß die n-Kanal-Technologie zum heutigen Standard zählt.

Bereits nach wenigen Jahren konnte man um 1965 auf einer Fläche von 3 $mm^2$ bis zu 100 Transistoren unterbringen. Die Anzahl der realisierbaren Gatterfunktionen lag dabei zwischen zwei und fünfzig, und man spricht deshalb von *Small Scale Integration* (SSI). Seither verdoppelt sich die Anzahl der Transistoren, die auf einem Chip untergebracht werden können, ungefähr alle zwei bis drei Jahre.

## 2.1 Ein kurzer Vergleich mit anderen Schaltungstechniken

Da sich MOS- und Bipolarschaltungen für viele Anwendungen alternativ als Lösung anbieten, ist ein direkter Vergleich zwischen beiden Techniken angebracht. Bei einem solchen Vergleich stellt sich heraus, daß MOS-Schaltungen, außer in Fällen, in denen es auf hohe Schaltgeschwindigkeit und große Ausgangsleistung ankommt, beträchtliche Vorteile bieten.

- *Flächenbedarf der Funktionseinheiten*

  Der Flächenbedarf von MOS-Schaltungen beträgt nur rund 1/10 gegenüber Bipolarschaltungen, da zum einen die Schaltungselemente kleiner als bei bipolaren Schaltungen sind, und zum anderen aufgrund der hochohmigen Eingangswiderstände der im Prinzip bidirektionalen MOS-Elemente neue Grundschaltungen mit einer geringeren Anzahl von Elementen je Funktionseinheit erstellt werden können.

- *Layoutentwurf*

  Im Gegensatz zu Bipolarschaltungen enthalten MOS-Schaltungen i. w. nur Transistoren. Die Kenngrößen eines solchen Transistors hängen bei einem feststehenden Prozeß nur von zwei geometrischen Größen ab, der Kanalbreite und der Kanallänge. Beim Layoutentwurf sind demnach nur wenige Größen zu optimieren.

- *Verlustleistung*

  Die Verlustleistung bei MOS-Schaltungen ist gegenüber Bipolarschaltungen um den Faktor 10 bis 1000 geringer. Der Grund für diesen großen Bereich ist in der Vielzahl der verschiedenen Schaltungstechniken zu sehen. Die Gründe für die geringe Verlustleistung sind vor allem der hohe Eingangswiderstand

(Spannungssteuerung) und neue Techniken in den Grundschaltungen (*CMOS, Complementary MOS*).

- *Herstellung*
  Die Herstellung von MOS-Schaltungen erfordert weniger Masken- und Prozeßschritte als bei bipolaren Schaltungen, so daß die Herstellung insgesamt einfacher und damit auch billiger ist.

Der Bedarf an schnellen Logikschaltungen mit mittlerer Integrationsdichte - etwa 1.000 bis 10.000 Gatter pro Chip - hat neben der bipolaren Standard-Technik TTL (*Transistor Transistor Logic*) auch zu einer Reihe weiterer bipolarer Schaltungstechniken geführt, die hier nicht weiter vertieft, aber zumindest dem Namen nach kurz erwähnt werden sollen. ECL (*Emitter Coupled Logic*) stellt die schnellste bipolare Schaltungstechnik dar, die allerdings auch den höchsten Leistungsverbrauch und damit die niedrigste Integrationsdichte aufweist. $I^2L$ (*Integrated Injection Logic*) ist eine bipolare Schaltungstechnik, die die höchste Integrationsdichte erlaubt, allerdings aber vergleichsweise langsam ist. ISL (*Integrated Schottky Logic*) bzw. STL (*Schottky Transistor Logic)* stellen bipolare Schaltungstechniken dar, die schnellere Geschwindigkeiten als $I^2L$ gestatten, aber geringere Packungsdichten und einen leicht höheren Leistungsverbrauch aufweisen. Der Wunsch nach höherer Packungsdichte und niedrigerem Leistungsverbrauch führte zu der Entwicklung einer Schaltkreistechnik, welche die Stromquellen- und Schalteigenschaften von Transistoren kombiniert. Ein Beispiel ist ECIL (*Emitter Coupled Injection Logic*), wo versucht wird, die Integrationsdichte von $I^2L$ mit der Schaltgeschwindigkeit von ECL zu kombinieren.

Auch im Bereich der MOS-Schaltungstechnik sind einige Varianten zu beobachten. CMOS ist vor allem aufgrund des niedrigen Leistungsverbrauchs bei mittleren Schaltfrequenzen und der dadurch möglichen hohen Integrationsdichte sowie des hohen Störabstandes sicherlich die geeignete Schaltungstechnik für hochkomplexe VLSI-Chips. Mehr und mehr wird dabei versucht, CMOS- und Bipolar-Schaltungen auf dem gleichen Chip unterzubringen, wodurch sich ein breites Spektrum verschiedener Anwendungen eröffnet, für die bei komplexen Schaltungen durchaus ein Bedarf besteht.

Ebenfalls eine wichtige Variante bei der Herstellung von CMOS-Schaltungen sind die sogenannten "twin-tub" CMOS-Prozesse. Eine separate $n^+$-Dotierung zur Implementierung der p-Kanal-Transistoren ermöglicht eine Erhöhung des Substrat-Widerstands, da das n-Substrat schwächer dotiert werden kann. Ein weiterer Vorteil des Twin-Tub-Prozesses ist die unabhängige Einstellung und Optimierung von Schwellspannung, "body effect" und Verstärkung der n- und p-Kanal-Transistoren. Der Twin-Tub-Prozeß kombiniert die Vorteile des p-Wannen-Prozesses, die vor allem in der höheren Zuverlässigkeit und dem Ausgleich der Leistungsfähigkeit zwischen p- und n-Kanal-Transistoren bestehen, mit denen des n- Wannen-Prozesses, der weniger gegen Latch-Up (vgl. Abschn. 7.4) empfindlich und auch eher mit den bestehenden n-MOS-Prozessen kompatibel ist.

Eine andere Prozeßvariante besteht darin, daß ein Isolator als Trägermaterial für die (wiederum aus Silizium aufgebauten) Transistoren verwendet wird (*SOI, Silicon on Insulator*). Der wohl bekannteste Herstellungsprozeß aus dieser Klasse ist CMOS/SOS (*Silicon on Sapphire*), bei dem auf einem Saphir (Aluminiumoxid, $Al_2O_5$) Silizium abgeschieden wird. SOS erscheint auf den ersten Blick als eine ideale VLSI-Technologie. Das isolierende Substrat vermeidet Latch-Up, ist unempfindlich gegen Strahlung, der Entwerfer braucht sich nicht um spezielle Schutzringe ("guard rings"), Wannen etc. zu kümmern und kann sich ganz auf die Transistoren und Leitungen konzentrieren, die sich auch vergleichsweise ideal verhalten. Zudem wurden höhere Packungsdichte, höhere Geschwindigkeit und ein mit üblichem CMOS vergleichbarer Leistungsverbrauch erreicht. Daß trotz dieser beeindruckenden Vorteile "Silizium auf Saphir", abgesehen von einigen Spezialanwendungen, bisher keine wirtschaftliche Bedeutung erlangt hat, liegt zunächst daran, daß die Dielektrizitätskonstante von Saphir im Vergleich zu Silizium hoch ist, was sich nachteilig auf die Kapazität der Verbindungen und somit auch auf die Geschwindigkeit auswirkt. Insbesondere in Anbetracht der Tatsache, daß mit zunehmender Strukturverkleinerung die Gesamtverzögerung einer Schaltung durch die Leitungslaufzeiten bestimmt wird, erlangt wohl auch zukünftig SOS keine wirtschaftliche Bedeutung. Zu diesem technischen Problem kommt noch hinzu, daß Saphir ein sehr teures Material ist, das deshalb für IC's nicht besonders geeignet ist.

Wenn sich das Buch auch schwerpunktmäßig mit MOS-Schaltungen beschäftigt, soll zum Abschluß dieses Unterkapitels noch kurz auf die Galliumarsenid-Technologie eingegangen werden, da vom Prinzip her GaAs-IC's gegenüber Silizium-Schaltungen folgende Vorteile aufweisen:

- Die Beweglichkeit und damit die Geschwindigkeit der freien Ladungsträger in Galliumarsenid ist etwa fünf- bis sechsmal größer als in Silizium. Daraus folgt, daß Galliumarsenid-Schaltungen eine höhere Schaltgeschwindigkeit ermöglichen.
- Bei 300 K beträgt die Feld-Beschleunigungscharakteristik 5000 $cm^2/Vs$ gegenüber nur 800 $cm^2/Vs$ bei Si. Das heißt, bereits bei schwächerem Feld sind die Elektronen schneller, wodurch niedrigere Betriebsspannungen möglich sind.

- Durch den hohen Bandabstand des GaAs-Materials, nämlich 1,42 eV im Gegensatz zu 1,12 eV bei Silizium, steht ein größerer Spannungsbereich für den Sättigungsbetrieb zur Verfügung.
- Die Sperrschicht-Temperatur des hochisolierenden GaAs-Substrats ist höher als bei Silizium. Die GaAs-Chips sind deshalb in der Lage, in einem breiteren Temperaturbereich zu arbeiten, der von -125° bis +250°C reicht.
- Galliumarsenid ist unempfindlicher gegen Strahlungseinflüsse als Si. Es ist deshalb für Weltraum- und militärische Anwendungen besser geeignet.
- GaAs in Verbindung mit anderen chemischen Elementen kann Licht detektieren und erzeugen. Dadurch kann man im Prinzip Lichtsignale mit sehr hoher Geschwindigkeit modulieren, demodulieren und auf demselben Chip verarbeiten.

Die Nachteile der Galliumarsenid-Technologie liegen im Vergleich zur Silizium-Technologie vor allem im wesentlich größeren technologischen Aufwand beim Fertigungsprozeß, so daß 1988 noch kaum kommerzielle Standard-IC's erhältlich sind. Die Hauptschwierigkeiten bestehen dabei offensichtlich darin, daß durch die Oberflächenladungen bzw. -spannungen (noch) keine Galliumarsenid-MOSFET's, sondern lediglich MESFET's (Metal Semiconductor) möglich sind.

## 2.2 Entwicklung der Integration von MOS-Schaltungen

Ausgangspunkt für die Herstellung der Chips ist der sogenannte Wafer, eine ca. 0,3 mm dünne Scheibe aus hochreinem, monokristallinem Silizium. Anfänglich ließen sich auf einem Wafer mit 1 Zoll Durchmesser (≈ 25,4mm) nur rund 50 Chips herstellen, wobei die Chipfläche bei nur wenigen mm$^2$ lag (*Small Scale Integration*, SSI).

Mitte der 60er Jahre konnte die Fläche eines IC's auf 8 mm$^2$ vergrößert werden. Durch diese größere Fläche und die gleichzeitig mögliche Verkleinerung der minimalen Abmessungen enthielt ein Chip bis zu 1.000 Transistoren, womit sich 20 bis 150 Gatterfunktionen realisieren ließen (*Medium Scale Integration*, MSI). Gegen 1968 fand der Übergang vom 1-Zoll- Wafer zum 3-Zoll-Wafer (Durchmesser 76,2 mm) statt. Auf einem 3-Zoll-Wafer ließen sich nun bis zu 100 MSI-Chips in einem Arbeitsgang produzieren.

Mit der Einführung der ersten Mikroprozessoren INTEL 4004, 8008 und schließlich 8080 in den Jahren 1971-1974 und den hochintegrierten RAM- und ROM-Schaltkreisen läßt sich der Beginn der sogenannten LSI-Technik (*Large Scale Integration*) kennzeichnen. Auf einem Chip mit einer Fläche von 20 mm$^2$ sind dabei bis zu 100.000 Transistoren untergebracht, wodurch sich zwischen 1.000 und 50.000 Gatterfunktionen realisieren lassen. Durch die Verbesserung des Herstellungsprozesses wurden auch immer größere Wafer möglich. So können auf einem 8-Zoll-Wafer (ca. 20 cm Durchmesser) bis zu 1.000 Chips in LSI-Technik hergestellt werden.

*VLSI (Very Large Scale Integration)* ist heute gekennzeichnet durch 32-Bit-Mikroprozessoren mit über 100.000 Gatterfunktionen auf einer Chipfläche von teilweise mehr als einem Quadratzentimeter und Speicher-IC's mit bis zu 16-MBit Kapazität, bei denen viele Millionen Transistoren auf einem Chip untergebracht werden können. Auf einem 8-Zoll-Wafer können einige Hundert VLSI-Chips hergestellt werden.

Zu den charakteristischen Größen, mit denen die technologische Entwicklung der Mikroelektronik beschrieben werden kann, zählen vor allem:

- Minimale Abmessungen der Strukturen auf dem Chip
- Anzahl der Transistoren pro Chip
- Schaltzeiten
- Abbildungstechnik
- Wafergrößen
- Preise
- Zuverlässigkeit.

Die folgenden Abbildungen zeigen die Entwicklungen dieser charakteristischen Größen in den letzten 20 Jahren und in einer Projektion bis zum Jahr 2000. Diese Darstellungen sind angelehnt an [GrPi82], sowie an [VLSI81,VLSI82,VLSI85], wobei möglichst aktuelles Zahlenmaterial aus den einschlägigen Fachzeitschriften verwendet wurde.

Bild 2.1 verdeutlicht die Verkleinerung der *minimalen Abmessungen*, in diesem Fall der Kanallänge, in den letzten zehn Jahren und versucht, die weitere Entwicklung abzuschätzen. Dabei ist zwischen dem Einzeltransistor, bei dem bereits Kanallängen um 0,2 μm möglich sind, und der Fertigung von Gesamtschaltungen zu unterscheiden. Während man hierbei im Labor bereits Transistoren mit weniger als 0,5 μm Kanallänge herstellen kann, liegt der Stand der Technik in der Produktion im Jahre 1988 bei ungefähr 1,0 μm Kanallänge.

Im Bild 2.2 ist zu erkennen, daß sich die *Anzahl der Transistoren pro Chip* seit 1960 ungefähr alle zwei bis drei Jahre verdoppelt hat. Während der Anfang der 70er Jahre gefertigte 8-Bit-Mikroprozessor INTEL 8080 noch aus 5.000 Transistoren bestand, sind mittlerweile 32-Bit-Mikroprozessoren mit über 500.000 Transistoren auf dem Markt erhältlich.

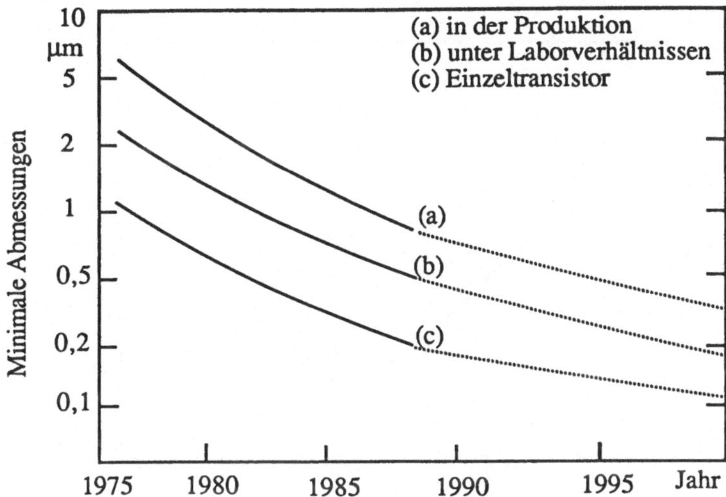


**Bild 2.1.** Entwicklung der minimalen Abmessungen

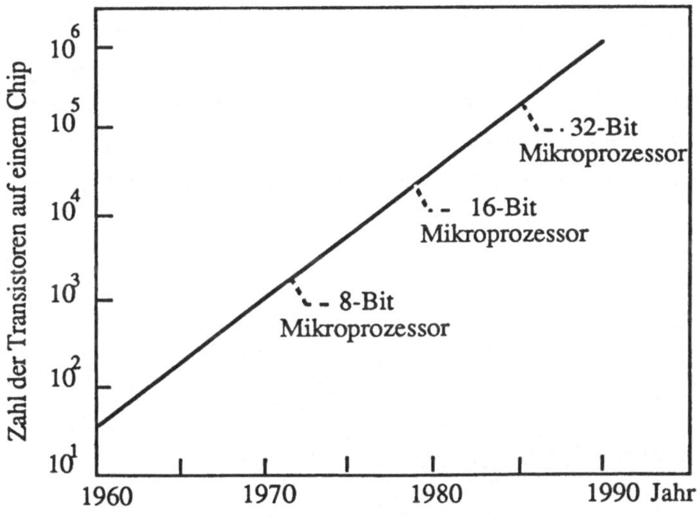


**Bild 2.2.** Entwicklung der Anzahl der Transistoren pro Chip

Bild 2.3 geht auf die Schaltzeit als dritte charakteristische Größe ein und stellt deren Entwicklung bei MOS- und bipolaren Schaltungen gegenüber. So lassen sich mit bipolaren Schaltungen heute Schaltzeiten zwischen 10 und 100 Picosekunden erreichen. Aber auch die Verzögerungszeit von MOS-Schaltungen nimmt ständig ab, so daß auch hier bereits Schaltzeiten unter einer Nanosekunde möglich sind. Bild 2.3 verdeutlicht diesen Sachverhalt.

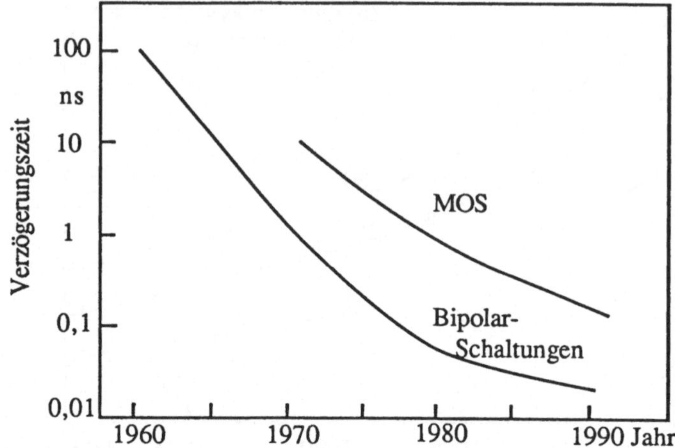


**Bild 2.3.** Entwicklung der Schaltzeiten bei MOS- und Bipolar-Schaltungen

Die vierte für die Integration charakteristische Größe sind die *Wafer-Abmessungen*. Bis 1965 wurden im wesentlichen 1-Zoll-Wafer verwendet. Mitte der 70er Jahre erfolgte der Übergang von 2-Zoll-Wafern zu 3-Zoll-Wafern, die Ende der 70er Jahre durch 4-Zoll-Wafer ersetzt wurden. Heutiger Industriestandard sind Wafer mit einem Durchmesser von 5 Zoll (≈125 mm), und teilweise ist bereits mit der Umstellung auf 8 Zoll (≈200 mm) Wafer begonnen worden.

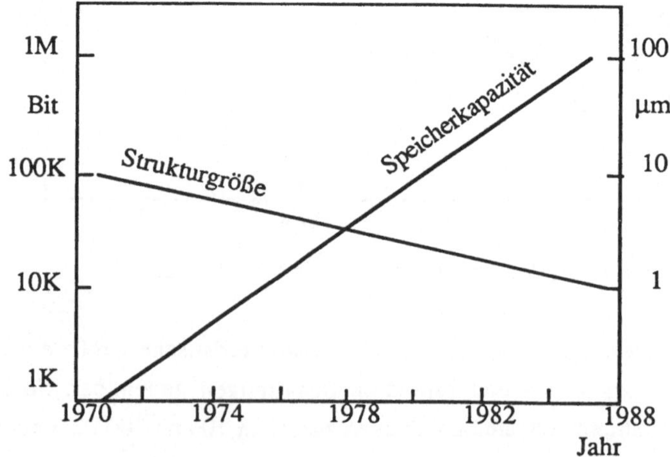


**Bild 2.4.** Entwicklung von Speicherkapazität und Strukturverkleinerung

Bild 2.4. stellt für dynamische RAM-Speicher die Verkleinerung der Strukturen der zunehmenden Speicherkapazität gegenüber. Durch die Verkleinerung der minimalen Strukturen von 10 µm auf 1 µm und die Vergrößerung der Chipfläche von 10 $mm^2$ auf über 60 $mm^2$ konnte die Kapazität von einem Kilobit auf mittlerweile vier Megabit erhöht werden. Dieser Sachverhalt wird durch Bild 2.5 nochmals verdeutlicht, in dem für die jeweiligen Speicher-IC's auch die verwendete Strukturgröße angegeben ist.

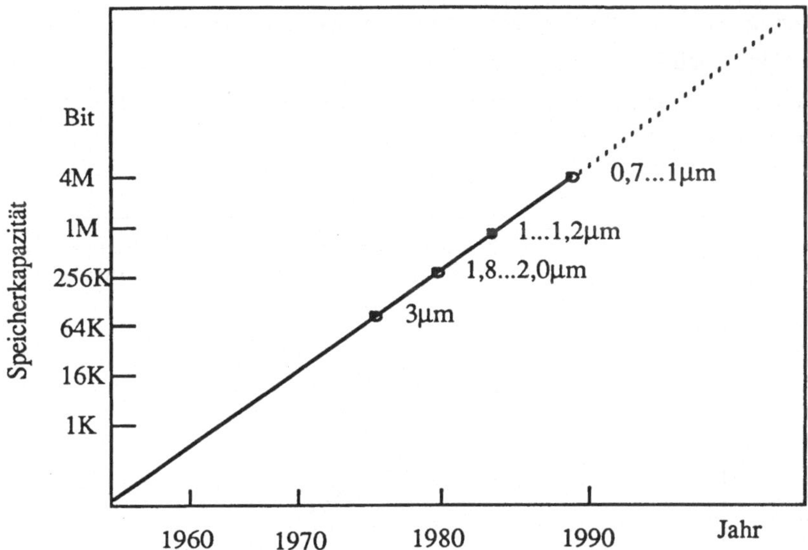


**Bild 2.5.** Entwicklung der Strukturgrößen und der Speicherkapazitäten

Als weitere charakteristische Größe für die technologische Entwicklung kann die *Abbildungstechnik* herangezogen werden, mit der die zu fertigenden Strukturmuster auf den Wafer übertragen werden können. Die bis Mitte der 70er Jahre verbreitete Technik war das sogenannte Kontaktverfahren, bei dem die Maske zur Belichtung gegen den Wafer gepreßt wurde. Als wesentliche Nachteile sind die mit der Strukturverkleinerung zunehmende Ungenauigkeit, aber auch die Beschädigung der Maske zu nennen. Seither werden im wesentlichen optische Projektionsmaschinen verwendet, welche die über dem Wafer aufgespannte Maske im Maßstab 1:1 projizieren. Zum einen wurde dadurch die Defektdichte wesentlich verringert und zum anderen die Lebensdauer einer Maske verzehnfacht.

Eine noch höhere Genauigkeit läßt sich durch die sogenannten optischen Stepper erreichen, bei denen nicht mehr der gesamte Wafer auf einmal durch eine Maske belichtet wird, sondern nur noch jeweils ein Chip, wobei in der Regel die Maske bei der Projektion im Verhältnis 1:5 verkleinert wird. Für minimale Abmessungen unterhalb 1 µm muß aufgrund der durch die Wellenlänge begrenzten Auflösung das übliche UV-Licht durch Elektronen- oder durch die noch im Forschungsstadium befindlichen Röntgenstrahlen ersetzt werden.

Eine andere Technik, die ebenfalls immer stärkere Verbreitung findet, besteht im sogenannten "Direktschreiben". Hierbei entfällt die Maske, da der Wafer durch Elektronenstrahlen direkt belichtet wird. Die Belichtungszeit beim Direktschreiben ist allerdings wesentlich höher als bei der Verwendung von Masken, da das gesamte Muster jeweils Chip für Chip geschrieben werden muß. Diese Technik ist eher für kleinere Stückzahlen interessant, da dort die Maskenkosten einen dominierenden Faktor bilden. Bild 2.6 stellt diese verschiedenen Abbildungstechniken nochmals zusammen.

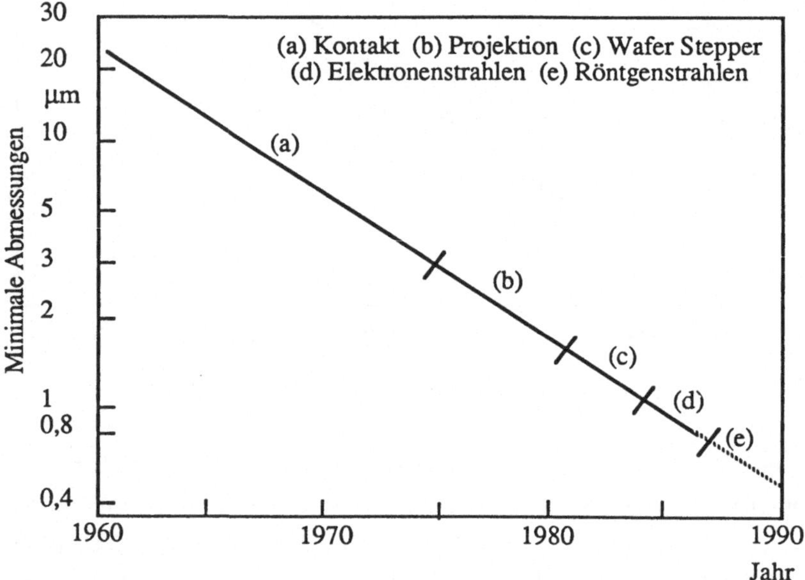


**Bild 2.6.** Entwicklung der Abbildungstechnik

Da nicht einzelne Chips, sondern stets gesamte Wafer gefertigt werden, ist auch interessant, wieviele Chips welcher Kantenlänge jeweils auf einem Wafer untergebracht werden können. Tabelle 2.7 stellt für die gängigen Wafergrößen von 4, 5 und 8 Zoll und Chip-Kantenlängen von 1 bis 15 mm bzw. Chipflächen von 1 bis 225 mm² zusammen, wieviele Chips jeweils auf einem Wafer gefertigt werden können.

Wenn z. B. ein VLSI-Chip mit 1 cm² Fläche auf einem 4-Zoll Wafer gefertigt werden soll, so können nur 64% der Waferfläche tatsächlich für die Chips genutzt werden. Die restlichen 36% müssen aufgrund der kreisförmigen Waferstruktur ungenutzt bleiben. Wenn dasselbe VLSI-Chip auf einem 5-Zoll Wafer gefertigt wird, können bereits 71% Chipfläche genutzt werden, bei einem 8-Zoll Wafer sind es 81%.

**Tabelle 2.7.** Verhältnis von Chipanzahl zu Wafergröße

| Kantenlänge (mm) | Chipfläche ($mm^2$) | Anzahl der Chips pro Wafer bei einem Waferdurchmesser von 100mm | 125mm | 200mm |
|---|---|---|---|---|
| 1,0 | 1,0 | 7543 | 11882 | 30791 |
| 2,0 | 4,0 | 1810 | 2875 | 7543 |
| 3,0 | 9,0 | 771 | 1236 | 3284 |
| 4,0 | 16,0 | 415 | 672 | 1810 |
| 5,0 | 25,0 | 254 | 415 | 1134 |
| 6,0 | 36,0 | 169 | 279 | 771 |
| 7,0 | 49,0 | 119 | 197 | 555 |
| 8,0 | 64,0 | 87 | 146 | 415 |
| 9,0 | 81,0 | 65 | 111 | 321 |
| 10,0 | 100,0 | 50 | 87 | 254 |
| 11,0 | 121,0 | 39 | 69 | 206 |
| 12,0 | 144,0 | 32 | 56 | 169 |
| 13,0 | 169,0 | 25 | 46 | 141 |
| 14,0 | 196,0 | 21 | 38 | 119 |
| 15,0 | 225,0 | 17 | 32 | 101 |

Bild 2.8 gibt eine Übersicht, wie sich die Kantenlänge eines Chips und die sich daraus ergebende Chipfläche bei regelmäßigen Strukturen (Speicher) entwickeln werden. Bild 2.9 verdeutlicht die zu erwartende Vergrößerung der Chips für nicht regelmäßige Entwürfe (Logikschaltungen).

Da bei den hohen Stückzahlen von Speicherbausteinen der Preis im wesentlichen durch die Ausbeute bestimmt wird, nähert sich die Chipfläche für die Produktion hoher Stückzahlen nur langsam 1,0 $cm^2$. Bei Logikschaltungen hat man zum einen in der Regel geringere Stückzahlen als bei Speicherbausteinen, und zum anderen ist der Entwurfskostenanteil weitaus höher. Die Kapitel 4 und 5 beschäftigen sich speziell mit den Auswirkungen dieser Entwicklung.

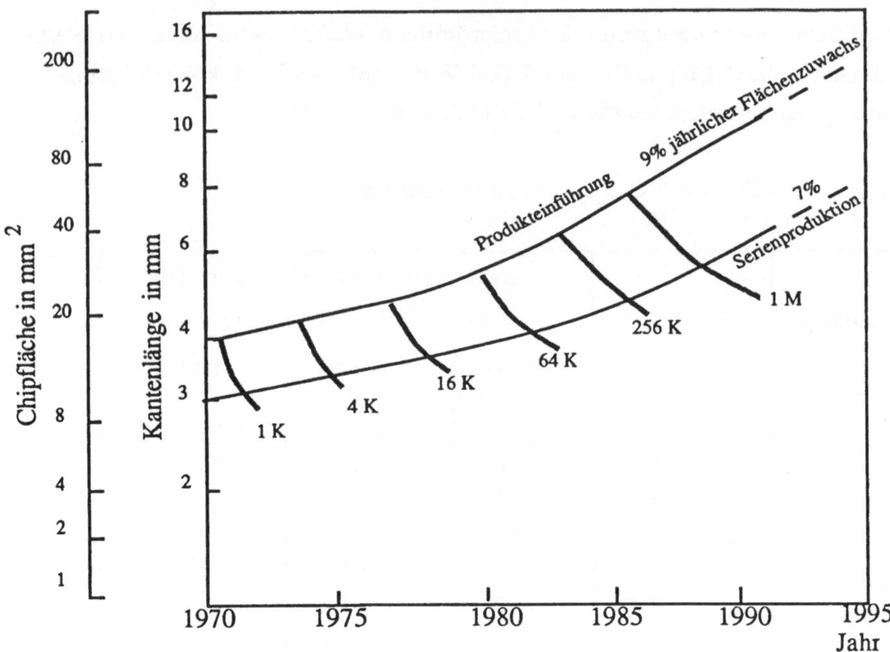


**Bild 2.8.** Entwicklung der Chipgröße bei der Produktion regelmäßiger Schaltungen (Dynamische RAM's)

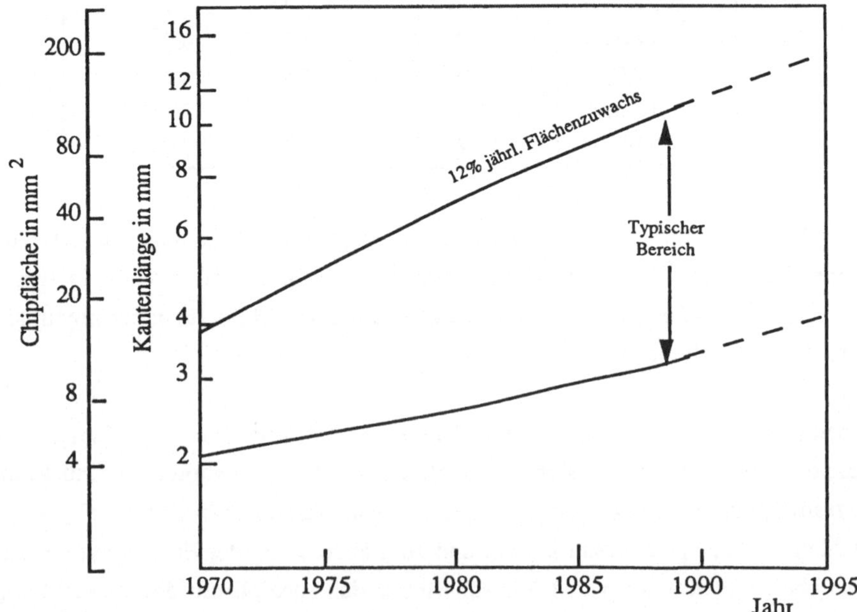


**Bild 2.9.** Entwicklung der Chipgröße bei nicht regelmäßigen Schaltungen (Logikschaltungen)

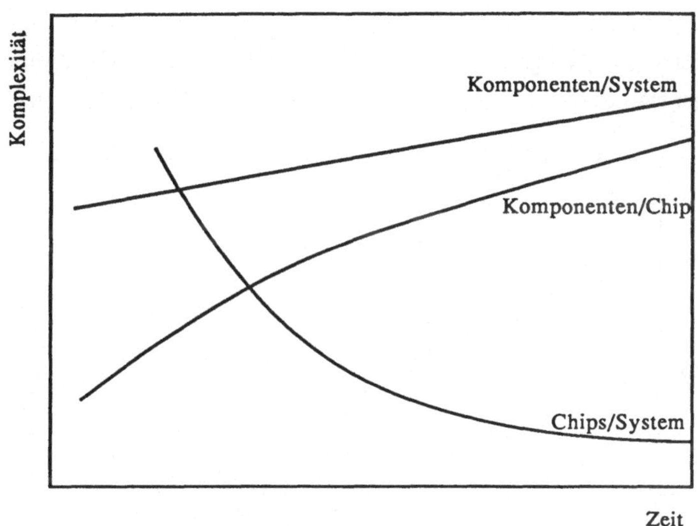


**Bild 2.10.** Entwicklung der Anzahl der Komponenten und IC's pro System

Außerdem haben Logikschaltungen im allgemeinen eine geringere Regularität und eher konservative Entwurfsregeln, was zu wesentlich niedrigeren Transistordichten führt. Diese verschiedenen Effekte führen dazu, daß Logikchips ein breites Spektrum bezüglich der Chipfläche aufweisen und durchaus bereits heute eine Chipfläche von 1 $cm^2$ übersteigen können. In diesem Zusammenhang ist auch eine andere Entwicklung interessant, die durch Bild 2.10 zumindest qualitativ angedeutet werden soll. Da die Anzahl der Transistoren pro Chip durch die technologischen Fortschritte weitaus stärker ansteigt als die durch die Komplexität eines Gesamtsystems bestimmte Anzahl der Transistoren insgesamt, reduziert sich die Anzahl der Chips pro System sehr stark.

Bild 2.11 versucht diesen Effekt auch quantitativ zu verdeutlichen. Während die Anzahl der aktiven Schaltelemente in den nächsten zehn Jahren pro "System" von einer auf zehn Millionen ansteigen wird, wächst im gleichen Zeitraum die Komplexität anwendungsspezifischer integrierter Schaltungen (*ASIC, Application Specific Integrated Circuit*) weitaus stärker, nämlich von im Mittel 10.000 logischen Schaltelementen bis zu einer Million. Dadurch sinkt die mittlere Anzahl von Chips pro System von 50 bis 1.000 auf 1 bis 50 in den nächsten zehn Jahren.

Durch die technologischen Fortschritte im Sub-Mikrometer-Bereich werden anwendungsspezifische integrierte Schaltungen ermöglicht, welche die Integration eines gesamten Systems auf einem Chip erlauben. So wird zum einen durch neue Werkzeuge wie

Floorplanner, Synthese, Simulation, Silicon Compiler etc. die IC-Technologie für den Systementwerfer zugänglich gemacht. Auf der anderen Seite müssen die traditionellen IC-Hersteller immer stärker spezielle Anwendungsgesichtspunkte berücksichtigen.

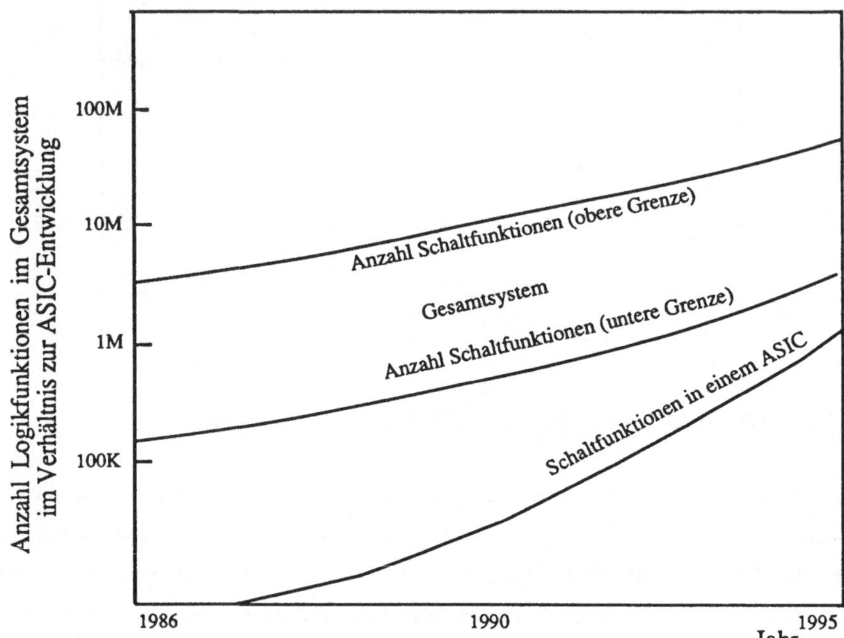


**Bild 2.11.** Entwicklung der Anzahl der Logikfunktionen im System und bei ASIC's

Bild 2.12 wagt abschließend einen Ausblick auf die weitere Miniaturisierung höchstintegrierter Schaltungen. Es beschreibt die Entwicklung folgender wichtiger Größen:

- Abstand bzw. Breite von Metalleitungen (Minimalangaben)
- Länge des Kanal (minimale Gate-Länge)
- minimaler Platzbedarf für eine Metalleitung (Breite der Leitung plus Abstand zur nächsten Leitung unter Berücksichtigung eines auf der Leitung liegenden Kontakts, *metal pitch*)

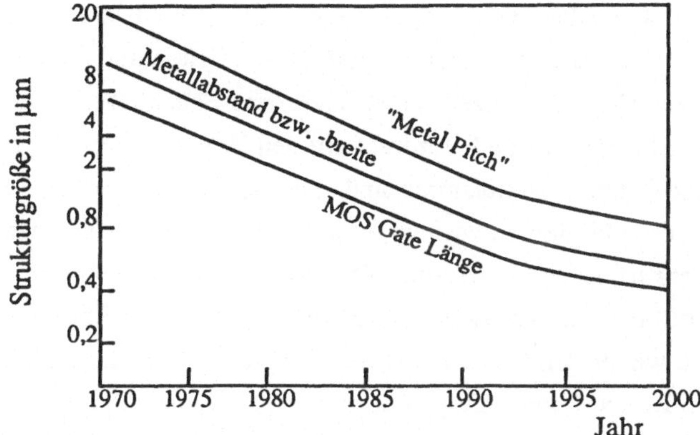


**Bild 2.12.** Entwicklung der minimalen Strukturgrößen der produzierten MOS-Schaltungen und Metallverbindungen

## 2.3 Entwicklung der Entwurfsautomatisierung

Frühe Arbeiten auf dem Gebiet der Entwurfsautomatisierung für digitale Systeme wurden in den fünfziger Jahren veröffentlicht. Sie befaßten sich mit der Simulation, Überprüfung und Speicherung von Logik-Schaltungen [CrKi56], [KCG58]. Ab 1960 hat die Anzahl der entwickelten Systeme sehr schnell zugenommen. Die Hilfsmittel für den Entwurf integrierter Schaltungen fielen dabei zunächst nur unter den Begriff *"Computer Aided Design (CAD)"*.

Der Begriff *Entwurfsautomatisierung* ("Design Automation", DA) ist zum ersten Mal 1961 von Preiss definiert worden als: *'The art of utilizing digital computers to help generate, check and record the data and the documents that constitute the design of a digital system'* [Prei61]. Diese Definition enthält bereits die wichtigsten Aspekte der Entwurfsautomatisierung: Generierung, Verifikation und Speicherung von Entwürfen. Seit den siebziger Jahren nimmt die Anzahl der Hilfsmittel zu, die unter den Begriff *Entwurfsautomatisierung* einzuordnen sind. Solche Werkzeuge erstellen automatisch Teile eines Entwurfs oder automatisieren einen Entwurfsschritt, so daß der Entwerfer von dieser Aufgabe befreit wird.

Der erste Durchbruch im Bereich CAD bzw. DA für integrierte Schaltungen war die Einführung grafischer Editoren, um das Layout zu zeichnen. Diese so erzeugte interne Layoutbeschreibung konnte dann direkt an Pattern-Generatoren zur automatischen Maskenerzeugung weitergegeben werden. Ebenfalls zu den ersten Werkzeugen im Chip-Entwurf gehören Analog-Simulatoren auf der Schaltkreisebene zur Analyse der entworfenen Schaltungen. Schon bald tauchten auch erste Logik-Simulatoren auf, mit denen der Logikentwurf einer entworfenen Schaltung auf Korrektheit geprüft werden konnte. Insbesondere im Bereich der Standardzellen und Gate-Array-Schaltungen konnten Werkzeuge zur automatischen Plazierung und Verdrahtung den Entwurfsaufwand erheblich reduzieren. Sogenannte Funktionssimulatoren sind in der Lage, einen Entwurf zu analysieren, bevor der vollständige Logikplan vorliegt, was das Auffinden entsprechender Entwurfsfehler in einem sehr frühen Stadium unterstützt. Neuartige Werkzeuge zur automatischen Synthese der Struktur auf der Logik oder Register-Transfer-Ebene reduzieren den Entwurfsaufwand weiter. Bild 2.13 demonstriert diese Entwicklung und zeigt, wie der Aufwand für den Entwurf eines Chips mit ca. 20.000 Gatterfunktionen im Verlauf der letzten zehn Jahre auf einen Bruchteil reduziert werden konnte.

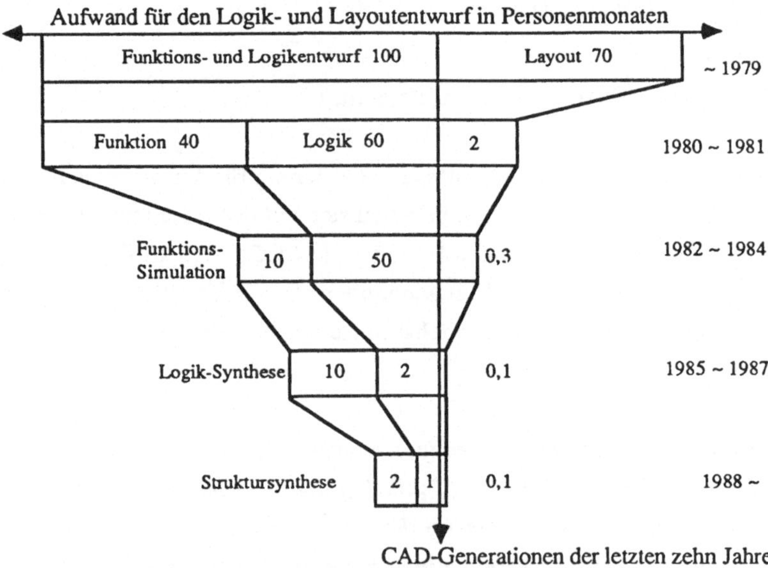


**Bild 2.13.** Entwurfsaufwand für ein 20.000-Gatter-Chip

Bild 2.14 zeigt den qualitativen Zusammenhang von Entwurfs- und Schaltungskosten [Nies83]. Durch die Einschränkungen, die nötig sind, um einen automatischen Entwurf zu ermöglichen, ergeben sich häufig Ineffizienzen in Bezug auf den Flächenbedarf und die Laufzeit automatisch entworfener Schaltungen. Ein Beispiel sind etwa Standardzellensysteme, auf die ebenfalls in späteren Kapiteln noch ausführlicher eingegangen wird. So haben Standardzellen alle eine einheitliche Höhe, um die automatische Plazierung und Verdrahtung leichter durchführen zu können. Auch sind einzelne Standardzellen mit festen Treibern versehen, die sich entweder gar nicht oder nur in einem recht groben Raster dem Fan-Out anpassen lassen. Diese Standardisierung führt daher im allgemeinen sowohl zu einem erhöhten Flächenbedarf bei der automatischen Plazierung als auch zu schwer auszubalancierenden Laufzeiten. Auf der anderen Seite reduziert ein automatischer Entwurf natürlich erheblich die Entwurfszeit und damit die Kosten, so daß es in Abhängigkeit von der benötigten Stückzahl vom wirtschaftlichen Standpunkt aus durchaus sinnvoll sein kann, den Entwurf integrierter Schaltungen stärker zu automatisieren.

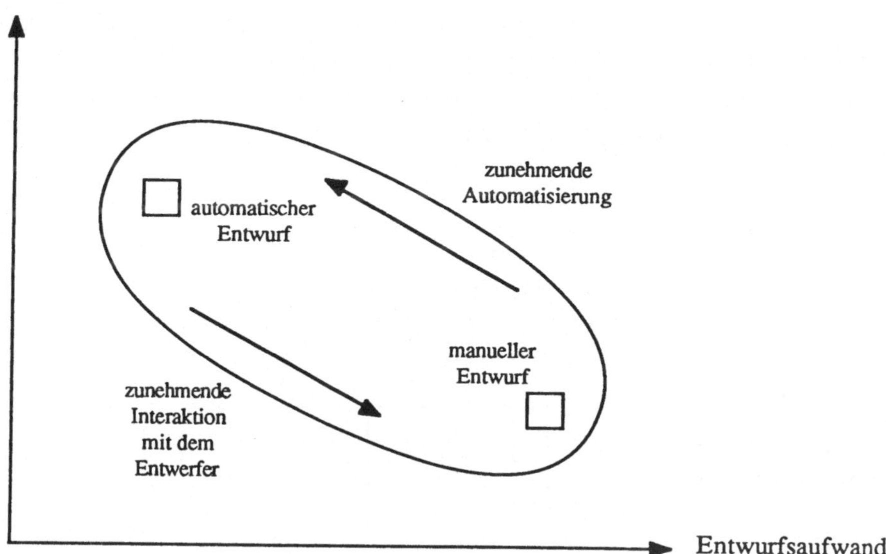


**Bild 2.14.** Entwurfskosten im Verhältnis zu den Schaltungskosten

Das Bild 2.15 zeigt im oberen Teil die einzelnen manuellen Umsetzungsschritte von der Problem- zur Verhaltensbeschreibung, die dann in eine Schaltungsstruktur umgesetzt wird, aus der wiederum manuell ein Layout abzuleiten ist. In umgekehrter Reihenfolge extrahieren entsprechende Werkzeuge Transistor-Netzlisten aus dem Layout, führen eine analoge Schaltkreissimulation und eine Logiksimulation durch und simulieren schließlich das Verhalten, um festzustellen, ob die vorliegende Implementierung das Problem korrekt löst. Was den in Bild 2.16 beschriebenen vollautomatischen Entwurf angeht, so ist der letzte Schritt vom Übergang des Layouts zum Chip weitestgehend automatisiert, aber auch die Umsetzung einer Schaltungsstruktur in ein Layout wird schon durch verschiedene Werkzeuge unterstützt. Zu diesen zählen Programme zur automatischen Plazierung von Standardzellen und Gate-Array-Schaltungen, Kompaktoren für symbolisches Layout, aber auch die sogenannten Silicon-Compiler, die teilweise bereits in der Lage sind, unter gewissen einschränkenden Bedingungen aus einer Strukturbeschreibung auf der Register-Transfer-Ebene eine Layout-Beschreibung vollautomatisch zu generieren. Werkzeuge zur automatischen Strukturgenerierung aus Verhaltensbeschreibungen existieren zumindest für die Logikebene, auf der aus Funktionstabellen und Zustands-Übergangs-Tabellen durch entsprechende Logikminimierer, Zustandscodierer und Synthesesysteme für endliche Automaten, z. B. auf der Basis von PLA's, bereits automatisch Schaltungen abgeleitet werden können. Die Synthese von Strukturen aus einer Verhaltensbeschreibung auf algorithmischer Ebene ist noch Gegenstand der Forschung und befindet sich teilweise in einer ersten industriellen Erprobungsphase. Das Ableiten einer Verhaltensbeschreibung aus der Problemspezifikation, die hier als Verhaltenssynthese bezeichnet wird, ist nach wie vor dem menschlichen Entwerfer vorbehalten, wobei es sicherlich auch noch in den nächsten Jahren bleiben wird [BHS81, APD81].

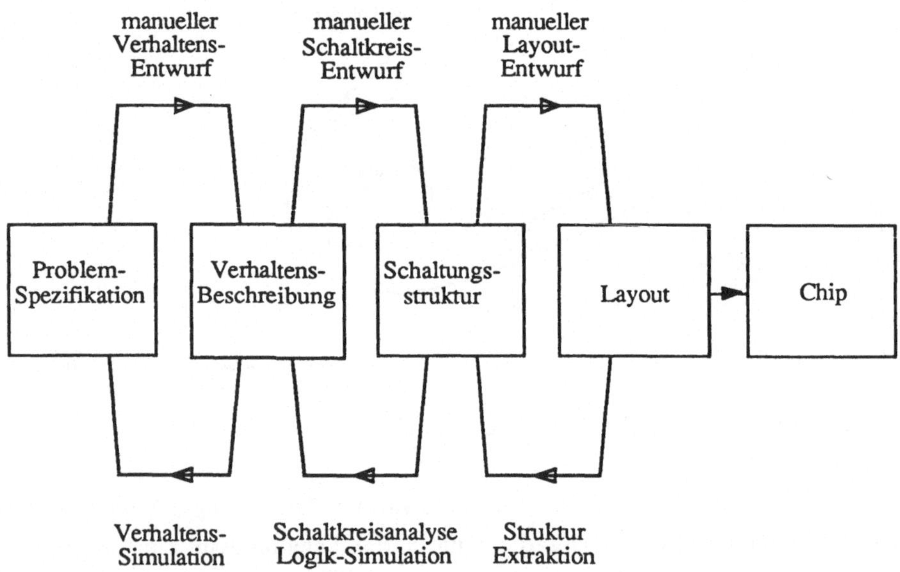


**Bild 2.15.** Manueller Entwurf mit Rechnerunterstützung

Die Bilder 2.15 und 2.16 stellen noch einmal die Schritte eines manuellen Entwurf mit Rechnerunterstützung einem vollautomatischen Entwurf gegenüber [Nies83].

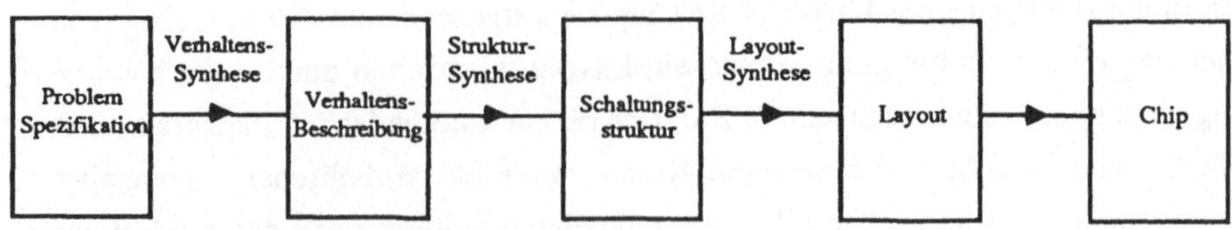


**Bild 2.16.** Vollautomatischer Entwurf

Obwohl der Ursprung der meisten Hilfsmittel, die heute beim Entwurf hochintegrierter Schaltungen eingesetzt werden, schon beim Entwurf diskreter Schaltungen zu finden ist, haben sich die Probleme mit steigender Integrationsdichte sehr geändert. So hat sich z. B. der Schwerpunkt bei der elektrischen Simulation von der eigentlichen Modellierung der Transistoren zu effizienten Simulationstechniken hin verschoben (auch wenn im Zuge der Höchstintegration Kurzkanaleffekte die Modellierung wieder wichtiger erscheinen lassen). Auch ist durch die Komplexität der zu entwerfenden Schaltungen nach und nach eine ganze Hierarchie von Simulatoren entstanden. Sie umfaßt nicht nur die "klassischen" elektrischen und logischen Ebenen, sondern auch neuere Ebenen, wie z. B. die Schalter- ("switch-level") und die Register-Transfer-Ebene.

Ein weiteres Beispiel betrifft die Automatisierung des Layoutentwurfs, dessen Randbedingungen sich mit zunehmender Integrationsdichte verschärft haben. So ist u. a. eine hundertprozentige Verdrahtung notwendig, und es müssen mehrere Verbindungsebenen mit verschiedenen Eigenschaften und verschiedenen Einschränkungen berücksichtigt werden.

Als letztes Beispiel sei hier die Logik-Synthese aufgeführt. Während früher der Schwerpunkt eindeutig in der Minimierung der Anzahl der Bausteine lag, wird zusehends die maximale Größe der zu minimierenden Schaltung wichtiger. Daher finden Techniken wie lokale Optimierung oder die Realisierung durch Mehrstufenlogik immer mehr Beachtung.

Zusammenfassend läßt sich feststellen, daß VLSI sowohl die Schwerpunkte bei den Entwurfswerkzeugen als auch deren Bedeutung für den Entwurfsprozeß grundlegend verändert hat. Dazu gehört, daß der Entwurf von VLSI-Schaltungen ohne Rechnerunterstützung nicht mehr möglich ist. Was allerdings dabei betont werden muß, ist die sich daraus ergebende Abhängigkeit des Wachstums der Entwurfskomplexität, die in [Rose80] wie folgt formuliert ist: *'It is the view of many observers that the rate limiting factor constraining the growth of IC product complexity may well be the Design Automation tools'*. Diese Aussage trifft teilweise bereits bei Mikroprozessoren zu, während bei Speichern z. B. der limitierende Faktor die Technologie und nicht der Entwurf ist. Bei kundenspezifischen Schaltungen in kleinen Serien macht der Entwurf den größten Teil der anfallenden Kosten aus. Die Entwurfshilfsmittel haben hier ganz entscheidenden Einfluß auf die Verbreitung dieser Technologie.

# 3 MOS-Grundschaltungen

*Feldeffekttransistoren* (field effect transistor, FET), insbesondere in der Form des MOSFET (metal oxid semiconductor, MOS) werden heute vorwiegend für den Aufbau hochintegrierter Schaltungen verwendet. Insbesondere digitale hochintegrierte Schaltungen, wie z. B. Mikroprozessoren und Halbleiterspeicher werden fast ausschließlich in MOS-Technologie hergestellt.

Dieses Kapitel befaßt sich zunächst mit den notwendigen elektrischen Grundlagen, um den Feldeffekttransistor verstehen zu können. Danach wird ein einfaches Modell erster Ordnung für MOSFET's vorgestellt. Zuletzt werden MOS-Schaltungen in verschiedenen Techniken studiert. Alle verwendeten Modelle sind vereinfacht. So werden z. B. in Abschn. 3.1 magnetische und relativistische Effekte vernachlässigt. Für ein detaillierteres Studium dieser Gebiete sei der Leser z. B. auf [Rich67, Mill79, Young79] verwiesen. Für die Zwecke dieses Buches reicht jedoch die gegebene Betrachtung vollkommen aus.

## 3.1 Elektrische Grundlagen

Elektrischer Strom kommt durch die Bewegung *elektrischer Ladung* Q zustande. Der Strom ist definiert als die Ladung pro Zeiteinheit, die durch eine gegebene Fläche "fließt" (z. B. durch den Querschnitt eines Drahtes). Im sog. internationalen Einheitensystem (SI) wird die Zeit in Sekunden (s), der elektrische Strom in Ampere (A) und die elektrische Ladung in Coulomb (C) gemessen.
Bemerkung: Gemäß dieser Standardisierung ergeben sich auch für die abgeleiteten Einheiten gewisse "Standard-Einheiten", die auch in diesem Kapitel Verwendung finden sollen.

Der Strom ist also gegeben durch

$$I = \frac{dQ}{dt} \tag{3.1}$$

Die *Stromdichte* J ist der Strom pro Flächeneinheit A

$$J = \frac{dQ}{A\,dt} \tag{3.2}$$

Ladung kann positiv oder negativ sein. Treffen zwei gleich große Ladungen entgegengesetzten Vorzeichens aufeinander, so heben sie sich gegenseitig auf. Das elementare negativ geladene Partikel ist das *Elektron*. Es hat eine negative Ladung von ungefähr $1{,}6 \cdot 10^{-19}$C. Die Elektronen bilden eine Hülle um den positiv geladenen Atomkern. Ein Atom erscheint nach außen elektrisch neutral. Verliert ein Atom ein Elektron aus seiner Hülle, so sprechen wir von einem positiv geladenen *Ion*, dessen Ladung betragsmäßig der eines Elektrons entspricht. Ein negatives Ion entsteht, wenn ein Atom ein zusätzliches Elektron in seiner Hülle einfängt.

In Halbleitern entstehen Ströme durch die Bewegung von Elektronen oder "Löchern" in Form von fehlenden Elektronen. In einem Siliziumkristall teilt sich infolge des Kristallaufbaus jeder Atomkern je ein Paar Elektronen mit jedem seiner vier Nachbarn. Eine solche Struktur wird *kovalente* Bindung genannt. Fehlt nun ein Elektron, so entsteht ein "Loch" in der Bindung. Lokal besteht infolgedessen ein Überschuß an positiver Ladung. Dieses Loch kann sich von Atomkern zu Atomkern bewegen und entspricht dem Bewegen einer positiven Ladung, also einem Strom.

Ein geladener Körper erzeugt ein elektrisches Feld. Dieses Feld äußert sich u. a. darin, daß gleich geladene Körper abgestoßen und entgegengesetzt geladene Körper angezogen werden. Die Kraft, die zwei geladene Körper aufeinander ausüben, wird durch das Coulomb'sche Gesetz beschrieben:

$$\vec{F} = \frac{Q_1 Q_2}{4\pi\varepsilon d^2}\vec{r} \quad . \tag{3.3}$$

Die Kraft $\vec{F}$ wird in Newton (N) angegeben. Körper 1 hat eine Ladung $Q_1$, Körper 2 eine Ladung $Q_2$ und d ist die Entfernung der Körper. Die Kraft ist ein Vektor und hat definitionsgemäß die Richtung von $Q_1$ nach $Q_2$, angegeben durch den Einheitsvektor $\vec{r}$.

Die Kraft, die Körper 1 auf Körper 2 ausübt, wird in umgekehrter Richtung auf Körper 1 ausgeübt. $\varepsilon$ ist die Dielektrizitätskonstante und beschreibt die Permeabilität des Mediums. Für das Vakuum beträgt $\varepsilon = \varepsilon_0 \approx 8{,}85 \cdot 10^{-12}\ C^2/Nm^2$, für Silizium ist $\varepsilon$ etwa $12 \cdot \varepsilon_0$.

Das elektrische Feld ist nun definiert aufgrund der Kraft, die auf einen Körper mit der Ladung Q ausgeübt wird, und es wird im internationalen Einheitensystem in Volt pro Meter (V/m) gemessen:

$$\vec{F} = Q\vec{E} \tag{3.4}$$

$$\vec{E} = \frac{\vec{F}}{Q} = \frac{Q}{4\pi\varepsilon d^2}\,\vec{r}\,. \tag{3.5}$$

Gleichung (3.5) gibt das Feld in der Position eines der Körper von (3.3) an. Das elektrische Feld läßt sich für den Fall verteilter Ladungen verallgemeinern. Hierzu verwendet man das sog. Superpositionsprinzip. Es besagt, daß das resultierende Feld, das von verschiedenen Körpern erzeugt wird, gleich der Vektorsumme der durch jeden einzelnen Körper erzeugten Felder ist. Diese Summe einzelner Felder wird im Falle verteilter Ladungen zum Integral. Ist die räumliche Ladungsverteilung durch p=p(x,y,z) (in $C/m^3$) gegeben, wobei x,y,z die räumlichen Koordinaten des Raumelementes sind, d.h. ein infinitesimales Raumelement vom Volumen *dv* hat die Ladung p•*dv*, so ist der Betrag des elektrischen Feldes an einem Punkt P

$$E = \frac{1}{4\pi\varepsilon} \int_{\mathrm{Vol.}} \frac{p(dv)}{d(dv)}\, dv\,. \tag{3.6}$$

Hierin ist d der Abstand des Raumelementes *dv* vom Punkt P.

Das elektrische Potential wird definiert als das Integral der Feldstärke entlang eines Weges $\vec{l}$:

$$U(r) = -\int_{\infty}^{r} \vec{E}\, d\vec{l}. \tag{3.7}$$

Den Sinn dieser Definition kann man sich folgendermaßen klar machen: Die Flächen gleichen Potentials (Äquipotentialflächen) um eine Punktladung sind Kugelflächen, die von den Feldlinien senkrecht durchsetzt werden. Aus der Definition der Äquipotentialfläche folgt, daß keine Arbeit aufgewendet werden muß, um eine Ladung auf ihr zu verschieben. Es wird angenommen, daß das Potential im Unendlichen Null wird, entsprechend der Vorstellung, daß dort von der Kraftwirkung der Punktladung nichts mehr zu spüren ist. Meßbare Bedeutung hat nur die *Potentialdifferenz* zwischen zwei Punkten, die im elektrischen Feld *Spannung* heißt. Potential und Spannung sind ihrer Definition nach skalare Größen mit der Dimension Arbeit/Ladung und der Einheit Joule pro Coulomb gleich Volt (1 J/C = 1 V).

Für den einfachen eindimensionalen Fall eines konstanten Feldes in Wegrichtung (Bild 3.1) beträgt die Potentialdifferenz $U_{OP} = E \cdot d_{OP}$. Hierbei ist E die Größe des elektrischen Feldes und $d_{OP}$ die Entfernung zweier Punkte O und P. Definiert man das Potential eines Referenzpunktes O als 0 V, so spricht man lediglich vom Potential U des Punktes P. Für die folgenden Abschnitte genügt es, diesen vereinfachten Fall zugrunde zu legen, so daß auf die Vektorschreibweise im folgenden verzichtet werden kann.

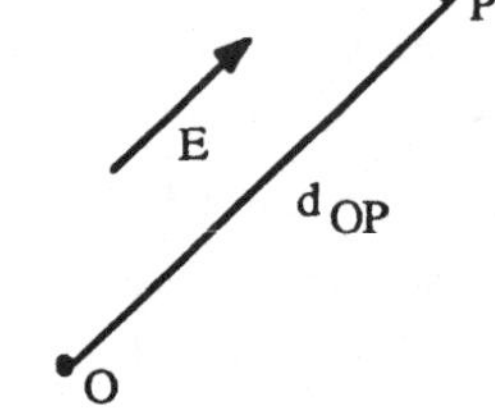


**Bild 3.1.** Potential für ein konstantes Feld

Die notwendige Arbeit, um eine Ladung Q in einem Feld von Punkt O nach Punkt P zu bewegen, ist definiert als

$$W_{PO} = \int_O^P F d l \quad , \tag{3.8}$$

wobei entsprechechend Bild 3.1 die Kraft F in Richtung des Weges wirkt.

Setzen wir F aus Gleichungen (3.4) und (3.5) in (3.8) unter Berücksichtigung von (3.7) ein, so erhalten wir

$$W_{PO} = - \int_O^P QE \, d l = QU_{OP} \quad . \tag{3.9}$$

Arbeit wird im allgemeinen in Joule (J) gemessen. Wird ein einziges Elektron bewegt, so entspricht Q in (3.9) der Ladung eines Elektrons. Die notwendige Arbeit, um ein

Elektron über eine Potentialdifferenz von einem V zu bewegen, wird als ein Elektronenvolt (eV) bezeichnet; 1 eV = $1{,}6 \cdot 10^{-19}$ J.

### 3.1.1 Elektrischer Widerstand

Damit ein Stoff leitet, d. h. in ihm ein Strom fließen kann, müssen bewegliche elektrische Ladungsträger verfügbar sein. Metalle sind gute Leiter. Sie verfügen über sog. freie Elektronen, die nur schwach an den Atomkern gebunden sind. Nichtleiter verfügen über sehr wenige freie Ladungsträger und leiten dementsprechend sehr schlecht. Auf die Verhältnisse bei Halbleitern wird noch ausführlicher eingegangen.

Elektrischer Strom kommt dadurch zustande, daß ein elektrisches Feld Kraft auf die freien Ladungsträger ausübt und sie dadurch in Bewegung setzt. Die Vorgänge dabei sind jedoch statistischer Natur. Die Elektronen befinden sich außerdem aufgrund der Temperatur in Bewegung. Diese Bewegung erzeugt jedoch keinen Strom, da die Richtung durch den Zufall bestimmt und die Bewegungen gleichmäßig in alle Richtungen verteilt sind, die Durchnittsbewegung also gleich null ist. Wenn sich Elektronen bewegen und in die Nähe der Atomkerne kommen, werden sie von diesen abgestoßen. Außerdem ist ein Elektron nicht einfach frei oder an den Atomkern gebunden: Ist die Energie eines Elektrons groß genug, so ist es nicht mehr an den Atomkern gebunden und kann sich "frei" bewegen. Die Energie, die Elektronen besitzen, ist durch eine Wahrscheinlichkeitsfunktion bestimmt, die sich aus der Schrödinger-Gleichung ergibt.

Unter Berücksichtigung der oben beschriebenen Phänomene läßt sich ableiten, daß die Durchschnittsgeschwindigkeit der Elektronen in einem Stoff proportional zur Feldstärke ist

$$v = \mu E \quad . \tag{3.10}$$

Die Proportionalitätskonstante $\mu$ (im internationalen Einheitensystem angegeben in $m^2/Vs$) wird Mobilität genannt. Sie ist eine Materialkonstante und beträgt z. B. für Silizium bei 300 K etwa 0,14 für Elektronen und 0,048 für Löcher.

Um nun die Abhängigkeit des Stroms vom Feld zu bestimmen, ersetzen wir in Gleichung (3.2) die Ladung Q durch Nq, wobei q die Ladung eines Elektrons ist, und N die Anzahl der bewegten Elektronen. Es wird der Einfachheit halber nur der eindimensionale Fall betrachtet, Vektoren werden also zu Skalaren. L ist hier die Entfernung, über die die Elektronen hinwegbewegt werden. Damit ergibt sich die Stromdichte aus

$$J = \frac{QL}{tAL} = \frac{Nqv}{LA} \quad . \tag{3.11}$$

$$n = \frac{N}{LA} \tag{3.12}$$

ist die Elektronendichte im Volumen LA. Sie kann in $m^{-3}$ angegeben werden. Durch Einsetzen von (3.10) und (3.12) in (3.11) erhalten wir für die Stromdichte

$$J = nq\mu E = \sigma E \quad . \tag{3.13}$$

$\sigma$ (in $1/\Omega m$) ist die Leitfähigkeit des Materials. Für Kupfer ist $\sigma \approx 6 \cdot 10^9\ \Omega^{-1}m^{-1}$, für Silizium, einen typischen Halbleiter, beträgt $\sigma$ ungefähr $10^{-3}\ \Omega^{-1}m^{-1}$. Ein Nichtleiter, etwa Glas, kann Werte unter $10^{-12}\ \Omega^{-1}m^{-1}$ haben. Gleichung (3.13) ist das sogenannte Ohmsche Gesetz. Die bekanntere Version des Ohmschen Gesetzes gibt den Zusammenhang zwischen Strom I, Spannung U und Widerstand R an. Es entsteht durch Integrieren von (3.13):

$$U = RI \quad . \tag{3.14}$$

Hierin ist R der elektrische Widerstand, gemessen in Ohm ($\Omega$). Im einfachen Fall eines Zylinders mit dem Querschnitt A und der Länge L (Bild 3.2) sowie einem konstanten Feld E entlang der Achse ergibt sich

$$I = JA = \sigma E A = \sigma A \frac{U}{L}, \text{ also ist } R = \frac{L}{\sigma A} .$$

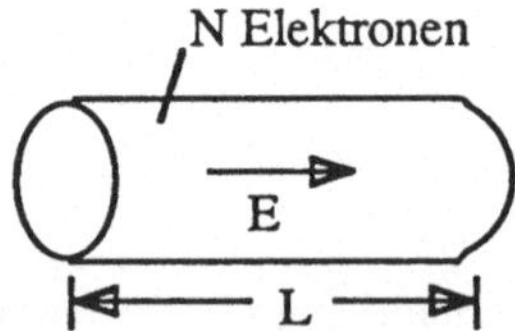


**Bild 3.2.** Zylindrischer Leiter

Die Leistung ist definiert als Arbeit pro Zeiteinheit und wird in Watt (W = J/s) gemessen. Fließt durch einen Widerstand Strom, so setzt dieser elektrische Leistung in Wärme um. Sie läßt sich mit Hilfe von (3.1) und (3.9) berechnen:

$$P = \frac{dW}{dt} = \frac{dQU}{dt} \approx U\frac{dQ}{dt} = UI = RI^2 = \frac{U^2}{R} \quad . \tag{3.15}$$

In (3.15) wurde der Term Q•*d*U/*d*t vernachlässigt, was für die in diesem Buch behandelten Zusammenhänge gerechtfertigt ist.

### 3.1.2 Kapazität

Das elektrische Feld ist, wie sich aus (3.5) bzw. (3.6) ergibt, unter anderem direkt der Ladung proportional. Also ist auch gemäß (3.7) die Spannung der Ladung proportional. Die Proportionalitätskonstante C wird Kapazität genannt und in Farad (F) gemessen

$$C = \frac{Q}{U} \; . \qquad (3.16)$$

Die Kapazität wird nur durch die Geometrie, den Abstand der Leiter und durch Materialkonstanten des Isolators dazwischen bestimmt. Als Beispiel wird hier die Kapazität zweier leitender Platten, die durch einen Nichtleiter getrennt sind, berechnet. Im statischen Fall fließt kein Strom, da die Platten durch einen Nichtleiter getrennt sind. Die Ladung der Platten hat entgegengesetztes Vorzeichen und die gleiche Größe, d. h. nach außen ist die effektive Ladung gleich Null.

Zunächst berechnen wir das Feld, das durch *eine* "unendlich große" und "beliebig dünne" Platte mit der Ladungsdichte λ (angegeben in C/m$^2$) erzeugt wird. Unter diesen Bedingungen bilden wir für einen Punkt P gemäß (3.6) das Integral für das durch die Fläche A induzierte Feld (Bild 3.3).

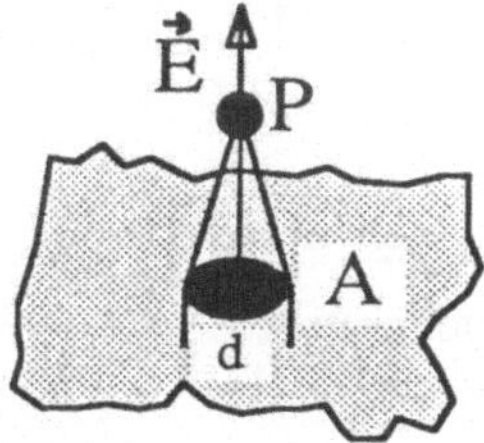


$$\vec{E} = \frac{1}{4\pi\varepsilon} \int_A \frac{\lambda \vec{r}}{d^2} \, dA \; .$$

**Bild 3.3.** Durch *eine* (unendlich große und beliebig dünne) Platte erzeugtes Feld

Durch Lösen des Integrals und Bilden des Grenzwerts von E für r → ∞ ergibt sich

$$E = \frac{\lambda}{2\varepsilon} \; .$$

Dieses auf den ersten Blick überraschende Ergebnis eines konstanten, von der Entfernung von der Platte unabhängigen Feldes läßt sich intuitiv dadurch erklären, daß, da die Platte unendlich groß ist, mit zunehmender Entfernung mehr Ladung "sichtbar" wird. Im Falle von zwei Platten mit entgegengesetzter Ladung ist das Feld zwischen den Platten doppelt so groß (Superposition zweier Felder)

$$E = \frac{\lambda}{\varepsilon},$$

außerhalb beider Platten heben sich die Felder auf. Die Spannung zwischen den Platten beträgt also

$$U = dE = \frac{d\lambda}{\varepsilon} \quad .$$

Um nun die Kapazität der Anordnung in Bild 3.4 zu berechnen, wird vereinfachend angenommen, daß das Feld zwischen den Platten homogen wie im Falle unendlich großer Platten ist. Dies kann immer dann angenommen werden, wenn Länge und Breite der Platten viel größer als ihr Abstand d ist. Für Platten mit einer Fläche A ergibt sich

$$C = \frac{Q}{U} = \frac{\lambda A\varepsilon}{\lambda d} = \frac{\varepsilon A}{d} \quad . \tag{3.17}$$

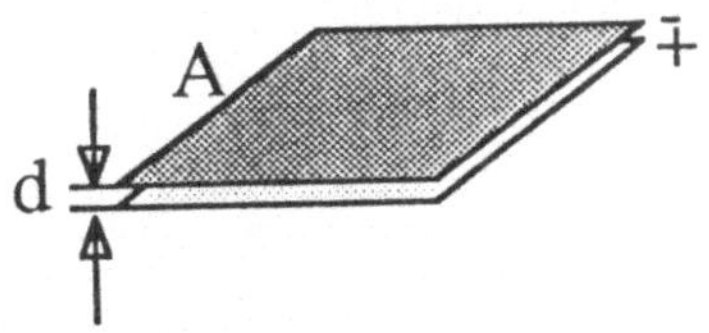

Bild 3.4. Kondensator

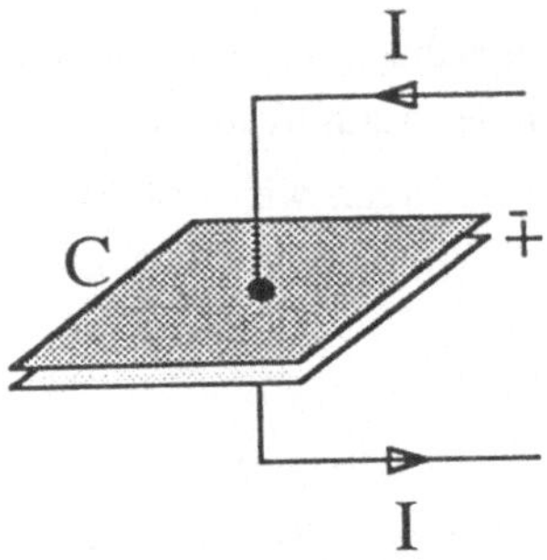

Bild 3.5. Entladen des Kondensators

Die Anordnung in Bild 3.4 ist ein sogenannter *Kondensator*. Nach außen erscheint er weitgehend elektrisch neutral, d. h. die effektive Ladung ist Null. Das Feld ist weitgehend auf den Bereich zwischen beiden Platten beschränkt. Werden an den Platten Anschlüsse angebracht, so kann für die Zeit der Umladung ein Strom I in die bzw. aus den Platten fließen (Bild 3.5). Dieser Strom läßt sich gemäß Gleichung (3.1) berechnen

$$I = \frac{dQ}{dt} = \frac{dCU}{dt} = C\frac{dU}{dt} \quad . \tag{3.18}$$

Hierbei wurde die Annahme gemacht, daß C konstant ist, d. h., daß sich weder die Geometrie noch die Materialkonstanten in der Zeit ändern und daß die Ladung in beiden Platten sich in gleichem Maße ändert.

Die im Kondensator gespeicherte Energie läßt sich einfach bestimmen, indem Q = CU in Gleichung (3.9) ersetzt wird

$$W = QU = \frac{1}{2}CU^2 \quad . \tag{3.19}$$

Der Faktor 1/2 rührt daher, daß das Feld zur Berechnung der Kapazität doppelt so groß ist, wie das durch eine Platte mit der Ladung Q erzeugte, und somit einer Ladung 2Q entspricht. Fließt jedoch ein Strom, so wird die negative Ladung in der einen Platte durch die positive Ladung in der anderen Platte aufgehoben (d. h. die Ladung, die sich bewegt, ist Q und nicht 2Q).

Eine andere Art, das Ergebnis von (3.19) zu erhalten, ist folgende: Verbindet man beide Platten eines geladenen Kondensators C mit anfänglicher Spannung $U_0$, über einen Widerstand R, so wird er sich vollständig über diesen Widerstand entladen (Bild 3.6). Spannung und Strom sind für den Kondensator und den Widerstand gleich.

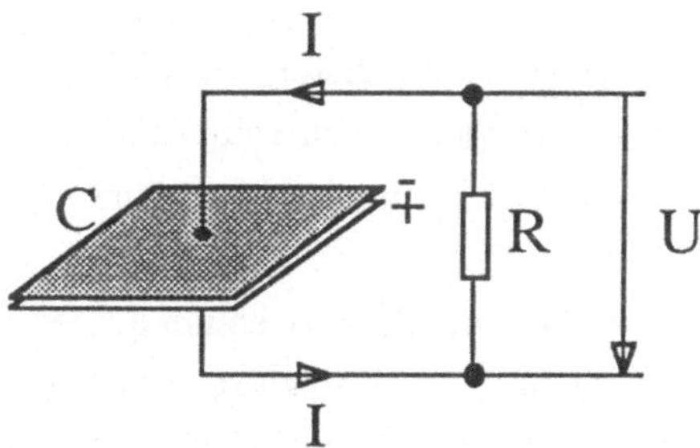


**Bild 3.6.** Entladung eines Kondensators

Ersetzen wir U in (3.18) durch (3.14) so erhalten wir

$$I = RC\frac{dI}{dt} \quad .$$

Die Lösung dieser Differentialgleichung ergibt

$$I = I_0 e^{-\frac{t}{RC}} \quad . \tag{3.20}$$

$I_0$ ergibt sich aus der Anfangsbedingung

$$U_{t=0} = U_0, \text{ d.h. } I_0 = \frac{U_0}{R} \quad .$$

Um die gesamte im Kondensator gespeicherte Energie zu erhalten, muß die im Widerstand erzeugte Leistung von der Zeit null bis unendlich integriert werden

$$W = \int_0^\infty P dt = \int_0^\infty UI dt = \int_0^\infty RI^2 dt = RI_0^2 \int_0^\infty e^{-\frac{2t}{RC}} dt \quad .$$

Die Lösung dieses Integrals lautet

$$W = RI_0^2 \left( - \frac{RC}{2} e^{-\frac{2t}{RC}} \right)_0^\infty = \frac{1}{2} C U_0^2 \quad .$$

## 3.2 Der Feldeffekttransistor

Um die Funktionsweise eines MOS-Feldeffekttransistors erklären zu können, ist es notwendig, die Physik der Halbleiter zu verstehen. Dafür sind Kenntnisse der Quantenmechanik notwendig, deren wichtigste Sachverhalte im folgenden kurz erläutert werden.

Ausgegangen wird von einem Modell, in dem die Elektronen um den Atomkern nur bestimmte Energiezustände einnehmen können. Diese Energiezustände werden durch eine Zustandsfunktion $\psi$ beschrieben, die sich als Lösung der Schrödinger-Wellengleichung ergibt. $\psi$ selbst besitzt keine direkte physikalische Interpretation, jedoch gibt der Ausdruck $|\psi(x)|^2 dx$ die Wahrscheinlichkeit an, ein Partikel, das durch die Wellenfunktion $\psi(x)$ beschrieben wird, im Intervall $dx$ um den Punkt x zu finden. Für ein einzelnes Atom ergibt sich, daß die erlaubten Zustände der Elektronen nur bestimmte Energien aufweisen dürfen. Alle Zustände dazwischen sind verboten. Ändert ein Elektron also seine Energie, so kann dies nur um bestimmte Beträge, sog. Quanten geschehen. Für den einfachen Fall eines Atoms ist jeder erlaubte Zustand durch vier Quantenzahlen definiert. Sie bestimmen die gesamte Energie, den Drehimpuls, die Vektororientierung und den Spin. Ein bestimmter Zustand darf nur durch ein Elektron besetzt werden (Pauli's Exklusionsprinzip).

Ein Kristall ist nun ein Festkörper, in dem die Atome in einer regelmäßigen Struktur angeordnet sind. Eine zweidimensionale Sicht eines Siliziumkristalles zeigt, daß die Atome ein Gitter bilden, in dem jedes Atom vier Nachbarn hat (Bild 3.7). Nachbarn teilen sich jeweils zwei Elektronen, die sogenannten *Valenzelektronen*. Valenzelektronen sind die Elektronen der äußersten Schale, deren Energieniveau höher ist als das innerer Schalen.

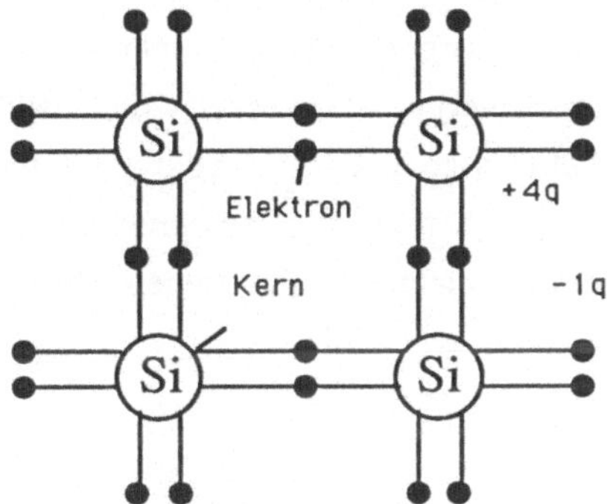


**Bild 3.7.** Modell eines Siliziumkristalls

Bestimmt man die erlaubten Zustände für die Elektronen in einem Kristall, so ergibt sich ein geändertes Bild. Für Elektronen mit wenig Energie ändert sich nichts; sie sind dem Atomkern nahe genug, so daß der Einfluß der anderen Atome vernachlässigt werden kann. Die Valenzelektronen jedoch haben genug Energie, um ihre Lage wechseln zu können. Sie sind deshalb als dem Gesamtkristall zugehörig anzusehen. Löst man nun die Schrödinger-Gleichung für den Fall eines periodisch strukturierten Kristalls, so erhält man für diese Valenzelektronen sogenannte ***erlaubte Bänder***. Dabei ist ein Band eine Menge einzelner erlaubter Zustände im Kristall, die jedoch sehr nahe beieinander liegen (Bild 3.8).

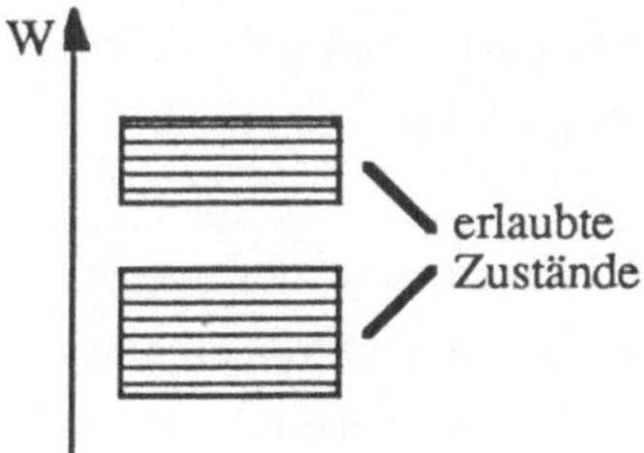


**Bild 3.8.** Erlaubte Energiezustände in einem Kristall

Interessant sind vor allem zwei Bänder: Das Valenzband und das Leitungsband. Das Valenzband ist das mit Elektronen gefüllte Band mit der höchsten Energie. Darüber liegt eine Lücke verbotener Zustände und es folgt das Leitungsband (wiederum erlaubte Zustände).

Elektrische Leitfähigkeit läßt sich nun wie folgt erklären: Strom kommt durch die Bewegung von Elektronen zustande. Ist das Valenzband vollkommen mit Elektronen besetzt, so kann zunächst kein Strom fließen: Ein elektrisches Feld kann die Elektronen nur dann in Bewegung setzen, wenn sie eine etwas höhere Energie annehmen können (es kommt zum Potential die kinetische Energie der Bewegung hinzu). Solche Zustände existieren aber nicht, da alle Zustände mit ähnlicher Energie schon besetzt sind (Bild 3.9a). Damit Strom fließen kann, muß also ein Elektron genügend Energie gewinnen, um in das Leitungsband zu kommen. Diese Energie beträgt $W_g$, entsprechend der Breite der Lücke. Sie kann bei genügender Temperatur von einigen Elektronen erreicht werden.

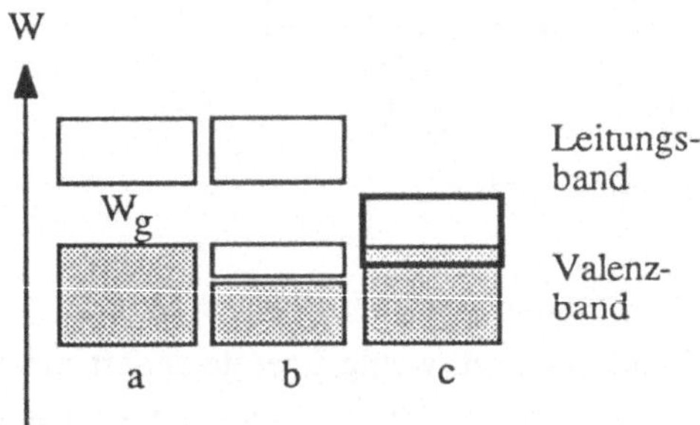


**Bild 3.9.** Valenz- und Leitungsband

Ist $W_g$ nicht zu groß, so leitet ein Stoff bei Zimmertemperatur mäßig und wir sprechen von einem Halbleiter ($W_g \approx 1$eV) Bei größeren Lücken von 3 eV und mehr leiten Stoffe selbst nahe ihrem Schmelzpunkt kaum; wir sprechen von Nichtleitern oder Isolatoren. Bei Leitern dagegen (z. B. Metalle) ist das Valenzband nicht ganz mit Elektronen gefüllt und es sind Zustände zur Leitung im gleichen Band verfügbar (Bild 3.9b). Ein weiterer Leitungsmechanismus besteht darin, daß sich Valenz- und Leitungsband überlappen wie z. B. bei Semimetallen (Bild 3.9c).

Die Energie der Elektronen hängt, wie schon angedeutet wurde, von der Temperatur ab. Die Wahrscheinlichkeit f, daß ein Elektron eine bestimmte Energie haben kann, wird durch die Fermi-Dirac-Verteilung beschrieben.

$$f = (1 + e^{\left(\frac{W - W_f}{kT}\right)})^{-1} \tag{3.21}$$

Dabei ist T die absolute Temperatur in Kelvin, $W_f$ die Fermi-Energie und k die Boltzmann-Konstante ($1{,}38 \cdot 10^{-23}$ $JK^{-1}$). Die Fermi-Energie ist die maximale Energie, die ein Elektron im absoluten Nullpunkt (0 K) erreichen kann. Bild 3.10 zeigt die Fermi-Dirac-Verteilung für verschiedene Temperaturen. Die drei Kurven entsprechen den drei Temperaturen 0 K, $T_1$, $T_2$, wobei gemäß der Zuordnung in Bild 3.10 $T_2 > T_1 > 0$ K gelten soll. Die Fermi-Energie liegt zwischen dem Valenz- und dem Leitungsband. Ist das Valenzband gefüllt, so kann also ein Elektron mit einer gegebenen Wahrscheinlichkeit bei Temperaturen über dem absoluten Nullpunkt genügend Energie haben, um einen Zustand im Leitungsband einzunehmen.

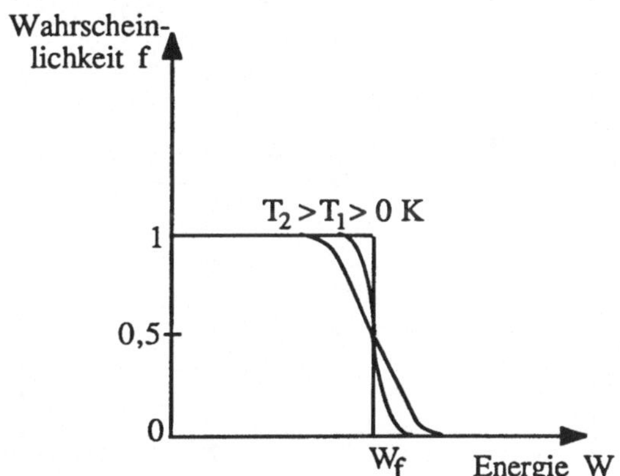


**Bild 3.10.** Fermi-Dirac-Verteilung

### 3.2.1 Leitung in Halbleitern

Mit Hilfe der Fermi-Dirac-Verteilung läßt sich die Anzahl der freien Elektronen in einem Halbleiter berechnen. Das Ergebnis für die Elektronendichte $n_i$ bzw. deren Quadrat $n_i^2$ lautet

$$n_i^2 = aT^3 e^{\left(-\frac{W_g}{kT}\right)} \quad , \tag{3.22}$$

wobei a eine Konstante ist. Die Leitfähigkeit läßt sich damit gemäß (3.13) berechnen. Es muß bei einem Halbleiter jedoch berücksichtigt werden, daß für jedes freie Elektron ein Loch entsteht. Wie in Abschn. 3.1 erklärt, kommt Leitung auch durch die Bewegung von Löchern zustande, also ist

$$\sigma = n_e q_e \mu_e + n_h q_h \mu_h = n_i q(\mu_e + \mu_h) \quad . \tag{3.23}$$

Der Index e kennzeichnet Elektronen, h kennzeichnet Löcher. Die Ladung von Elektronen und Löchern ist betragsmäßig gleich, die Dichte ebenfalls; lediglich die Beweglichkeit ist verschieden (siehe (3.10)).

Dotiert man einen Halbleiter, indem Atome mit einem zusätzlichen Valenzelektron in den Kristall eingebaut werden (Donatoren, z. B. Arsen), so spricht man von einem n-dotierten Halbleiter (Bild 3.11a). Es existiert in diesem Fall pro Dotierungsatom ein freies Elektron. P-dotierte Halbleiter entstehen dagegen in entsprechender Weise durch Einbauen von Atomen, die ein Valenzelektron weniger besitzen (Akzeptoren, z. B. Gallium) (Bild 3.11b). Pro Dotierungsatom entsteht also ein Loch.

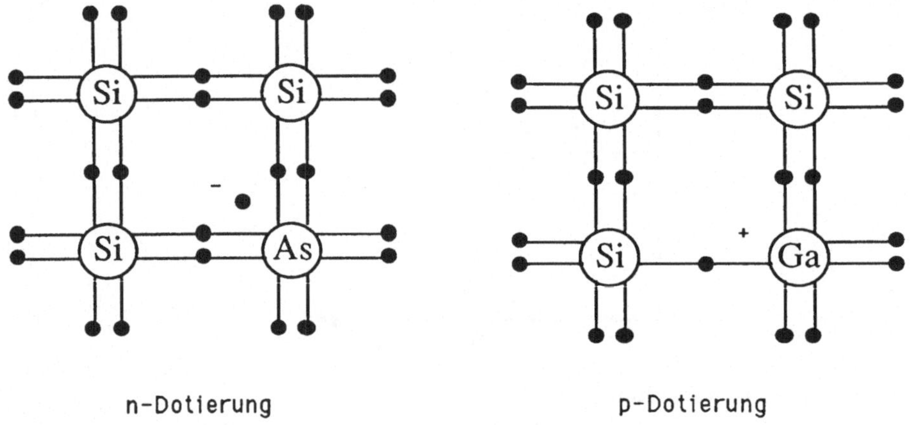


**Bild 3.11.** Dotierte Halbleiter: a) n-Dotierung, b) p-Dotierung

In einem dotierten Halbleiter muß die effektive Ladung null sein, d. h. $N_D + n_h = N_A + n_e$, wobei $N_D$ und $N_A$ die Dichten von Donatoren bzw. Akzeptoren sind. Im Falle eines n-dotierten Halbleiters ist $N_A = 0$ und die Dichte der Elektronen viel größer als die der Löcher. Daraus ergibt sich, daß $n_e \approx N_D$ ist. Gleichung (3.22) ergab, daß $n_i^2$ unabhängig von der Dotierung ist, also ist $n_e n_h = n_i^2$. Hieraus läßt sich $n_h$ berechnen:

$$n_h = \frac{n_i^2}{n_e} = \frac{n_i^2}{N_D} \quad .$$

Die Leitfähigkeit eines n-dotierten Halbleiters beträgt also

$$\sigma = q(N_D \mu_e + \frac{n_i^2}{N_D} \mu_h) \approx q N_D \mu_e \quad , \tag{3.24}$$

Die Leitung erfolgt somit fast ausschließlich durch Elektronen.

Ähnlich läßt sich die Leitfähigkeit eines p-dotierten Halbleiters bestimmen, bei dem die Leitung fast ausschließlich durch Löcher erfolgt:

$$\sigma = q(N_A \mu_h + \frac{n_i^2}{N_A} \mu_e) \approx qN_A \mu_h \quad . \tag{3.25}$$

### 3.2.2 Der MOS-Kondensator

Ein MOS-Kondensator hat eine Elektrode aus Metall, üblicherweise Aluminium, und die andere aus einem Halbleiter, hier Silizium. Der Isolator dazwischen ist $SiO_2$ (Bild 3.12). Die Kapazität kann in diesem Fall nicht direkt nach (3.17) berechnet werden, da besondere physikalische Phänomene hinzukommen. Die folgende Beschreibung geht von p-dotiertem Silizium aus.

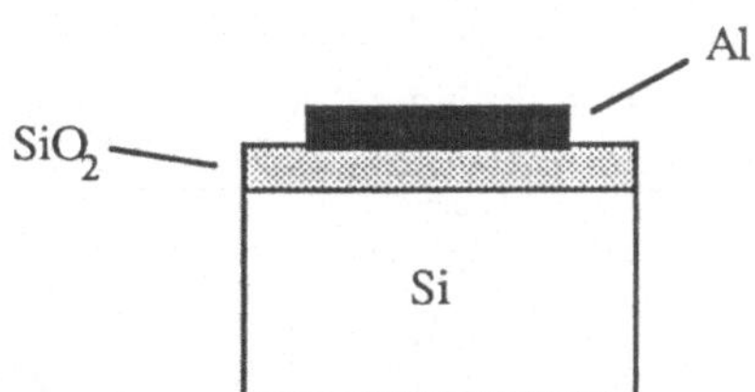


**Bild 3.12.** Aufbau des MOS-Kondensators

Wenn zwei verschiedene Stoffe einen Kontakt bilden, muß die Fermi-Energie in beiden Stoffen die gleiche sein, da andernfalls an der Kontaktfläche verschiedene Wahrscheinlichkeiten für die Energiezustände in beiden Stoffen herrschen würden. Dies hätte zur Folge, daß Elektronen in die Region größerer Wahrscheinlichkeit fließen würden. Da aber im Gleichgewicht kein Strom fließt und die Wahrscheinlichkeit bei gegebener Temperatur und Energie der Elektronen nur von der Fermi-Energie abhängt (Gleichung (3.21)), sammelt sich Ladung in der Nähe der Kontaktfläche an und erzeugt so ein Potential $U_{difMS}$, welches die Differenz der Fermi-Energien in den Stoffen an der Kontaktfläche aufhebt (Erinnerung: W = qU). In der Praxis wird anstatt der Fermi-Energie die sog. Arbeitsfunktion Φ angegeben. Es ist die Arbeit, die für ein Elektron mit Fermi-Energie aufzuwenden wäre, um vollkommen vom Material freizukommen.

$$W_{difMS} = \frac{\Phi_M - \Phi_S}{q} \quad .$$

Die Arbeitsfunktion von Aluminium $\Phi_M$ ist kleiner als die von Silizium $\Phi_S$; sie beträgt typischerweise -0,9V für p-dotiertes und -0,3V für n-dotiertes Silizium.

Ein zweites Phänomen ist die Ladung $Q_{OX}$ (angegeben in $C/m^2$), die an der Oberfläche des Oxids vorhanden ist und durch unvermeidbare Störungen des Oxids an der Oberfläche oder durch Verunreinigungen im Oxid, vor allem durch Natrium-Ionen, zustande kommt. $Q_{OX}$ ist für Siliziumoxid immer positiv. Diese Ladung äußert sich also als ein positives Potential (Erinnerung: U = Q/C laut (3.16)). $C_{OX}$ ist die Kapazität per Flächeneinheit, die sich daraus gemäß (3.17) berechnen läßt.

Betrachtet man die Spannung $U_F$, die zwischen Metall und Halbleiter im Gleichgewicht anliegt, so wird

$$U_F = U_{dif_{MS}} - \frac{Q_{OX}}{C_{OX}} \quad . \tag{3.26}$$

Bild 3.13 zeigt die Verhältnisse für verschiedene Konfigurationen. Es zeigt sich, daß sowohl im Metall als auch im Halbleiter Ladungen induziert werden.

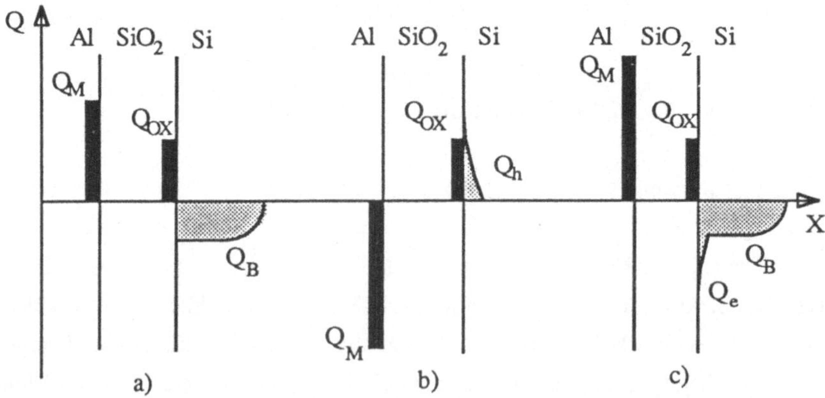


**Bild 3.13.** Ladungen im MOS-Kondensator a) Verarmung, b) Anreicherung, c) Inversion

Man spricht von Verarmung, wenn die Ladung $Q_B$ im Halbleiter dadurch zustande kommt, daß eine Zone im Halbleiter an Löchern verarmt ist (p-dotiertes Silizium) (Bild 3.13a).

Legt man nun eine negative Spannung an das Metall, die genau gleich $U_F$ ist, so ist die Ladung im Halbleiter gleich Null und der Halbleiter verhält sich, als ob kein Kontakt bestehen würde. Erhöht man die negative Spannung am Metall, so wird eine positive Ladung $Q_h$ aufgebaut, indem Löcher angezogen werden. Man spricht daher von Anreicherung (Bild 3.13b). Die Kapazität des Kondensators beträgt in diesem Falle etwa $C_{OX}$ (angegeben in F/m²). Bei Erhöhung der (negativen) Spannung wird die Ladung proportional größer.

Legt man an das Metall eine positive Spannung $U_{MS}$, so vermindert sich zunächst die Zahl der Löcher weiter und die Größe der Verarmungszone wächst entsprechend. Verschiebt die positive Spannung aber die Fermi-Energie weit genug, so steigt die Anzahl der freien Elektronen exponentiell (dies ergibt sich aus (3.21)). Die verarmte Zone hört damit auf zu wachsen und die Ladung wird mit freien Elektronen aufgebaut, die in der Nähe des Oxids von dem Feld beeinflußt werden. Diese Spannung wird als *Schwellspannung* $U_{TH}$ bezeichnet. Der Halbleiter befindet sich in diesem Fall in Inversion (Bild 3.13c). Es herrscht jetzt ein Überschuß an Minoritätsladungsträgern, im Falle von p-dotiertem Silizium also von Elektronen. Die Ladung pro Flächeneinheit dieser Elektronen beträgt also

$$Q_e = C_{OX}(U_{MS} - U_{TH}) \quad . \tag{3.27}$$

Die Kapazität beträgt im Zustand der Inversion nur einen Bruchteil von $C_{OX}$, da die Ladung $Q_e$ thermisch, also verhältnismäßig langsam erzeugt wird: Wächst die Spannung am Kondensator schnell, so wächst zunächst die Verarmungszone, wodurch die Kapazität kleiner wird (die Entfernung der Ladungen nimmt zu). Erst nach einiger Zeit (einige Millisekunden) werden genügend Elektronen thermisch erzeugt, um das neue Gleichgewicht herzustellen. Für langsame Spannungsänderungen entspricht also die Gesamtkapazität der Kapazität $C_{OX}$ in Serie mit einer Verarmungskapazität.

Die Schwellspannung $U_{TH}$ läßt sich wie folgt berechnen:

$$U_{TH} = U_F + U_B - \frac{Q_B}{C_{OX}} = U_{dif_{MS}} - \frac{Q_{OX}}{C_{OX}} + U_B - \frac{Q_B}{C_{OX}} \quad . \tag{3.28}$$

Diese Gleichung gilt sowohl für n- als auch für p-dotierte Halbleiter. $U_B$ ist eine Materialkonstante, die von dem Wert der Fermi-Energien abhängt. $Q_B$ ist die Ladung pro Flächeneinheit der Verarmungszone unmittelbar vor Inversion; typische Werte für n-dotiertes Silizium sind etwa $2{,}5 \cdot 10^{-4}$ C/m². MOS-Schaltungen werden üblicherweise so dimensioniert, daß $U_{TH}$ für n-dotiertes Substrat bei ca. -0,2 $U_{DD}$ liegt ($U_{DD}$ ist die Versorgungsspannung). Für p-dotiertes Silizium soll $U_{TH}$ bei ca. +0,2 $U_{DD}$ liegen.

Bild 3.14 zeigt die Kapazität des MOS Kondensators in Abhängigkeit von der Spannung zwischen Metall und Halbleiter.

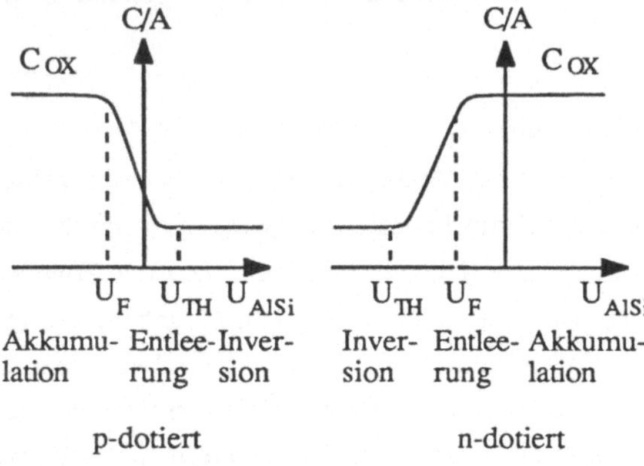


**Bild 3.14.** Kapazität des MOS-Kondensators

### 3.2.3 Der MOS-Transistor

Ein MOS-Transistor besitzt eine Struktur, wie sie Bild 3.15 für den Fall eines n-Kanal-MOS-Transistors (kurz nMOS) zeigt. Der Zweck dieser Struktur ist, den Strom $I_{DS}$ zwischen Drain (D) und Source (S) durch die Spannung $U_{GS}$ zwischen Gate (G) und Source zu steuern. Die Leitung kommt dadurch zustande, daß sich zwischen Drain und Source ein sog. Kanal durch Inversion des Substrates aufbaut.

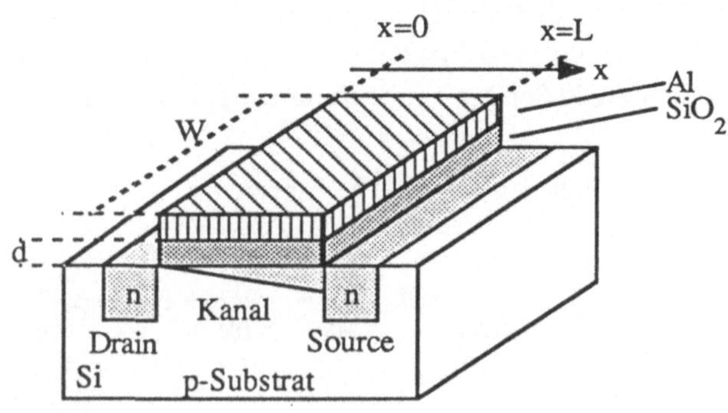


**Bild 3.15.** nMOS-Transistor

Für den MOS-Transistor gilt die gleiche Betrachtung wie für den MOS-Kondensator, mit der Ausnahme, daß Minoritätsladungsträger in Inversion nicht thermisch generiert werden müssen. Sie werden von Source und Drain, die entgegengesetzte Dotierung besitzen, sofort geliefert.

Source und Substrat, bzw. Drain und Substrat bilden sog. pn-Übergänge. Um den MOS-Transistor zu verstehen, genügt eine qualitative Beschreibung seiner Funktionsweise. Ähnlich wie beim MOS-Kondensator bildet sich bei einem pn-Übergang eine Verarmungszone, in diesem Fall sowohl im n- als auch im p-dotierten Halbleiter. Da jedoch kein Isolator dazwischen liegt, kann Ladung zwischen den beiden Regionen ausgetauscht werden. Elektronen bewegen sich vom n-dotierten Silizium in das p-dotierte Silizium und rekombinieren hier mit Löchern, wodurch die Zone an Ladungsträgern "verarmt". Ebenso bewegen sich Löcher in das n-dotierte Silizium.

Die Verarmungszone hat also eine Ladung, die positiv im n-dotierten und negativ im p-dotierten Material ist. Es baut sich dadurch lokal im Übergang ein Feld, also auch ein Potential, auf. Wird nun eine externe Spannung angelegt, welche in der n-Zone positiv gegenüber der p-Zone ist ("reverse bias"), so wird das Feld am Übergang verstärkt, d. h. die zu kompensierende Differenz der Fermi-Energien vergrößert. Da in der Verarmungszone wenig Ladungsträger zur Verfügung stehen, wird ein geringer Strom durch den pn-Übergang fließen. Legt man aber ein negatives Potential an die n-Zone ("forward bias"), so wird das Feld in der Verarmungszone zunächst schwächer, d. h. die zu kompensierende Differenz der Fermi Energien wird kleiner. Sobald die Lücke geschlossen ist, entstehen aber sehr viele Ladungsträger (exponentiell mit der Spannung, wie in Abschn. 3.2.2 erklärt), und der Strom durch den pn-Übergang steigt dementsprechend exponentiell an.

Vereinfacht kann also angenommen werden, daß durch einen pn-Übergang nur in eine Richtung Strom fließt. Legt man an einen MOS-Transistor nur eine Spannung zwischen Drain und Source, so fließt kein nennenswerter Strom, da immer einer der pn-Übergänge sperrt.

Um nun die MOS-Transistor-Gleichungen abzuleiten, machen wir zunächst folgende vereinfachende Annahmen:

- Source und Substrat liegen auf dem gleichen Potential.

- Die Entfernung zwischen Source und Drain ist groß gegenüber der Entfernung zwischen Gate und Silizium (langer Kanal). Die Ladung im Kanal hängt dann praktisch nur von der Spannung zwischen Gate und Kanal $U_{GC}$ ab.

- Die Schwellspannung $U_{TH}$ ist, wie beim MOS-Kondensator, konstant.

Die Spannung von Source und Substrat $U_S$ wird als Nullpunkt definiert. An Gate wird eine gegenüber $U_S$ positive Spannung $U_{GS}$ angelegt. An Drain wird ebenso eine gegenüber $U_S$ positive Spannung $U_{DS}$ angelegt. Sei $U_C(x)$ die Spannung im Kanal (von x abhängig, d. h. $U_C(x=L) = U_S = 0$ und $U_C(x=0) = U_{DS}$, vgl. Bild 3.15). Dann ist die Ladung der beweglichen Elektronen *pro Flächeneinheit*, die den Kanal in Inversion bilden, gemäß (3.27)

$$Q_e(x) = C_{OX}((U_{GS} - U_{TH}) - U_C(x)) \quad .$$

Der Strom in x-Richtung ist also (aus Gleichungen (3.7), (3.12), (3.13) )

$$\begin{aligned} I_{DS} &= \int J \, dA = Q_e W \mu_e E_c = - Q_e W \mu_e \frac{dU_c(x)}{dx} \\ &= - C_{OX} W \mu_e (U_{GS} - U_{TH} - U_c(x)) \frac{dU_c(x)}{dx} \quad . \end{aligned}$$

(In Übereinstimmung mit anderer einschlägiger Literatur bezeichnet W in dieser Formel und auch im folgenden die Kanalbreite.)

Integrieren wir nun entlang des Kanals, so erhalten wir

$$\int_{x=o}^{L} I_{DS} \, dx = - C_{OX} W \mu_e \int_{x=0}^{L} (U_{GS} - U_{TH} - U_c(x)) \frac{dU_c(x)}{dx} dx$$

$$= C_{OX} W \mu_e \int_{U=0}^{U_{DS}} (U_{GS} - U_{TH} - U) dU \quad .$$

Der Strom muß entlang des Kanals konstant sein, also

$$I_{DS} L = C_{OX} W \mu_e ((U_{GS} - U_{TH}) U_{DS} - \frac{U_{DS}^2}{2}) \quad .$$

Der Strom im Kanal ist dann

$$I_{DS} = \frac{C_{ox} W \mu_e}{L}((U_{GS} - U_{TH})U_{DS} - \frac{U_{DS}^2}{2}) \quad 0 \le U_{DS} \le U_{GS} - U_{TH} \tag{3.30}$$

Dieser Bereich wird der lineare Bereich genannt. Der Strom ist proportional zu $U_{GS}$. Die obere Grenze für $U_{DS}$, für die diese Gleichung gültig ist, wird wie folgt erklärt. Ist $U_{DS} = U_{GS} - U_{TH}$, so ist die Spannung des Kanals bei x=0 (Drain) auch $U_{GS} - U_{TH}$. Die Spannungsdifferenz zwischen Gate und Kanal ist also Null, und es wird laut (3.27) keine freie Ladung mehr induziert. Es herrscht an diesem Punkt keine Inversion mehr. Der Strom kann also nicht weiter wachsen. Der Kanal wird sozusagen abgeschnürt. Man spricht in diesem Fall von Sättigung. Den Strom erhält man durch Ersetzen von $U_{DS} = U_{GS} - U_{TH}$ in (3.30):

$$I_{DS} = \frac{C_{ox} W \mu_e}{2L}(U_{GS} - U_{TH})^2 \qquad U_{DS} > U_{GS} - U_{TH} \quad . \tag{3.31}$$

In Sättigung ist der Strom unabhängig von der Spannung $U_{DS}$.

Sinkt $U_{GS}$ unter $U_{TH}$, so wird im Kanal keine freie Ladung mehr induziert und der Transistor sperrt. Infolgedessen wird $I_{DS} = 0$.

Die Gleichungen für den nMOS-Transistor können also wie folgt zusammengefaßt werden:

Gesperrt

$$U_{GS} - U_{TH} < 0 \qquad I_{DS} = 0 \quad ,$$

Linear

$$0 \le U_{DS} \le U_{GS} - U_{TH} \qquad I_{DS} = ß((U_{GS} - U_{TH})U_{DS} - \frac{U_{DS}^2}{2}) \quad ,$$

Sättigung

$$U_{DS} > U_{GS} - U_{TH} \qquad I_{DS} = \frac{ß}{2}(U_{GS} - U_{TH})^2 \quad . \tag{3.32}$$

Gleichung (3.32) wird für den Entwurf mit nMOS-Transistoren verwendet. Der Faktor ß ist die MOS-Transistor-Verstärkung. Er ist wie folgt definiert

$$ß = \frac{C_{ox} W \mu_e}{L} = \frac{\varepsilon_{ox} \mu_e}{d} \left(\frac{W}{L}\right) \quad ,$$

wobei gilt

$$C_{ox} = \frac{C'_{ox}}{A} = \frac{\varepsilon_{ox}}{d} \qquad (3.33)$$

$C_{OX}$ = Kapazität pro Flächeneinheit $C'_{OX}$ = Gesamtkapazität .

Das sich ergebende Kennlinienfeld eines MOS-Transistors ist in Bild 3.16 dargestellt. Dieses Kennlinienfeld wiederholt sich für negative Werte von Spannungen und Strömen in entsprechender Weise, da im Transistor die Drain-Source-Anordnung symmetrisch ist.

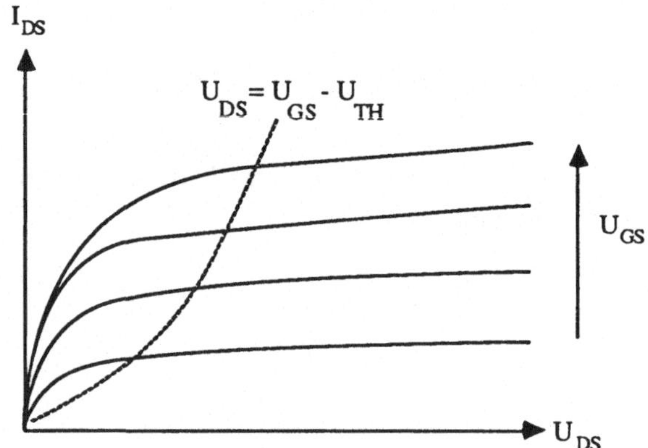


**Bild 3.16.** Kennlinienfeld eines MOS-Transistors

pMOS-Transistoren werden auf n-Substrat mit p-dotierten Source- und Drain-Regionen aufgebaut. Dementsprechend müssen bei diesen Transistoren die Spannungen umgepolt und die Mobilität der Löcher für die Berechnung von ß verwendet werden.

Solche MOS-Transistoren werden *Anreicherungstypen* genannt. Sie sind selbstsperrend, d. h., $U_{GS}$ muß den Kanal mit Ladungsträgern anreichern, damit eine Drain-Source-Leitung zustandekommt. Wird der Kanal für einen nMOS-Transistor dagegen schon bei der Herstellung n-dotiert, so ist dieser selbstleitend, da die Ladungsträger im Kanal bereits durch die Dotierung entstehen. Legt man nun eine negative Spannung $U_{GS}$ an, so wird der Transistor bei einer bestimmten Größe dieser Spannung aufhören zu leiten.

Man spricht in diesem Fall von einem selbstleitenden *Verarmungstyp*. Für Verarmungstypen gilt auch (3.32); lediglich der Wert von $U_{TH}$ wird negativ. Die Schaltzeichen für die verschiedenen MOS-Transistor-Typen sind in Bild 3.17 zusammengefaßt. Zur Vereinfachung werden die Pfeile oft weggelassen.

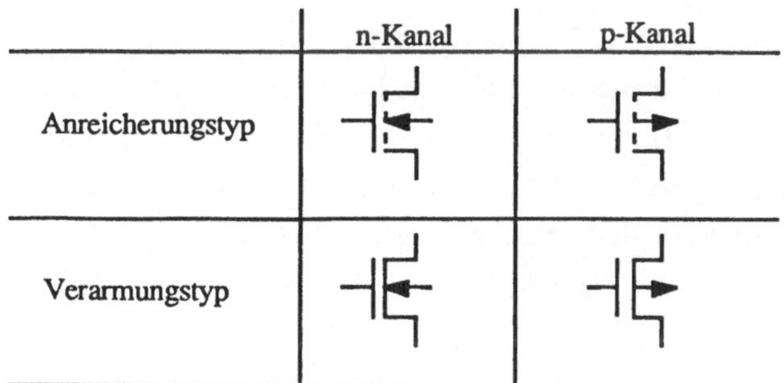


**Bild 3.17.** Schaltzeichen für MOS-Transistoren

### 3.2.4 Der Body-Effekt

In integrierten Schaltungen sind zahlreiche Transistoren auf einem gemeinsamen Substrat aufgebaut. Oft sind Transistoren so geschaltet, daß Source und Substrat nicht auf gleicher Spannung liegen. Dies geschieht z. B. dann, wenn Source eines Transistors an Drain eines anderen Transistors angeschlossen wird. In diesem Fall ist die Spannung $U_S$ an Source positiv gegenüber der Substratspannung (nMOS). Die Verarmungszone um Source vergrößert sich also. Dies äußert sich in (3.28) darin, daß die Ladung der Verarmungszone $Q_B$ wächst. Dadurch erhöht sich $U_{TH}$. Dieser Effekt wird *Body-Effekt* genannt. Quantitativ läßt sich aus der Physik des pn-Übergangs folgender Ausdruck ableiten

$$U_{TH} = U_{TH_0} + \gamma U_S^{1/2} \quad . \tag{3.34}$$

Die Konstante $\gamma$ hat in der Praxis Werte um 0,5. Dadurch, daß sich $U_{TH}$ erhöht, werden die Ströme kleiner und daher auch die Schaltungen langsamer.

## 3.3 Schaltungstechniken

Es sind verschiedene Techniken üblich, aus MOS-Transistoren logische Schaltungen aufzubauen. Um diese Schaltungstechniken zu erläutern, genügt es zunächst, den MOS-Transistor in vereinfachter Form als idealen Schalter zu betrachten. Die Spannung soll hier als H (high) oder 1 bezeichnet werden, wenn sie positiv ist und einen Wert nahe der Versorgungsspannung $U_{DD}$ hat. Ist die Spannung ungefähr null, so soll sie als L (low) oder 0 bezeichnet werden. Man bezeichnet diese Zuordnung zwischen H bzw. L und 1 bzw. 0 als "positive Logik".

NMOS-Schaltungen beruhen auf dem in Bild 3.18 erläuterten Prinzip. Der Ausgang des Inverters liegt über den Widerstand R an H, wenn der nMOS-Transistor offen ist, d.h. sein Gate auf L ist. Liegt das Gate jedoch auf H, so leitet der Transistor und der Ausgang liegt auf L. In diesem Fall fließt ein Strom über den Widerstand und die Drain-Source Strecke des Transistors. Der Widerstand R wird durch einen MOS-Transistor realisiert, der so geschaltet ist, daß er ständig leitet. Verschiedene Alternativen sind möglich, auf die allerdings erst im Kapitel 3.4 näher eingegangen werden soll.

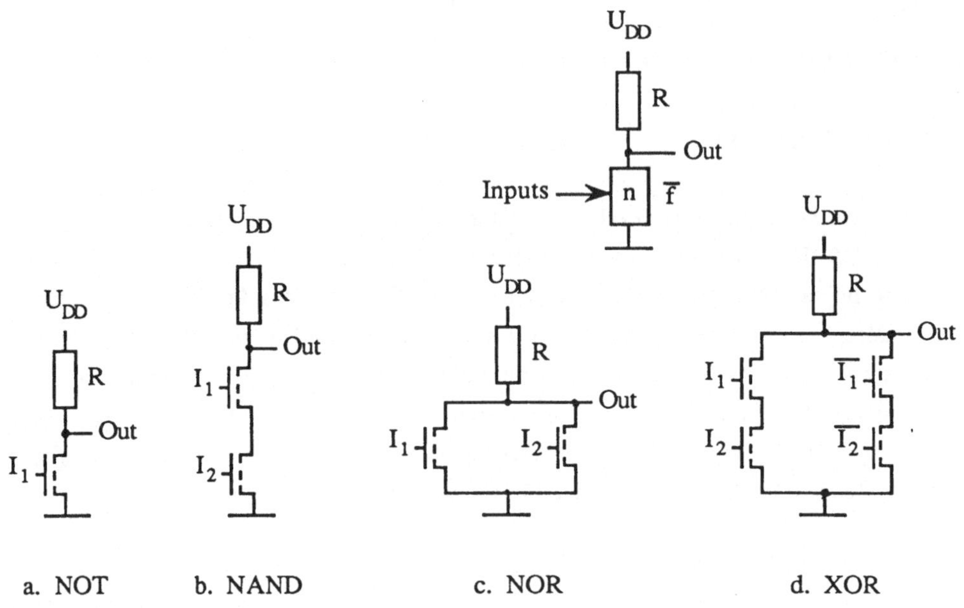


**Bild 3.18.** Schaltungen in nMOS-Technik

Die nMOS-NAND-Schaltung liefert am Ausgang nur dann L, wenn beide Transistoren leiten, d. h. beide Eingänge H sind. Die NOR-Schaltung liefert am Ausgang nur dann H, wenn beide Eingänge L sind. NAND- und NOR-Gatter lassen sich auf einfache Weise auch mit mehr Eingängen realisieren, indem mehr Transistoren parallel oder in Serie geschaltet werden. Es können auch komplexere Gatter realisiert werden (z.B. Bild 3.18d). Allerdings ist die maximale Anzahl der in Serie geschalteten Transistoren aufgrund des im leitenden Zustand auftretenden Spannungsabfalls zwischen Drain und Source begrenzt.

Sog. pMOS-Schaltungen werden mit dem gleichen Prinzip, jedoch mit pMOS-Transistoren aufgebaut. Heutzutage werden jedoch fast ausschließlich nMOS-Schaltungen verwendet, da die Mobilität der Elektronen (n-Kanal) etwa dreimal größer als die der Löcher ist und die nMOS Schaltungen dementsprechend schneller sind.

Der Hauptnachteil von nMOS-Schaltungen besteht darin, daß im Gatter Strom fließt, wenn der Ausgang auf L liegt und dadurch die Verlustleistung verhältnismäßig hoch ist.

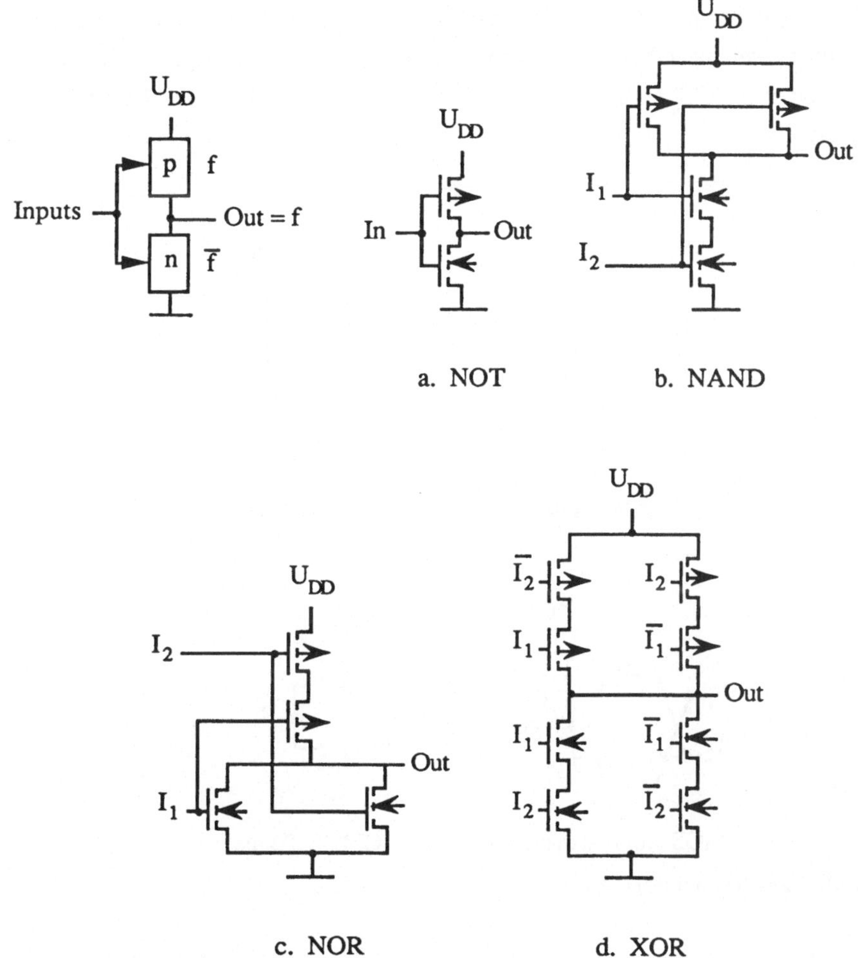


**Bild 3.19.** Schaltungen in CMOS-Technik

CMOS (Complementary MOS)-Schaltungen benutzen sowohl n- als auch pMOS-Transistoren. Der Inverter (Bild 3.19) liefert am Ausgang über den nMOS-Transistor L, wenn der Eingang H ist. In diesem Falle sperrt der pMOS-Transistor. Liegt dagegen der

Eingang auf L, so leitet der pMOS Transistor und der nMOS-Transistor sperrt; der Ausgang liegt also an H. NAND und NOR werden durch Serien- oder Parallelschaltung von Transistoren realisiert. Die nMOS-Transistoren zwischen dem Ausgang und GND (Ground, 0V) werden "pull-down"-Netz genannt, die pMOS-Transistoren zwischen der Versorgungsspannung $U_{DD}$ und dem Ausgang "pull-up" Netz. Die pull-up- und pull-down-Netze müssen so geschaltet werden, daß bei allen Eingangskombinationen nur *ein* Transistornetz leitet, sonst würde zwischen $U_{DD}$ und GND ein großer Strom fließen, der die Transistoren zerstören könnte. Das pull-up-Netz muß also die Funktion $\overline{f}$ realisieren, wenn das pull-down Netz f realisiert. Dies geschieht am einfachsten dadurch, daß im pull-up-Netz pMOS-Transistoren immer dann parallel geschaltet werden, wenn die entsprechenden nMOS-Transistoren im pull-down-Netz in Serie geschaltet sind, und umgekehrt.

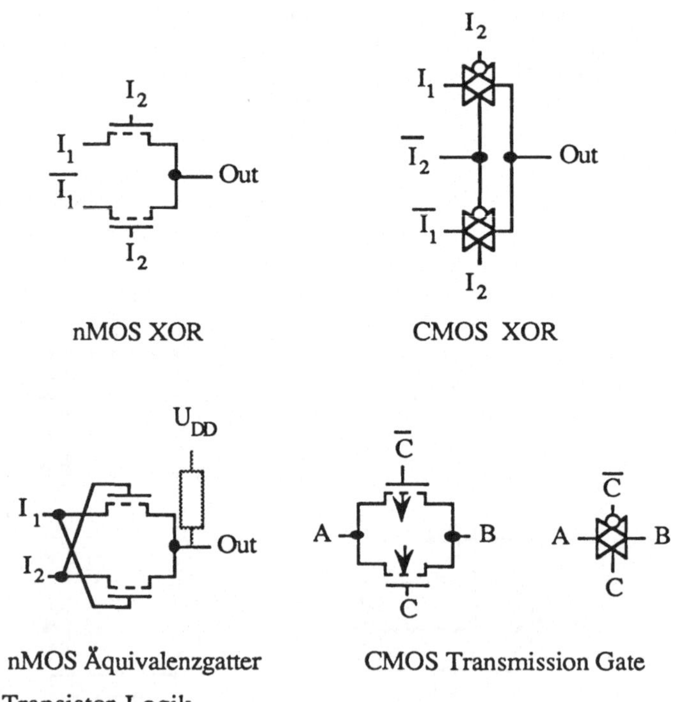


**Bild 3.20.** Pass-Transistor-Logik

In CMOS-Schaltungen fließt also im Ruhezustand kaum Strom. Nur während des Umschaltens leiten kurzzeitig beide Transistornetze, und es fließt Strom. Der Flächenbedarf ist jedoch durch das zusätzliche pMOS-Netz verglichen mit nMOS größer.

Als Eingänge wurden in den oben beschriebenen nMOS- und CMOS-Schaltungen nur Transistor-Gates benutzt, um so die Verstärkung der Transistoren zu nutzen. Jedes Gatter erzeugt ein Signal, welches die vollen logischen Pegel hat. Dies kommt sowohl der Geschwindigkeit als auch der Störunempfindlichkeit zugute. Die ***Pass-Transistor-Logik*** verzichtet auf diese Signalverstärkung in jedem Gatter. Es lassen sich aber dadurch oft große Einsparungen in der Anzahl der Transistoren, also auch der Schaltungsfläche, erzielen.

Bild 3.20 stellt verschiedene Schaltungen in Pass-Transistor-Logik dar. Dabei sind im Vergleich zu obigen nMOS- und CMOS-Schaltungen wesentlich weniger Transistoren erforderlich. Es können jedoch nicht beliebig viele Transistoren in Serie geschaltet werden, da sonst der Spannungsabfall, aber insbesondere auch die Verzögerungszeit, die quadratisch mit der Zahl der in Serie geschalteten Pass-Transistoren steigt, zu groß werden. Die Signale müssen dann verstärkt werden, indem ein Gatter nachgeschaltet wird.

Die bisher beschriebenen nMOS- und CMOS-Schaltungen werden statische Schaltungstechniken genannt. Sie funktionieren auch bei beliebig langsamen ("statischen") Signalen. Bei dynamischen Schaltungen werden Gates von Transistoren dazu verwendet, Ladung zu speichern. Diese Ladung hält sich nicht beliebig lange, da in der Praxis immer kleine Restströme fließen. Sie muß also periodisch erneuert werden. Man spricht in diesem Fall von dynamischen Schaltungen. Bild 3.21a zeigt das Prinzip einer dynamischen nMOS-Schaltung. Ist Phase_1 = H, so werden die Transistoren T1 und T3 leitend. Die Kapazität $C_1$ des Gate des Transistors $T_2$ lädt sich auf den Wert von IN auf. Der Ausgang liegt an H. Man spricht von einer sog. "precharge phase". Wechselt jetzt Phase_1 auf L, so sperren T1 und T3. T2 leitet nur dann, wenn sein Gate positiv geladen ist. Ist dies der Fall, so wird der Ausgang entladen, andernfalls bleibt die Ladung erhalten und der Ausgang ist H. Dynamische CMOS-Schaltungen funktionieren ähnlich (Bild 3.21b).

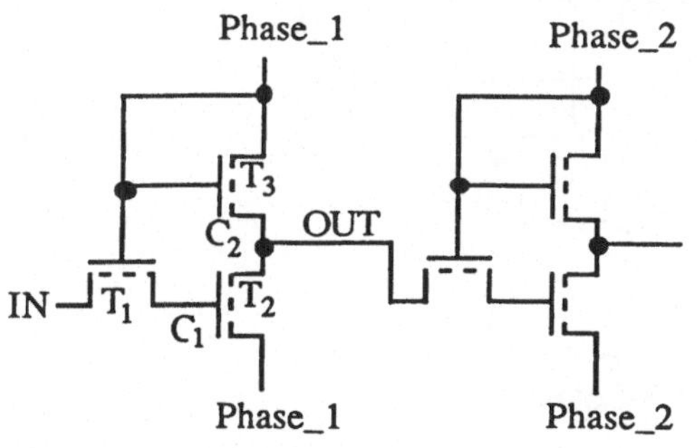


**3.21a.** Dynamische nMOS-Schaltung

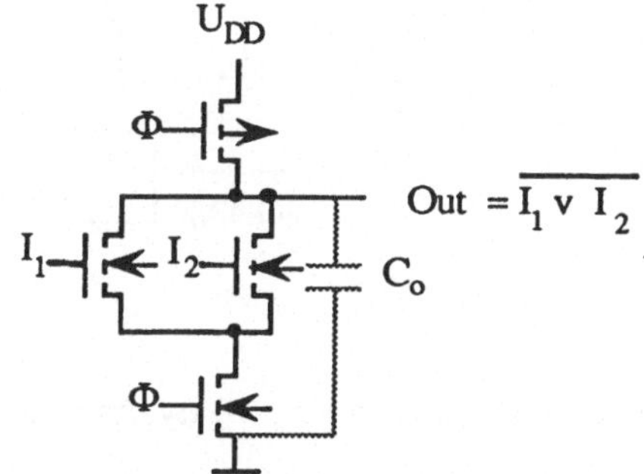


**Bild 3.21b.** Dynamische CMOS-Schaltung

Dynamische nMOS-Schaltungen haben den Vorteil, daß sie weniger Transistoren als CMOS-Schaltungen benötigen und daß kein ständiger Strom wie bei statischen nMOS-Schaltungen fließt. Allerdings benötigen sie zusätzliche Taktleitungen und sind langsamer als statische Schaltungen. Es ist zu bemerken, daß beim Hintereinanderschalten von dynamischen Schaltungen mindestens zwei Taktphasen notwendig sind: Die Auswertungsphase darf nur bei stabilen Eingängen vorgenommen werden (siehe auch Abschn. 3.6). Dynamische Schaltungen verwenden daher meistens verschiedene sog. nichtüberlappende Taktphasen, üblicherweise zwei oder vier.

Es sind noch verschiedene andere Schaltungstechniken bekannt. Bild 3.22 zeigt die sog. CVS-Logik (Cascade Voltage Switch). Die statische Version (Bild 3.22 a) verwendet nur nMOS-pull-down-Netzwerke, welche eine Funktion f und ihr Inverses $\overline{f}$ implementieren. Nur zwei pMOS-Transistoren pro Gatter sind notwendig. Beide Ausgänge f und $\overline{f}$ stehen zur Verfügung. Die Schaltung ist allerdings langsamer als eine konventionelle CMOS-Implementierung.

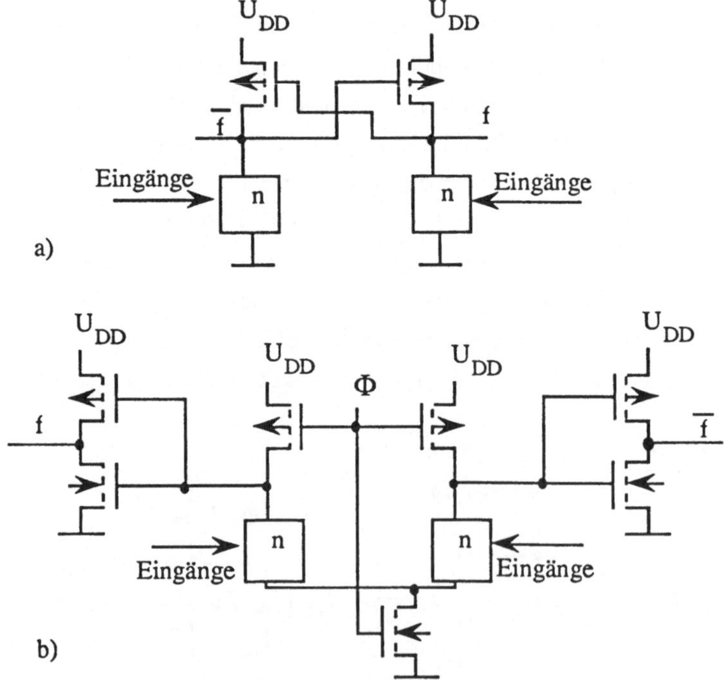


**Bild 3.22.** a) Statische und b) dynamische CVS-Logik

Die dynamische Version von CVS-Logik (Bild 3.22 b) steuert die pull-up-Transistoren mit einem Takt an. Dadurch, daß die Funktion und ihr Komplement berechnet werden, läßt sich jede Funktion realisieren. Schaltungen, die sowohl die Funktion als auch ihr Komplement berechnen, werden auch "dual-rail"-Logik genannt. Bei sog. Domino-Schaltungen (Bild 3.23a), dagegen wird nur die Funktion berechnet; der Inverter am Ausgang puffert das Ausgangssignal (die Gates seiner Transistoren speichern die Ladung). Realisiert werden können in diesem Fall nur positive Funktionen, aber es genügt eine einzige Taktphase, da Ausgänge während einer Taktperiode höchstens einen Übergang von L auf H machen. Bei der Auswertungsphase "fallen" dann evtl. nacheinandergeschaltete Gatter hintereinander von L auf H um (wie Dominosteine umfallen, daher der Name). Ein dynamisches CVS-Gatter entspricht zwei parallelen Domino-Gattern, wodurch sich auch negative Funktionen realisieren lassen. Eine Variante, die auf den Inverter als Ausgangspuffer verzichtet, verwendet abwechselnd pMOS- und nMOS-pull-up- bzw. pull-down-Netze (Bild 3.23b).

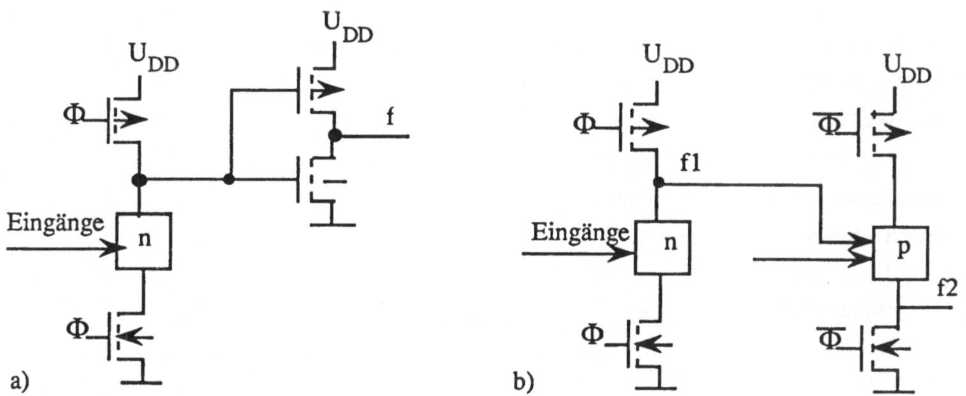


**Bild 3.23.** a) Domino-Logik und b) alternierende n-p-Domino-Logik

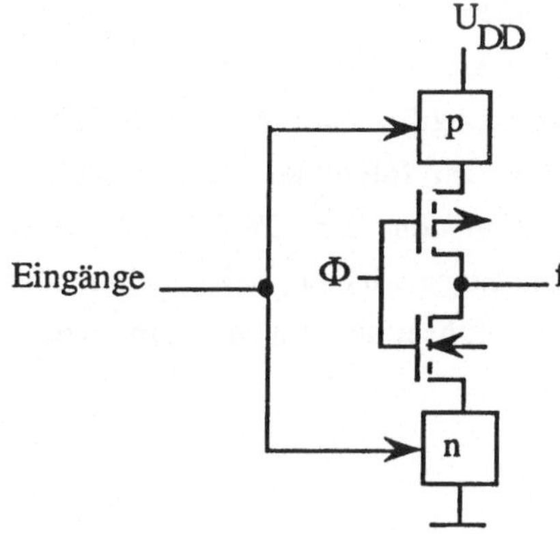


**Bild 3.24.** Getaktetes CMOS

Eine weitere Variante dynamischer Schaltungen ist getaktetes CMOS (Clocked CMOS, $C^2$MOS Bild, 3.24). Diese Schaltungen sind größer und langsamer als in CMOS, die Verlustleistung ist allerdings geringer. Verwendet werden solche Schaltungen nur, um in getakteten Schaltungen Schnittstellenprobleme zu lösen.

Tabelle 3.1 faßt die Eigenschaften der oben beschriebenen Techniken für ein Gatter mit n Eingängen zusammen. Geschwindigkeit und Silizium-Fläche hängen jedoch wesentlich von der Verdrahtung ab, sie lassen sich schwer direkt vergleichen.

**Tabelle 3.1.** Vergleich verschiedener Schaltungstechniken (n = Anzahl der Eingänge)

| Schaltungstechnik | Voller Signalpegel | Statische Verlustleistung | Transistoren pro Gatter |
|---|---|---|---|
| Statisches nMOS | Nur bei H | >0 | n + 1 |
| Statisches CMOS | Ja | 0 | 2n |
| Statisches CVS | Ja | 0 | 2n+2 |
| Pass-Transistor | Nein | >0 | ≤n |
| Dynamisches nMOS | Nur bei L | 0 | 2n+1 |
| Domino CMOS | Ja | 0 | n+4 |
| Alt. np Domino CMOS | Ja | 0 | n+2 |
| Dynamisches CVS | Ja | 0 | 2n+7 |
| $C^2$MOS | Ja | 0 | 2n+2 |

So hat z. B. Domino- Logik im allgemeinen weniger Transistoren als statische CMOS-Logik; durch die hinzukommenden Taktleitungen kann jedoch eine größere Fläche zustande kommen. In der Praxis werden vorwiegend statische und dynamische nMOS-Schaltungen (mit Pass-Transistor-Logik), statische CMOS-Schaltungen und Domino-Logik verwendet. Diese werden im folgenden näher erläutert. Der Schwerpunkt verschiebt sich zusehends zugunsten der CMOS-Schaltungen, da sie weniger Verlustleistung als nMOS-Schaltungen haben; bei zunehmender Integration ist die Verlustleistung, d. h. die abzuführende Wärme, einer der Faktoren, die die Schaltungsgröße limitieren.

## 3.4 nMOS-Schaltungen

Ein in der Praxis üblicher einfacher nMOS-Herstellungsprozeß verwendet folgende Ebenen:

- p-dotiertes Silizium-Substrat
- $SiO_2$ als Isolator
- Polysilizium, d. h. nicht monokristallines, amorphes Silizium, zur Realisierung der Gates und einer Leitungsebene. Polysilizium leitet zwar nicht so gut wie Metall (Aluminium), bietet jedoch bei der Herstellung gewisse Vorteile (siehe Kapitel 7)
- Eine Metallebene, Aluminium, zur Realisierung von Leitungen
- Diffusion, stark n-dotierte Zonen im Substrat zur Realisierung von Drain und Source und evtl. auch zur Realisierung von Leitungen.
- Implantierung, schwach n-dotiert, zur Realisierung von Verarmungstransistoren

Der Prozeß wird charakterisiert durch eine Einheitslänge $\lambda$, die das Auflösungsvermögen des Prozesses angibt, z. B. $\lambda = 1\mu m$. Ein minimaler Transistor hat üblicherweise eine Kanallänge von $2\lambda$. Die Kanalbreite bestimmt die Geschwindigkeit, $4\lambda$ ist ein typischer Wert. Entwurfsregeln (siehe Kapitel 6) bestimmen die minimalen Abmessungen (z. B. die minimale Breite einer Metalleitung oder die Größe eines Kontaktes), minimale Abstände (z. B. zweier Metalleitungen) und minimale Überlappungen (z. B. von Polysilizium und Diffusion, um einen Transistor zu bilden). In vereinfachter Form werden Entwurfsregeln als Funktion von $\lambda$ angegeben.

### 3.4.1 Der nMOS-Inverter

Um nMOS-Schaltungen entwerfen zu können, ist es notwendig, einige wichtige geometrische und elektrische Größen zu bestimmen. Der einfachste Fall ist der nMOS Inverter.

Im allgemeinen wird der "pull-up"-Widerstand (Bild 3.25) durch einen Verarmungstransistor realisiert. Dieser besitzt eine geringere Fläche als z. B. eine direkte Realisierung des Widerstandes durch Polysilizium. Der Verarmungstransistor besitzt eine negative Schwellspannung $U_{TH(L)}$. Durch die Verbindung von Gate und Source befindet er sich somit immer im leitenden Zustand (Bild 3.25). Der Eingang des Inverters ist das Gate des Anreicherungstransistors (Polysilizium), der Ausgang ist die Source-Drain-Verbindung beider Transistoren (Diffusion). $U_{DD}$ und GND werden in Metall geführt und über Kontakte mit der Source- bzw. Drain-Diffusion verbunden.

Die Kennlinien des nMOS-Inverters erhält man dadurch, daß man die Kennlinien der beiden Transistoren überlagert (Bild 3.26). Der Strom $I_{DS}$ in beiden Transistoren ist gleich, die Summe der Spannungen $U_{DS(L)} + U_{DS(S)} = U_{DD}$. Dadurch ergibt sich die in Bild 3.26 dargestellte Kennlinie, wobei $U_{in} = U_{GS(S)}$ und $U_{out} = U_{DS(S)}$ gilt.

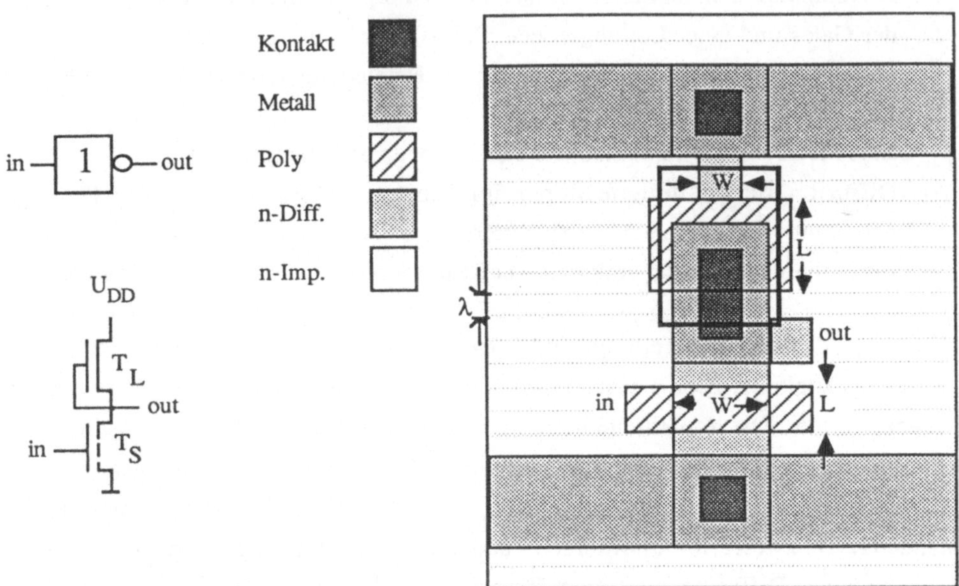


**Bild 3.25.** nMOS-Inverter

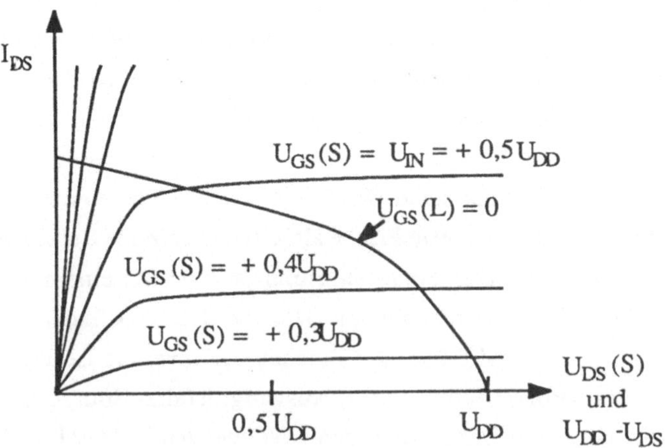


**Bild 3.26.** Elektrische Kennlinien des nMOS-Inverters

Man definiert die logische Schwellspannung des Inverters $U_{INV}$ als die Spannung bei der $U_{in} = U_{out} = U_{INV}$. Nimmt man näherungsweise an, daß sich an diesem Punkt beide Transistoren in Sättigung befinden, so gilt 3.32:

$$I_{DS} = \frac{\beta_{(S)}}{2}(U_{GS_{(S)}} - U_{TH_{(S)}})^2 = \frac{\beta_{(L)}}{2}(-U_{TH_{(L)}})^2$$

$$U_{GS_{(S)}} = U_{in} = U_{INV} = \frac{U_{TH_{(S)}} - U_{TH_{(L)}}}{\sqrt{\frac{\beta_{(S)}}{\beta_{(L)}}}} \quad . \tag{3.35}$$

Hierbei ist (Gleichung (3.33))

$$\frac{\beta_{(S)}}{\beta_{(L)}} = \frac{W_{(S)}L_{(L)}}{L_{(S)}W_{(L)}} = \frac{Z_{(L)}}{Z_{(S)}} \quad .$$

Z ist als das Verhältnis der Kanallänge zur Kanalbreite definiert.

$U_{TH(S)}$ wird gering gewählt, damit ein möglichst großer Strom fließt und die Schaltung möglichst schnell ist. Allerdings muß $U_{TH(S)}$ noch groß genug sein, um den Transistor ausschalten zu können. Ein üblicher Wert liegt um 0.2 $U_{DD}$. Die Schwellspannung des Verarmungstransistors $U_{TH(L)}$ möchte man negativ genug wählen, damit auch hier genügend Strom fließt. Aus Symmetriegründen wählt man in der Praxis Werte um $U_{TH(L)} = -(U_{DD} - U_{TH(S)})$. Damit vereinfacht sich Gleichung 3.35 zu

$$U_{INV} \approx \frac{U_{DD}}{\sqrt{\frac{Z_{(L)}}{Z_{(S)}}}} \quad . \tag{3.36}$$

Setzt man für

$$U_{INV} = \frac{U_{DD}}{2}$$

ein, d.h. die Schaltung wird so dimensioniert, daß die logische Schwellspannung in der Mitte zwischen H (= $U_{DD}$) und L (=0) liegt, so erhält man

$$\frac{Z_{(L)}}{Z_{(S)}} = 4 \; .$$

Bei gleicher Breite muß also der Kanal des Verarmungstransistors viermal länger als der des Anreicherungstransistors sein. In der Praxis werden diese Werte für verschiedene Prozesse verschieden optimiert, die gegebenen Werte sind jedoch gute Näherungen.

Eine zweite wichtige elektrische Größe ist der *Störspannungsabstand* ("noise margin"). Er ist als die Differenz der minimalen (maximalen) Eingangsspannung für H (L) und der minimalen (maximalen) Ausgangsspannung, die noch als H (L) erkannt wird, definiert

$$SSA_H = |U_{inH_{min}} - U_{outH_{min}}| \; ,$$

$$SSA_L = |U_{inL_{max}} - U_{outL_{max}}| \; .$$

Die Störspannungsabstände lassen sich nur mit Hilfe einiger vereinfachender Annahmen berechnen [WeEs85]. Es ergeben sich folgende Näherungswerte für $U_{DD} = 5V$,

$$U_{TH_{(S)}} = 0{,}2U_{DD} \, , \; U_{TH_{(L)}} = -(U_{DD} - U_{TH_{(S)}}) \text{ und } \frac{Z_{(L)}}{Z_{(S)}} = 4 :$$

$$SSA_H = 4 - \frac{8}{\sqrt{3\frac{Z_{(L)}}{Z_{(S)}}}} \approx 1{,}7V \quad ,$$

$$SSA_L = \frac{4}{\sqrt{(\frac{Z_{(L)}}{Z_{(S)}})^2 + \frac{Z_{(L)}}{Z_{(S)}}}} + 4\sqrt{1 - \frac{Z_{(S)}}{Z_{(L)}}} - 3 \approx 1{,}4V \quad .$$

Die obigen Werte wurden für eine H-Ausgangsspannung von 5V ($U_{DD}$) und einer L-Ausgangsspannung von etwa 0,5V berechnet. Es wurde also jeweils die nominale H- bzw. L-Ausgangsspannung verwendet, wodurch optimistische Werte zustandekommen.

Es ist zu bemerken, daß der L-Störspannungsabstand in etwa ab

$$\frac{Z_{(L)}}{Z_{(S)}} > 2 \quad \text{von} \quad \frac{Z_{(L)}}{Z_{(S)}}$$

unabhängig wird. Der H-Störspannungsabstand dagegen wächst mit wachsendem

$$\frac{Z_{(L)}}{Z_{(S)}} .$$

In der Praxis wird immer

$$\frac{Z_{(L)}}{Z_{(S)}} > 2$$

gewählt.

Das Umschalten von MOS-Transistoren bewirkt i. w. das Umladen von Kapazitäten. Diese Umladevorgänge haben einen exponentiellen Verlauf (Gleichung (3.20)) und bestimmen das zeitliche Verhalten. Die Zeitkonstante RC bestimmt beim Entladen eines Kondensators C über einen Widerstand R den Zeitpunkt, bei dem Strom und Spannung auf

$$\frac{1}{e} \approx 37\%$$

des Anfangswertes abgefallen sind. Oft wird eine solche RC-Konstante als "die Verzögerung" bezeichnet.

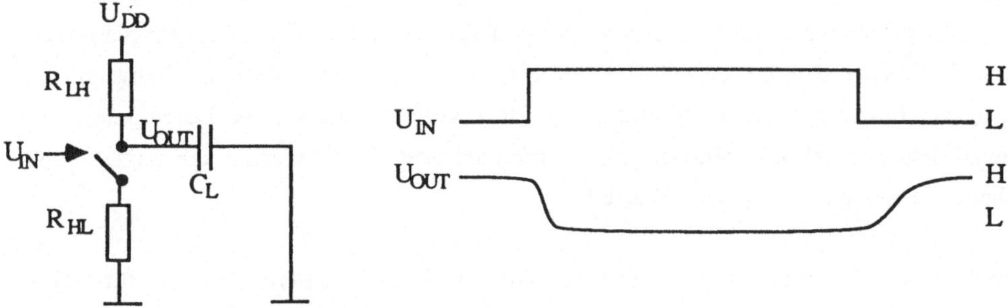


**Bild 3.27.** Verzögerung bei einem Inverter

Die genauen Verzögerungen bei einem Inverter lassen sich nur mit Hilfe von komplexen Modellen berechnen. Als erste Näherung dient folgende vereinfachte Betrachtung (Bild 3.27). Bei einem Übergang des Ausgangs von H nach L leitet der pull-down-Transistor; sein Widerstand ist im Vergleich zum pull-up-Transistor klein; es kann also angenommen werden, daß die Lastkapazität sich über den Widerstand der Drain-Source-Strecke des pull-down-Transistors entlädt. Dieser Widerstand ändert sich, da der Transistor sich zunächst im Sättigungsbereich befindet ($U_{out} = U_{DS} \approx U_{DD} > U_{GS} - U_{TH} \approx U_{DD} - U_{TH}$) und erst, wenn $U_{out}$ etwas gefallen ist, in den linearen Bereich kommt. Im linearen Bereich ist der Widerstand

$$\frac{1}{ß(U_{DD} - U_{TH} - U_{DS})}$$

von der sich ändernden Drain-Source-Spannung abhängig. Vereinfachend kann man einen konstanten "effektiven" Widerstand annehmen, dessen Größenordnung um

$$R_{HL} \approx \frac{2}{ß_{(S)} U_{DD}}$$

liegt. Für einen L nach H Übergang ist der Widerstand des pull-up-Verarmungstransistors maßgebend:

$$R_{LH} \approx \frac{2}{ß_{(L)} U_{DD}} \quad .$$

Bei der oben angegebenen Dimensionierung der Transistoren ist $R_{LH} \approx 4R_{HL}$. Die Lastkapazität setzt sich im wesentlichen aus zwei Komponenten zusammen: Der Gate-Kapazität der folgenden Transistoren und der sog. Streukapazität der angeschlossenen Verbindungsleitungen. Die Gate-Kapazität beinhaltet sowohl die Gate-Substrat-Kapazität als auch die Gate-Source- und Gate-Drain-Kapazitäten. Die Streukapazität hängt davon ab, in welcher Ebene die Verbindungen geführt werden. Eine genaue Berechnung der Kapazitätswerte ist kompliziert, sie werden als sog. Prozeßparameter angegeben. Tabelle 3.2 gibt einige typische Werte an.

Der Widerstand berechnet sich wie folgt. Aus (3.13) und (3.14) ergibt sich für einen rechteckigen Leiter mit Länge L, Breite W und mit gleichmäßiger Dicke d

$$R = \frac{L}{\sigma d W} = R_s(\frac{L}{W}) \quad .$$

Der angegebene Widerstand "pro Quadrat" $R_S$ muß also mit dem Länge-Breite-Verhältnis des rechteckigen Leiters multipliziert werden. Kapazitäten werden einfach dadurch berechnet, daß die angegebene Kapazität pro Flächeneinheit mit der entsprechenden Fläche multipliziert wird.

**Tabelle 3.2.** Typische R und C Werte für einen 2µm-Prozeß [MeCo80,WeEs85].

| Widerstand ($R_s = \frac{1}{\sigma d}$) | in Ω |
|---|---|
| Metall | 0,05 |
| Diffusion | 10 |
| Polysilizium | 50 |
| Transistor (Anreicherung, minimale Abmessungen) | 10000 |
| **Kapazität** | **in $\frac{pF}{\mu m^2}$** |
| Metall-Substrat | 0,00003 |
| Metall-Polysilizium | 0,00005 |
| Metall-Diffusion | 0,0001 |
| Diffusion-Substrat | 0,0001 |
| Polysilizium-Substrat | 0,0004 |
| Gate | 0,0004 |

Zur Berechnung der Verzögerung kommt erschwerend hinzu, daß Verbindungsleitungen auch einen Widerstand haben, in Wirklichkeit also verteilte RC-Netze sind. Ein solches Netz erzeugt in etwa nur die halbe Verzögerung, als wenn Widerstand und Kapazität konzentriert angenommen werden. Des weiteren ergeben sich in der Praxis oft nicht Zwei-, sondern Mehr-Punkt-Netze. Man benutzt in diesem Falle die Gesamtlänge des Leitungsbaumes.

Die H-L-Verzögerung eines Inverters mit minimalen Abmessungen, der mit einer 6 µm breiten Metalleitung (über Substrat) an zwei weitere Inverter angeschlossen ist (Gesamtlänge der Leitung 200 µm), berechnet sich mit den Werten aus Tabelle 3.2 wie folgt:

$$R = 10000 + \frac{1}{2}\left(\frac{200}{6}\right)0{,}05 \approx 10000\ \Omega$$

$$C = 2 \cdot 0{,}0004 \cdot 2 \cdot 4 + 0{,}00003 \cdot 6 \cdot 200 = 0{,}0064 + 0{,}036 \approx 0{,}042\ \text{pF}$$

$$RC \approx 0{,}042 \cdot 10000 = 420\ \text{ps} \quad .$$

Der Faktor 1/2 bei dem Leitungswiderstand berücksichtigt, daß dieser verteilt ist. Der Leitungswiderstand ist gegenüber dem Transistorwiderstand vernachlässigbar. Dagegen ist die Leitungskapazität etwa fünfmal höher als die Gate-Kapazität. Die L-H Verzögerungszeit wird bei einem 4:1 Z-Verhältnis des pull-up-Widerstands entsprechend vier mal höher sein, da der Transistorwiderstand viermal so groß ist.

### 3.4.2 Der Lastwiderstand

Bei nMOS-Schaltungen sind verschiedene Lösungen für den Lastwiderstand denkbar (Bild 3.28). Die Lösung als diskreter Widerstand kommt wegen ihrer Größe nicht in Frage. Den größten Widerstand erlangt man durch eine möglichst dünne Polysilizium-Leitung, die für einen 2µm-Prozeß typischerweise 4µm breit ist. Um einen 40 kΩ Widerstand zu erlangen, müßte die Polysilizium-Leitung

$$L = \frac{40.000}{50} \cdot 4 = 3200\mu m = 3{,}2\ \text{mm}$$

lang sein. Eine aktive lineare Last (Bild 3.28b) kommt deshalb nicht in Frage, weil eine zusätzliche globale Leitung mit $U_L$ an alle Gatter geführt werden muß, was einen hohen Platzbedarf und Layoutprobleme mit sich bringt.

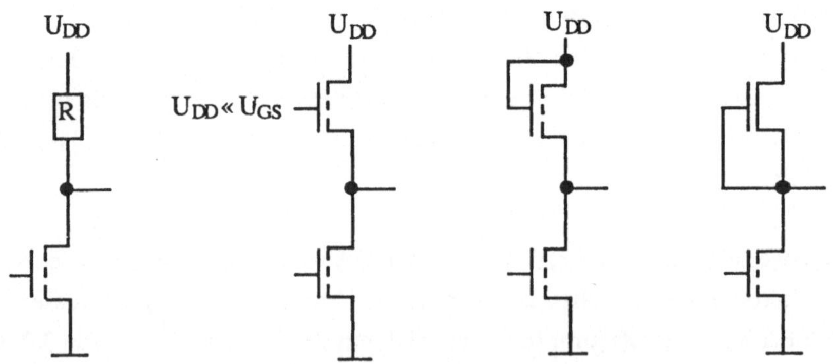


a)Widerstandslast b)aktive "lineare" Last c)Anreicherungslast d)Verarmungslast

**Bild 3.28.** Alternative Lastwiderstände bei nMOS Schaltungen

Die Verarmungslast (Bild 3.28d) hat den Vorteil, daß der Veramungstransistor immer leitet, da $U_{TH(L)} < 0 < U_{DS}$. Nur wenn $U_{DS} > -U_{TH(L)} \approx 0{,}8U_{DD}$, dann befindet sich der Transistor in Sättigung, also bei Ausgang L. Beim Umschalten von L auf H, befindet sich der Transistor die meiste Zeit im linearen Bereich und hat so einen kleineren internen Widerstand als in Sättigung, was der Umschaltgeschwindigkeit zugute kommt.

Die Anreicherungslast (Bild 3.28c) hat den Vorteil, daß nur ein Transistortyp notwendig ist und so der Herstellungsprozeß vereinfacht wird. Der Lasttransistor befindet sich immer in Sättigung, da $U_{GS} = U_{DS} > U_{GS} - U_{TH(S)}$. Da $U_{GS} = U_{DS}$ nicht kleiner als $U_{TH(S)}$ werden darf, weil sonst der Transistor sperren würde, ist $U_{out} = U_{DD} - U_{DS} < U_{DD} - U_{TH(S)}$. Die Ausgangsspannung erreicht also nicht den Wert $U_{DD}$, was den Störspannungsabstand vermindert. Des weiteren ist der Innenwiderstand der Anreicherungslast höher als der einer Verarmungslast, da jene sich immer in Sättigung befindet, und die Schaltung ist daher langsamer. Sowohl die erhöhte Zeit für den L-H Übergang als auch die um $U_{TH(S)}$ verringerte Ausgangsspannung sprechen gegen den Anreicherungstransistor als Lastwiderstand im Vergleich zu dem Verarmungstransistor. Moderne Prozesse verwenden ausschließlich Verarmungstransistoren als Last, während bei älteren Prozessen wegen der vereinfachten Herstellung Anreicherungslasten verwendet wurden.

### 3.4.3 nMOS-Treiber

Als Treiber bezeichnet man Schaltungen, mit denen eine Signalverstärkung erreicht werden kann. Im einfachsten Fall verwendet man einen Inverter. Die Verzögerung eines Treibers hängt in erster Linie von dessen Innenwiderstand R und der Lastkapazität $C_L$ ab. Variiert man nur die Breite des Kanals, so ist die Gate-Kapazität $C_G$ proportional zur Breite W des Kanals (Gleichung (3.27)). Der Innenwiderstand R dagegen ist proportional zum Drain-Source-Widerstand $R_{DS}$ des leitenden Transistors, also proportional zu 1/W (folgt direkt aus (3.32)). Innenwiderstand und Gate-Kapazität sind demnach invers proportional. Bei der Dimensionierung eines Treibers hat man diese entgegengesetzten Effekte zu berücksichtigen. Möchte man einen möglichst kleinen Innerwiderstand, was die Schaltung schnell macht, so wächst die Gate-Kapazität, was die Schaltung langsam macht, und umgekehrt. Die Verzögerung $\tau$ ist

$$\tau = RC_L = \tau_0 \frac{C_L}{C_G} \quad . \tag{3.37}$$

Die Konstante $\tau_0$ ist definiert als die Verzögerung, die sich ergibt, wenn die Gate-Kapazität des Treibers und die Lastkapazität gleich sind, z. B. die (halbe) Verzögerung zweier nacheinander geschalteter Inverter unter Vernachlässigung der Leitungskapazitäten (ein sog. Inverterpaar). Der Begriff "fan-out" wurde von der TTL-Technologie übernommen. Dort gibt er an, wieviele Eingänge am Ausgang eines Gatters angeschlossen werden können, ohne daß die Ausgangsbelastung zu groß wird. Bei MOS-Gattern richtet sich das fan-out nach der angestrebten Verzögerungszeit. Der Anschluß von mehr Gattern erhöht die Lastkapazität, also auch die Verzögerung. Um die Verzögerung zu minimieren, werden Treiberhierarchien verwendet (Bild 3.29a). Die Treiberstufen sind so gewählt, daß zwischen jeweils zwei Stufen das gleiche Lastverhältnis (fan-out-Faktor)

$$f = \frac{C_L}{C_G}$$

herrscht. Damit hat man zwischen zwei Treibern die Verzögerung $\tau = \tau_0 f$. Die Gesamtanzahl der Treiber beträgt N. Eine solche Anordnung ist offensichtlich schneller als eine einstufige Realisierung mit dem fan-out-Faktor

$$Y = \frac{C_f}{C_i}$$

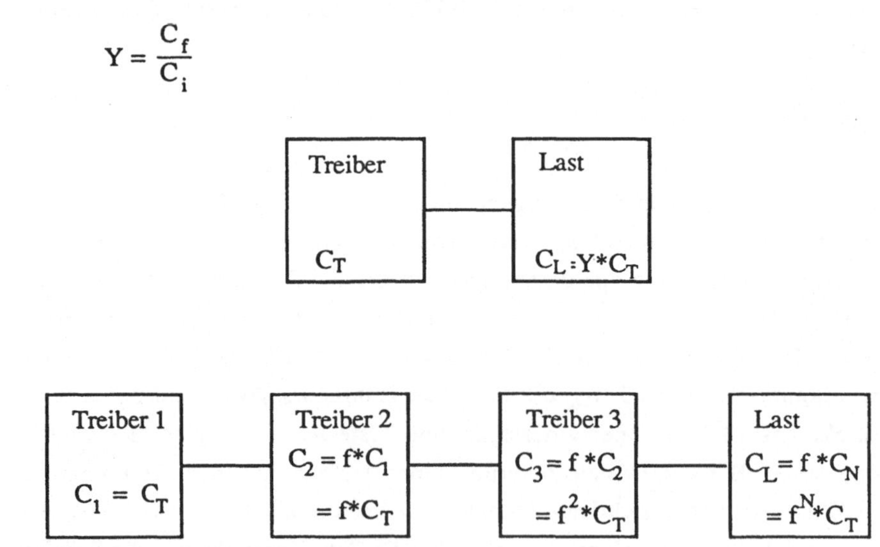


**Bild 3.29a.** Treiberhierarchie: Konzept

Setzt man z.B. Y = 100, so erhält man für f und $\tau$ in Abhängigkeit von N:

| N | f | $\tau$ |
|---|---|---|
| 1 | 100 | $100\tau_0$ |
| 2 | 10 | $20\,\tau_0$ |
| 4 | 3,16 | $12{,}7\,\tau_0$ |
| 6 | 2,15 | $12{,}9\,\tau_0$ |

Die Verzögerung $\tau$ kann wie folgt minimiert werden.

$$Y = f^N \qquad \text{und}$$

$$\tau = N f \tau_0 \qquad \text{also}$$

$$\tau = \ln(Y)\left(\frac{f}{\ln(f)}\right)\tau_0 \quad .$$

Durch Ableiten findet man das Minimum bei $f = e \approx 2{,}7$. Die Treiber müßten also jeweils ihren fan-out-Faktor um 2,7 erhöhen, was dadurch geschieht, daß die Kanäle der Transistoren um diesen Faktor breiter werden. In der Praxis werden Werte zwischen zwei und zehn verwendet. Bild 3.29b zeigt ein einfaches Beispiel einer solchen Treiberhierarchie, die nur aus Invertern besteht.

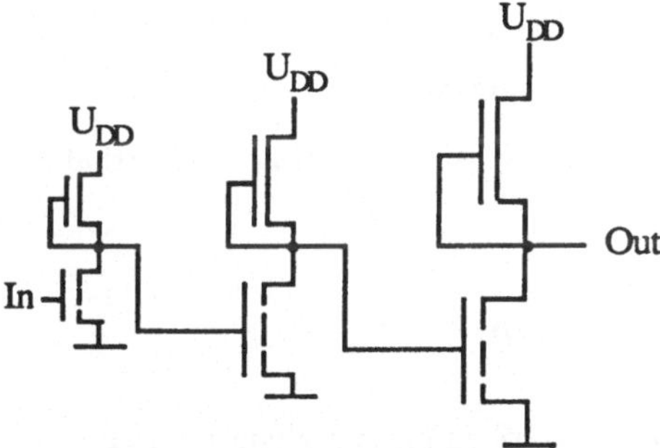


**Bild 3.29b.** Beispiel für eine einfache Teiberhierarchie

Treiber sollen in der Praxis oft noch die Zusatzaufgabe erfüllen, einen Ausgang abzuschalten, d. h. in den sog. "tri-state" zu versetzen. Der Ausgang liegt dann weder an L noch an H. Diese Forderung ergibt sich daraus, daß große Lasten oft an Bus-Strukturen mit bidirektionalem Datenverkehr zwischen mehreren Komponenten angeschlossen werden. Sie müssen daher vom Bus entkoppelt werden können. Eine weitere Forderung, die vor allem an"off-chip-driver" (Treiber, die Chipausgänge treiben) gestellt wird, ist ein symmetrisches Schaltverhalten.

Bild 3.29c zeigt einen Tri-State-Treiber mit symmetrischem Schaltverhalten. Der Treiber wird in den hochohmigen Zustand versetzt, indem "disable" auf H gesetzt wird und so die Gates von beiden Ausgangstransistoren $T_{S5}$, $T_{S6}$ an L gelegt werden. Der Ausgang ist somit "offen". Liegt "disable" an L, so sperren $T_{S2}$ und $T_{S4}$. Der Eingang A liegt auch invertiert vor ( $\bar{A}$ ). Er steuert zwei identische Stufen mit invertierten Eingangssignalen an, die wiederum die Ausgangstransistoren ansteuern. Durch das direkte Anlegen von A bzw. $\bar{A}$ an die Lastwiderstände $T_{L1}$, $T_{L2}$ wird ein kleinerer Widerstand und dadurch eine höhere Geschwindigkeit erreicht. Solche Treiber werden oft auch hierarchisch aufgebaut.

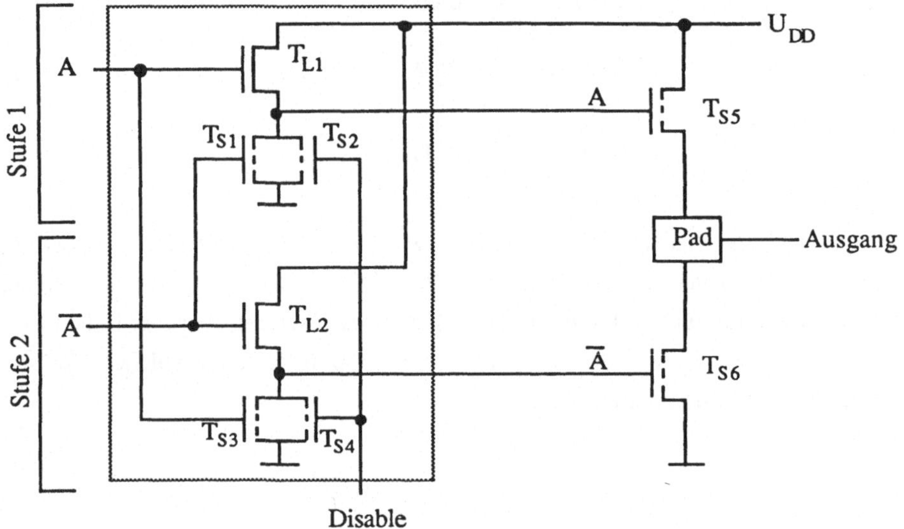


**Bild 3.29c.** Tri-State-Treiber mit symmetrischem Schaltverhalten

### 3.4.4 nMOS-Logikschaltungen

Logikschaltungen werden in nMOS dadurch realisiert, daß ein sog. pull-down-Netz aus n-Kanal-Anreicherungstransistoren die gewünschte logische Funktion (negiert) implementiert. Bild3.30 zeigt entsprechende NAND-Schaltungen.

Bei der Dimensionierung ist folgendes zu beachten: Werden pull-down-Transistoren wie bei einem NAND in Serie geschaltet, so addieren sich die Kanallängen; bei N gleichen in Serie geschalteten Transistoren ändert sich (3.36):

$$U_{INV} \approx \frac{U_{DD}}{\sqrt{\frac{Z_{(L)}}{NZ_{(S)}}}} \quad .$$

Der pull-up-Widerstand ist entsprechend zu dimensionieren, z. B. bei einem NAND mit drei Eingängen mit

$$U_{INV} = \frac{1}{2} U_{DD} \text{ ist } \frac{L_{(L)}}{L_{(S)}} \approx 12 \quad .$$

Der Innenwiderstand erhöht sich entsprechend der Anzahl der Eingänge, $R_{NAND} = NR_{INV}$ und entsprechend auch die Verzögerung. In der Praxis werden daher selten mehr als vier bis fünf Transistoren in Serie geschaltet.

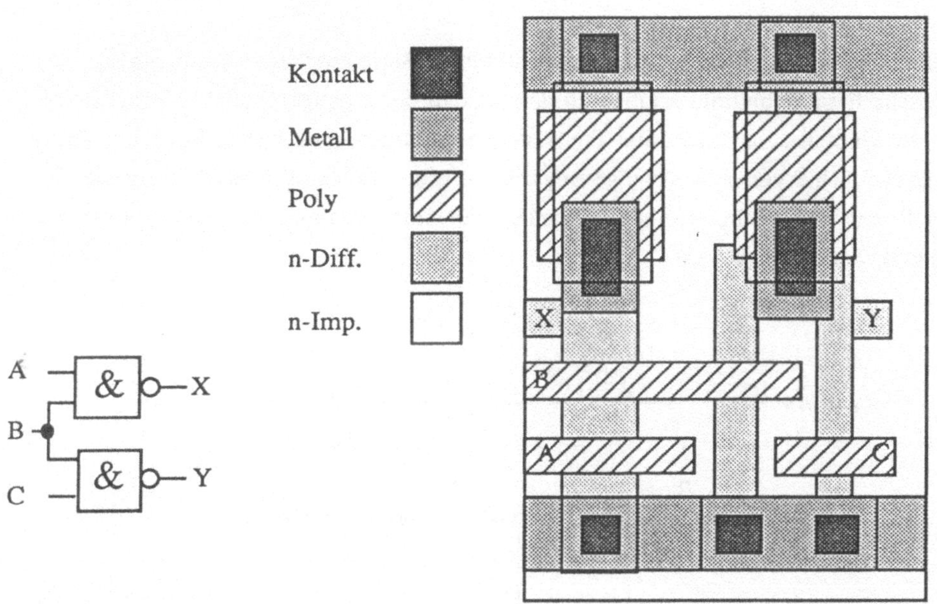


**Bild 3.30.** NAND-Schaltungen

Bei einem nMOS-NOR-Gatter werden die pull-down-Transistoren parallel geschaltet. Leitet nur einer der Transistoren, so verhält sich die Schaltung wie ein Inverter. Leiten $N_{on}$ pull-down Transistoren, so entspricht dies einem breiteren Kanal. Gleichzeitig verschiebt sich aber die logische Schwellspannung. Ausgehend von der Dimensionierung wie bei einem Inverter ergibt sich

$$U_{INV} \approx \frac{U_{DD}}{\sqrt{\frac{N_{on} Z_{(L)}}{Z_{(S)}}}} = \frac{U_{DD}}{\sqrt{4 N_{on}}} \,.$$

In der Praxis ist daher die Anzahl der parallel geschalteten Transistoren auf drei bis vier zu begrenzen. Der Widerstand verringert sich entsprechend auf

$$R_{NOR} = \frac{R_{INV}}{N_{on}}$$

und die Schaltung wird schneller (für H-L Übergänge). Da NOR-Schaltungen in nMOS schneller als NAND-Schaltungen sind, werden diese bevorzugt verwendet.

### 3.4.5 Pass-Transistor-Logik in nMOS

Bei Pass-Transistor-Logik werden Transistoren in Serie geschaltet (Bild 3.31a). Das elektrische Ersatzschaltbild ergibt sich daraus, daß bei durchgeschalteten Transistoren $U_{DS}$ so klein ist, daß sich die Transistoren im linearen Bereich befinden (Bild 3.31b). Die sich ergebende Verzögerungszeit ist proportional zu $N^2RC$. Daher werden in der Praxis nur ein bis drei Pass-Transistoren hintereinander geschaltet, bevor ein Treiber das Signal verstärkt.

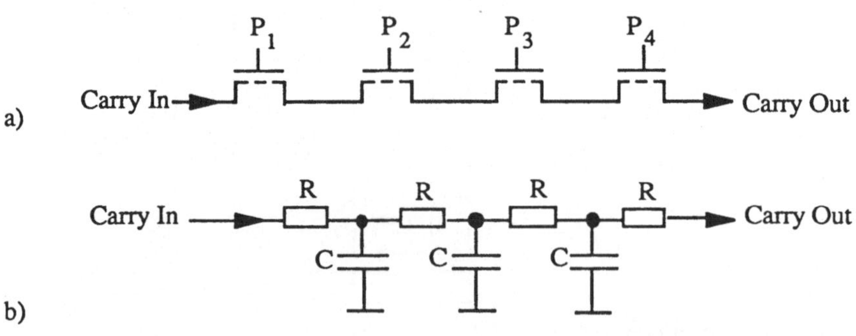


**Bild 3.31.** a) Pass-Transistor-Kette und b) Ersatzschaltbild

Es ist zu bemerken, daß die Spannung am Ausgang der Pass-Transistor-Kette nicht über $U_{DD} - U_{THn}$ wachsen kann, da sonst die Schwellspannung in einem der Pass-Transistoren nicht überschritten würde. Dies verschlechtert nicht nur den H-Störspannungsabstand, sondern erhöht auch die L-Ausgangsspannung. Damit ein mit $U_{DD} - U_{THn}$ angesteuerter Inverter ein Signal liefert, das genauso niedrig ist wie ein standardmäßig im Verhältnis 4:1 dimensionierter Inverter mit Eingangssignal $U_{DD}$, muß der pull-up- Widerstand höher sein. Der pull-up-Widerstand befindet sich in Sättigung, der pull-down- Widerstand im linearen Bereich. Die Ausgangsspannungen in beiden Fällen sollen gleich sein. Aus (3.32) ergibt sich

$$\frac{Z_{(L)}}{Z_{(S)}}(U_{DD} - U_{TH}) = \frac{Z_{(L)_2}}{Z_{(S)_2}}(U_{DD} - U_{TH} - U_{THn})$$

$$4(0{,}8U_{DD}) = \frac{Z_{(L)_2}}{Z_{(S)_2}}(0{,}5U_{DD})$$

$$\frac{Z_{(L)_2}}{Z_{(S)_2}} \approx 6 \text{ bis } 8 \quad .$$

Hierbei wurde $U_{THn} \approx 0{,}3U_{DD}$ (wegen des Body-Effekts, siehe Abschn. 3.2.4) eingesetzt. Das Z-Verhältnis eines durch Pass-Transistoren angesteuerten Inverters ist also ungefähr doppelt so hoch zu dimensionieren wie das eines direkt angesteuerten Inverters.

### 3.4.6 Speicher

Die einfachste Art eines sog. dynamischen Registers ist ein Inverter mit einem vorgeschalteten Pass-Transistor (Bild 3.32 oben). Sperrt der Pass-Transistor, so hält der Inverter solange seinen Wert, bis die Ladung Q am Gate des pull-down-Transistors durch Verlustströme verlorengeht. Der gespeicherte Wert muß also erneuert werden ("refreshing"). Ein solches Register eignet sich unter Verwendung zweier nichtüberlappender Takte $\Phi_1$ und $\Phi_2$ z. B. zur Implementierung von Schieberegistern (Bild 3.32 unten).

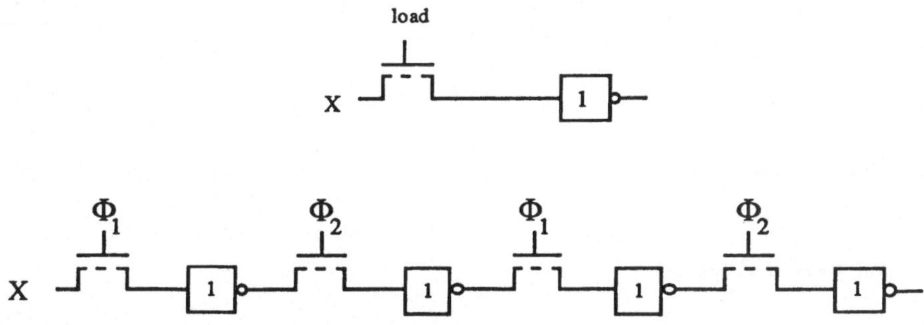


**Bild 3.32.** Dynamisches nMOS-Register

Das Prinzip eines Registers, welches seinen Wert beliebig lange hält, zeigt Bild 3.33a. Setzt man $\Phi$ = H, so liegt D an Q. Geht dagegen $\Phi$ auf L über, so wird der zu dem Zeitpunkt anliegende Wert von D gespeichert. Ein solches Register wird oft als "latch" bezeichnet und ist pegelgesteuert (d. h. es speichert in Abhängigkeit des Pegels von $\Phi$).

Ein in Serie geschaltetes Latch-Paar mit invertiertem $\Phi$ (Bild 3.33b) wird als flankengesteuertes "master-slave Flipflop" bezeichnet. Während $\Phi$ = L übernimmt das Eingangs-Latch den Wert von D, und am Ausgang liegt der im Ausgangs-Latch gespeicherte Wert. Wechselt jetzt $\Phi$ auf H, so übernimmt das Ausgangs-Latch den Wert vom Eingangs-Latch (also D), und das Eingangs-Latch speichert diesen Wert. Der Ausgang übernimmt also den Eingangswert. Wechselt $\Phi$ wiederum auf L, so wird ein neuer Wert in das Eingangs-Latch übernommen, der alte Wert bleibt jedoch im Ausgangs-Latch gespeichert und der Ausgang ändert sich nicht. Das Flipflop übernimmt also nur einen Wert bei einer aufsteigenden $\Phi$-Flanke. Die H-Phasen der Takte ($\Phi$ und $\overline{\Phi}$) dürfen nicht überlappen, da sonst beide Latches durchgeschaltet wären und in diesem Fall der Eingang direkt mit dem Ausgang verbunden würde.

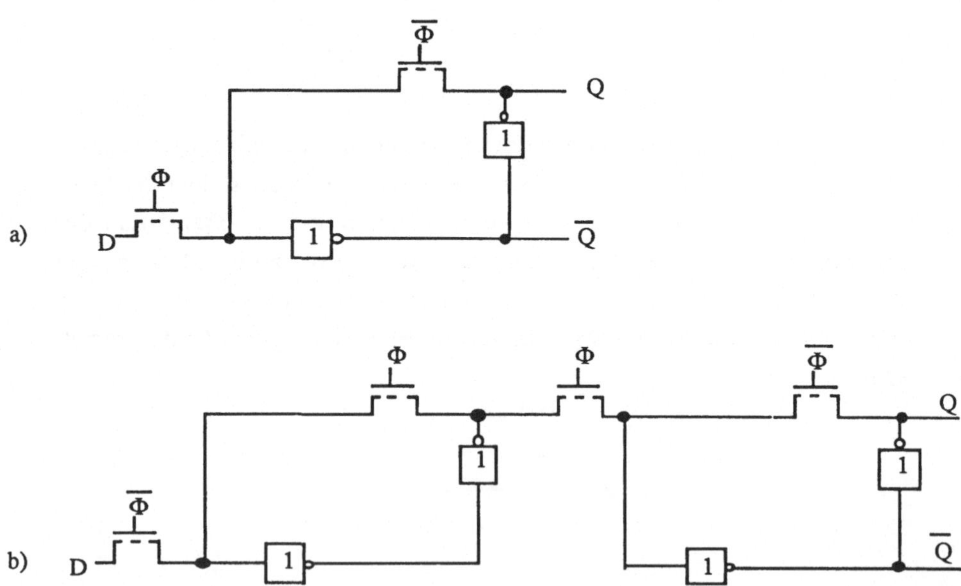


**Bild 3.33.** nMOS-Register

Master-Slave-Flipflops werden bei synchronen Entwürfen mit nur einem Takt (an $\Phi$ angeschlossen) benutzt: Neue Werte werden hier nur bei aufsteigenden (oder absteigenden)

Flanken in die Register übernommen; zu diesem Zeitpunkt müssen alle Eingänge stabil sein. Rückkopplungen können durch solche Master-Slave-Flipflops "aufgetrennt" werden, und es wird nur bei jeder aufsteigenden (oder abfallenden) Taktflanke ein neuer Wert übernommen.

## 3.5 CMOS-Schaltungen

Am Beispiel des n-Wannen CMOS-Prozesses wird zunächst der CMOS Inverter näher behandelt. Ausführlicher wird auf die Herstellung von CMOS-Schaltungen im Kapitel 7 eingegangen. Ein n-Wannen CMOS-Prozeß implementiert n-Kanal-Anreicherungstransistoren wie ein nMOS-Prozeß auf p dotiertem Substrat. Hinzu kommen im wesentlichen:

- Sog. n-Wannen, n-dotierte Zonen, die als Substrat für die p-Kanal-Anreicherungstransistoren dienen.
- p-Diffusion, stark p-dotierte Zonen in den n-Wannen, zur Realisierung der p-Kanal-Anreicherungstransistoren.

Auf Verarmungstransistoren kann bei CMOS-Technologie verzichtet werden.

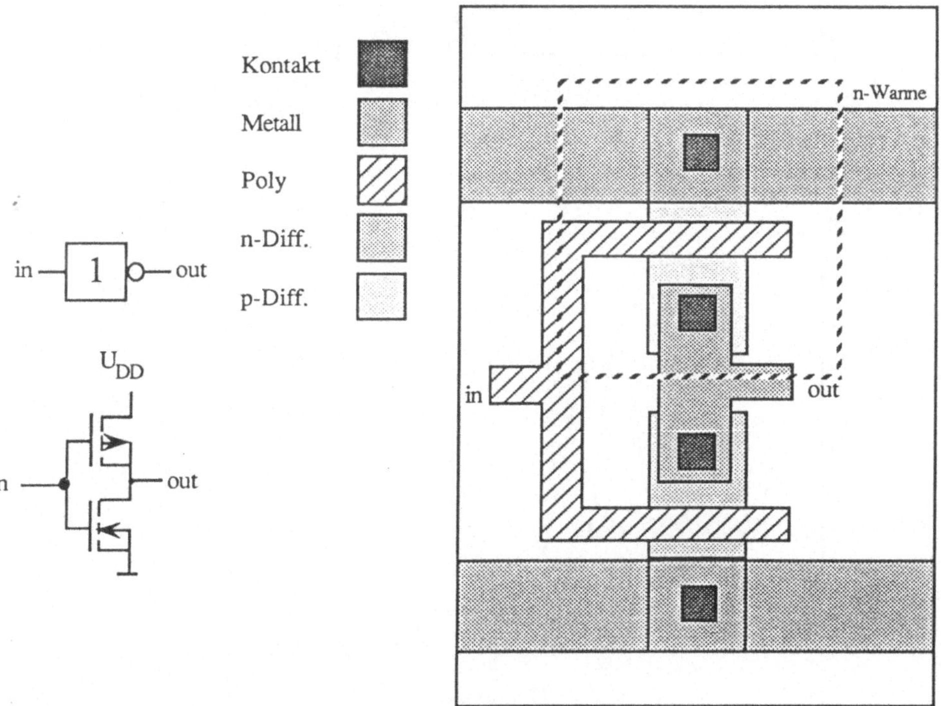


**Bild 3.34a.** Schaltbild und Layout des CMOS-Inverters

### 3.5.1 Der CMOS-Inverter

Der CMOS-Inverter besteht aus einem n- und einem p-Kanal-Transistor, der Eingang muß an die Gates beider Transistoren angeschlossen werden (Bild 3.34a).
Die elektrischen Kennlinien lassen sich durch Überlagerung der n-Kanal- und der p-Kanal-Transistor-Kennlinien ermitteln. Dies erfolgt analog zum nMOS-Inverter, wobei allerdings die Ausgangsspannung $U_{out}$ bei H $U_{DD}$ beträgt und bei L bis auf 0V abfällt (Bild 3.34b).

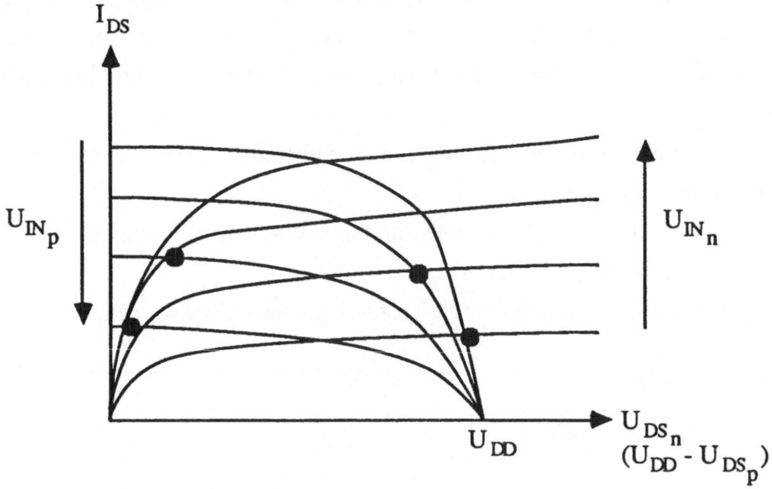


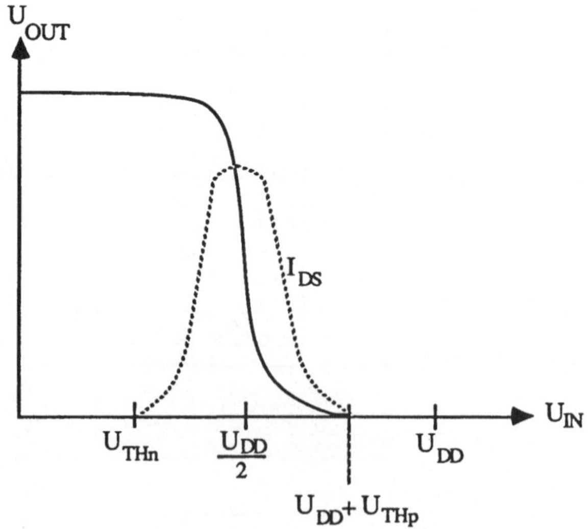


**Bild 3.34b.** Kennlinien des CMOS-Inverters

Die logische Schwellspannung ist dadurch zu bestimmen, daß (3.32) für beide Transistoren in Sättigung verwendet wird:

$$I_{DS} = \frac{ß_p}{2} (U_{in} - U_{DD} - U_{TH_p})^2 = \frac{ß_n}{2} (U_{in} - U_{TH_n})^2 \quad . \tag{3.38}$$

Hieraus läßt sich $U_{in}$ berechnen. Wählt man

$$U_{TH_p} = - U_{TH_n} \quad \text{und} \quad ß_p = ß_n \, ,$$

so ergibt sich

$$U_{in} - U_{DD} + U_{TH_n} = U_{TH_n} - U_{in}$$

$$U_{in} = \frac{U_{DD}}{2} \quad .$$

Die logische Schwellspannung liegt somit genau zwischen L (0V) und H ($U_{DD}$). Bemerkenswert ist, daß es nur genau *eine* Spannung $U_{in}$ gibt, bei der beide Transistoren in Sättigung sind! Dies ist durch die "idealen" Gleichungen, die zur Modellierung verwendet wurden, bedingt; sie lassen beide Transistoren als ideale Stromquellen erscheinen. In Wirklichkeit trifft dies nicht ganz zu. Trotzdem ist die $U_{in}$ - $U_{out}$ - Kennlinie in dieser Zone sehr steil. Dies ist unabhängig von dem Wert, der sich für $U_{in}$ durch eine andere Wahl von ß und $U_{TH}$ ergibt. Im Gegensatz zu nMOS ist also bei CMOS die Wahl dieser Parameter bezüglich der elektrischen Kennlinien nicht kritisch. In der Praxis werden sie oft so gewählt, daß die logische Schwellspannung bei ungefähr $U_{DD}/2$ liegt, um die Störspannungsabstände symmetrisch zu machen.

Die H- und L-Störspannungsabstände für den CMOS-Inverter lassen sich, wie bei nMOS, nur mit Hilfe vereinfachender Maßnahmen ableiten. Für $U_{DD} = 5V$, $U_{THn} = 0{,}2U_{DD}$ und $U_{THp} = - 0{,}2U_{DD}$ ergeben sich folgende Formeln: [WeEs85]

$$SSA = \frac{b - 4 + 6\sqrt{\frac{b}{3+b}}}{b - 1}$$

$$SSA = 2{,}125\,V, \quad \text{wenn } b = 1 \quad .$$

bei $SSA_L$, $b = \frac{\beta_n}{\beta_p}$ bei $SSA_H$, $b = \frac{\beta_p}{\beta_n}$

Diese Störspannungsabstände wurden für Ausgangsspannungen von 0V bzw. 5V berechnet. Wählt man z.B 1V als maximale L-Ausgangsspannung, so ist dieser Wert vom Störspannungsabstand abzuziehen, d.h. der L-Störspannungsabstand beträgt nur noch 1,125V. Da 1V bei einer H-L-Umschaltung schneller als 0V erreicht wird, ist eine solche Schaltung insgesamt schneller: Oft wird beim Entwurf Störspannungsabstand für Geschwindigkeit eingetauscht. Man bemerke, daß die Schaltung in beiden Fällen die gleiche ist; aber dadurch, daß eine größere Umschaltzeit erlaubt wird (z. B. durch Verlängern einer Taktperiode), wird der Störspannungsabstand erhöht.

Die erreichten Störspannungsabstände sind höher als bei nMOS. Für

$$\frac{\beta_n}{\beta_p} = 1$$

sind beide Störspanungsabstände gleich. Durch die Wahl $\beta_n/\beta_p \neq 1$ wird jeweils ein Störspannungsabstand verringert und der andere vergrößert.

Die Verzögerung eines CMOS-Inverters läßt sich, wie beim nMOS-Inverter, durch die Größe von RC abschätzen. Eine genauere Betrachtung verlangt eine präzisere Definition von "Verzögerung":

- Die Anstiegszeit $t_{LH}$ ist die Zeit, die zum Anstieg von 10% auf 90% der Versorgungsspannung benötigt wird.

- Die Abfallszeit $t_{HL}$ ist die Zeit, die zum Abfall von 90% auf 10% der Versorgungsspannung benötigt wird.

Die Abfallszeit läßt sich mit Hilfe von (3.18) bestimmen (Bild 3.35):

$$I_{DSn} = C_L \frac{dU_{out}}{dt}$$

$$1 = C_L \frac{1}{I_{DSn}} \frac{dU_{out}}{dt}$$

$$\int_0^{t_{HL}} dt = C_L \int_0^{t_{HL}} \frac{1}{I_{DSn}} \frac{dU_{out}}{dt}\, dt$$

$$t_{HL} = C_L \int_{0,9U_{DD}}^{0,1U_{DD}} \frac{1}{I_{DSn}}\, dU_{out}$$

$$t_{HL} = C_L \left( \int_{0,9U_{DD}}^{U_{DD}-U_{THn}} \frac{1}{I_{DSn_S}}\, dU_{out} + \int_{U_{DD}-U_{THn}}^{0,1U_{DD}} \frac{1}{I_{DSn_L}}\, dU_{out} \right) \quad .$$

In diesem Fall leitet nur der n-Kanal-Transistor und entlädt die Lastkapazität $C_L$. $I_{DSn}$ muß aus (3.32) eingesetzt werden. Dabei ist zu beachten, daß sich der Transistor zeitweise in Sättigung und zeitweise im linearen Bereich befindet; das Integral muß entsprechend bei $U_{DD}$ - $U_{THn}$ aufgespalten werden, um $I_{DSnL}$ (der Strom im linearen Bereich) und $I_{DSnS}$ (der Strom im Sättigungsbereich) korrekt zu berücksichtigen. Durch Integrieren, Einsetzen von $U_{THn} = 0{,}2U_{DD}$ und Vereinfachen erhält man

$$t_{HL} \approx \frac{4C_L}{\beta_n U_{DD}} \quad . \tag{3.39}$$

Durch die Symmetrie des CMOS-Inverters bedingt, erhält man analog die Anstiegszeit

$$t_{LH} \approx \frac{4C_L}{\beta_p U_{DD}} \quad . \tag{3.40}$$

Die *Verzögerung* des Inverters ist definiert als die Zeit, die der Ausgang jeweils bis zum Erreichen von 50% der Versorgungsspannung benötigt, nachdem der Eingang auf 50% der Versorgungsspannung angestiegen bzw. abgefallen ist. Die Verzögerung beim CMOS-Inverter beträgt in etwa die Hälfte der Anstiegs- bzw. Abfallszeit (Bild 3.35). [WeEs85]

Wie schon erwähnt, wird bei CMOS statisch keine Leistung verbraucht, von den Verlustströmen einmal abgesehen. Zum Umschalten jedoch wird eine bestimmte Energie benötigt. Gleichung (3.19) gibt die in einem Kondensator gespeicherte Energie an. Bei einem L-H-L Umschaltvorgang wird der Kondensator zunächst aufgeladen und dann entladen, was zur Folge hat, daß zweimal die im Kondensator gespeicherte Energie in den

Transistoren (die als Widerstände wirken) in Wärme umgesetzt wird. Schalten wir also einen CMOS-Inverter periodisch mit Frequenz f um, so ist die dazu notwendige Leistung

$$W = fC_L U_{DD}^2$$

nötig. Die verbrauchte Leistung in CMOS-Schaltungen läßt sich somit dadurch abschätzen, daß die Umschaltfrequenz und die jeweils im Durchschnitt dabei umgeladenen Lastkapazitäten ermittelt werden.

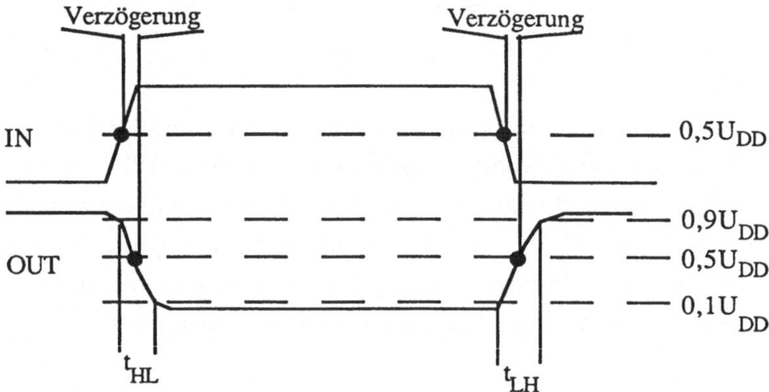


**Bild 3.35.** Zeitverhältnisse beim CMOS-Inverter

### 3.5.2 Eingangs-/Ausgangsschaltungen

Treiber, d. h. Ausgangsschaltungen, werden in CMOS ähnlich wie bei nMOS hierarchisch aufgebaut, wenn ein großes Fan-out erforderlich ist (siehe Abschn.3.4.3). Tri-State-CMOS-Treiber lassen sich in CMOS einfach realisieren (Bild 3.36). Symmetrisches Schaltverhalten kann direkt durch eine entsprechende Wahl von ß erreicht werden (siehe Abschn. 3.5.1) und erfordert keine besondere Schaltungstechnik.

CMOS-Schaltungen haben einen sehr hohen Eingangswiderstand. Daher fließen Ladungen nur sehr langsam ab; externe Eingänge können leicht sehr hohe Spannungen aufbauen, z. B. durch statische Elektrizität. Solche hohen Spannungen entladen sich bei Erreichen eines kritischen Wertes über das Gate-Oxid und führen zu seiner Zerstörung. Schutzschaltungen für die Eingänge sind daher erforderlich (übrigens auch bei nMOS). Typischerweise handelt es sich hierbei um einen Polysilizium-Widerstand und zwei in Sperrichtung gegen $U_{DD}$ und GND geschaltete Dioden. Diese Dioden leiten stark, wenn die an ihnen anliegende Spannung einen bestimmten Wert übersteigt, typischerweise ca. 50V (Lawineneffekt, "avalanche"). Der Widerstand R limitiert den Strom. Es ist jedoch zu berücksichtigen, daß R zusammen mit der Gate-Kapazität der folgenden Transistoren ein RC-Glied bildet, was zu unerwünschten Verzögerungen führen kann.

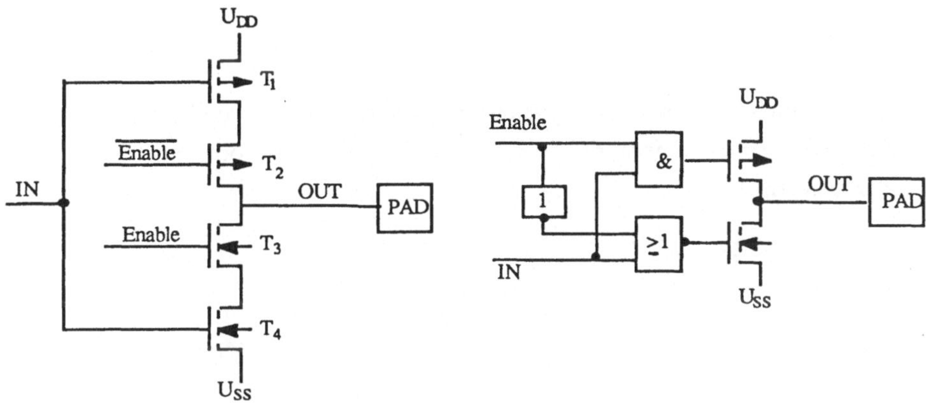


**Bild 3.36.** Typische CMOS-Treiber

### 3.5.3 CMOS-Logikschaltungen und -Speicher

Logikschaltungen werden in CMOS dadurch implementiert, daß Transistoren in Serie oder parallel geschaltet werden (Bild 3.19). Schaltet man Transistoren in Serie, so addieren sich die Widerstände und die Schaltung wird entsprechend langsamer. Schaltet man Transistoren parallel, so addieren sich die Ströme und die Schaltung wird entsprechend schneller. Damit Schaltungen nicht zu langsam werden, limitiert man in der Praxis die Anzahl der in Serie geschalteten Transistoren auf zwei bis fünf. Da Transistoren, die im n-Teil (pull-down) in Serie geschaltet sind, im p-Teil (pull-up) parallel geschaltet sind und umgekehrt, wird somit auch die Anzahl der parallel geschalteten Transistoren begrenzt.

Verwendet man z. B. gleich große n-Kanal- und p-Kanal-Transistoren, so sind p-Kanal-Transistoren etwa zwei bis dreimal langsamer als n-Kanal-Transistoren, da die Mobilität der Löcher kleiner als die der Elektronen ist. Limitiert man z. B. die Anzahl der in Serie geschalteten n-Kanal-Transistoren auf maximal fünf, so wird man die Anzahl der in Serie geschalteten p-Kanal-Transistoren auf zwei oder drei beschränken, um ähnliche Geschwindigkeiten zu erreichen, womit in diesem Fall nur zwei bis drei n-Transistoren parallel geschaltet werden können. Die bevorzugte CMOS-Schaltung ist dementsprechend die NAND-Schaltung, da sie die schnelleren n-Kanal-Transistoren in Serie enthält.

Genaue Voraussagen der Geschwindigkeit und der Störspannungsabstände benötigen präzisere Modelle, die nicht analytisch, sondern numerisch von Simulatoren gelöst werden.

### 3.5.4 Transmission-Gate

Ein CMOS-Transmission-Gate besteht aus einem n-Kanal-Transistor und einem parallel dazu geschalteten p-MOS-Transistor (Bild 3.37). Die Gates sind mit komplementären Signalen anzusteuern.

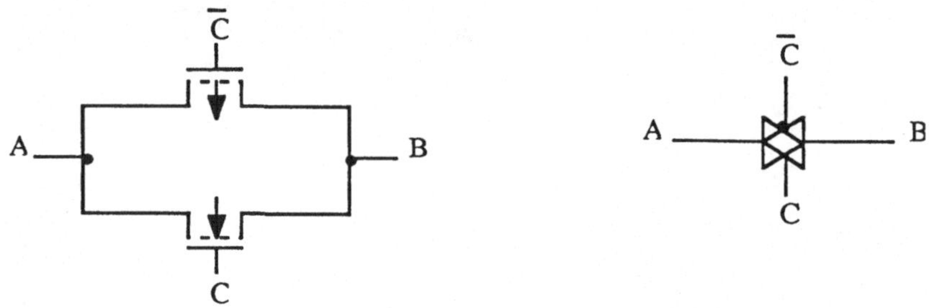


**Bild 3.37.** CMOS-Transmission-Gate (Transistorschaltbild und zugehöriges Symbol)

CMOS-Transmission-Gates haben nicht wie nMOS-Pass-Transistoren eine um $U_{TH}$ verringerte H-Ausgangsspannung. Folgende Fälle sind zu unterscheiden:

| C | A | $U_{GSp}$ | $U_{GSn}$ | Tp | Tn | B |
|---|---|---|---|---|---|---|
| 0 | X | $\geq 0$ | $\leq 0$ | OFF | OFF | X |
| $U_{DD}$ | 0 | 0 | $U_{DD}$ | OFF | ON | 0 |
| $U_{DD}$ | $U_{DD}$ | $-U_{DD}$ | 0 | ON | OFF | $U_{DD}$ |

Leitet das Transmission-Gate, so ist in allen Fällen die Ausgangsspannung in etwa gleich der Eingangsspannung. Trotzdem werden in der Praxis meist nur ein bis drei Transmission-Gates in Serie geschaltet, da die Verzögerung ähnlich wie bei nMOS-Pass-Transistoren wächst (siehe Abschn. 3.4.5).

Speicherschaltungen werden in CMOS ähnlich wie in nMOS realisiert. Ein master-slave Flipflop kann wie in Bild 3.38 dargestellt mit CMOS-Invertern bzw. in einer setz- und rücksetzbaren Variante mit NOR-Gattern und Transmission-Gates implementiert werden.

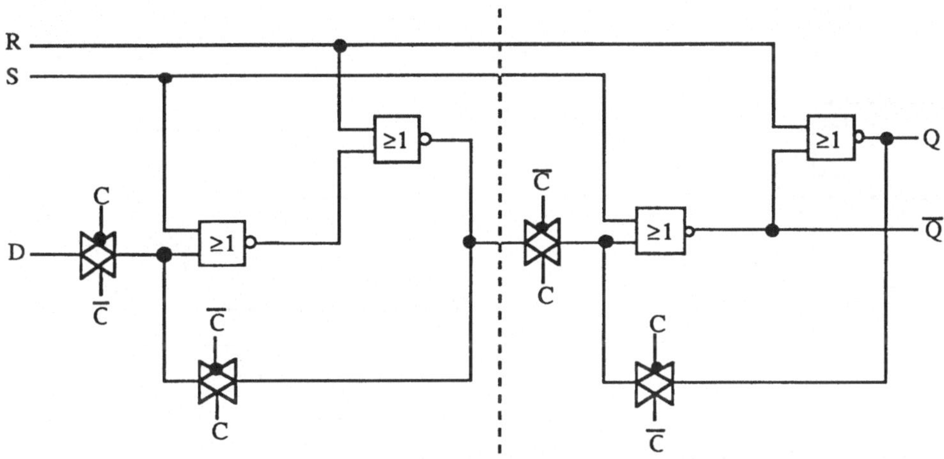


**Bild 3.38.** Setz- und rücksetzbares flankengesteuertes D-Flipflop

## 3.6 Dynamische CMOS-Schaltungen

Die verschiedenen dynamischen nMOS-Schaltungen aus Kapitel 3.4.6 haben gemeinsam, daß sie zumindest zwei nichtüberlappende Taktphasen benötigen. Zunächst wird dabei eine Ausgangskapazität $C_{out}$ auf H geladen, die danach evtl. über ein Transistornetzwerk entladen wird. Die Länge der Vorladephase ($\Phi$ = L) ("precharging") kann direkt mit Hilfe von (3.40) bestimmt werden (in Abhängigkeit von der Dimensionierung des pull-up-p-Kanal Transistors und von $C_{out}$). Die Länge der Auswertungsphase ($\Phi$ = H) wird mit Hilfe von (3.39) unter Berücksichtigung der Parallel- bzw. Serienschaltung der n-Kanal-Transistoren im pull-down-Netzwerk berechnet.

In der Auswertungsphase kann es zu einer Ladungsumverteilung kommen, die als "charge sharing" bekannt ist. In der 3-Eingangs-NAND-Schaltung in Bild 3.39 passiert dies z. B., wenn während $\Phi$ = H die Eingänge A und B von L auf H wechseln. Die am Ausgang gespeicherte Ladung wird dadurch auch auf $C_1$ und $C_2$ verteilt, was zur Folge hat, daß die Ausgangsspannung abfällt (3.16). Ist dieser Abfall groß genug, so kann dies zur fehlerhaften Schaltungsfunktion führen.

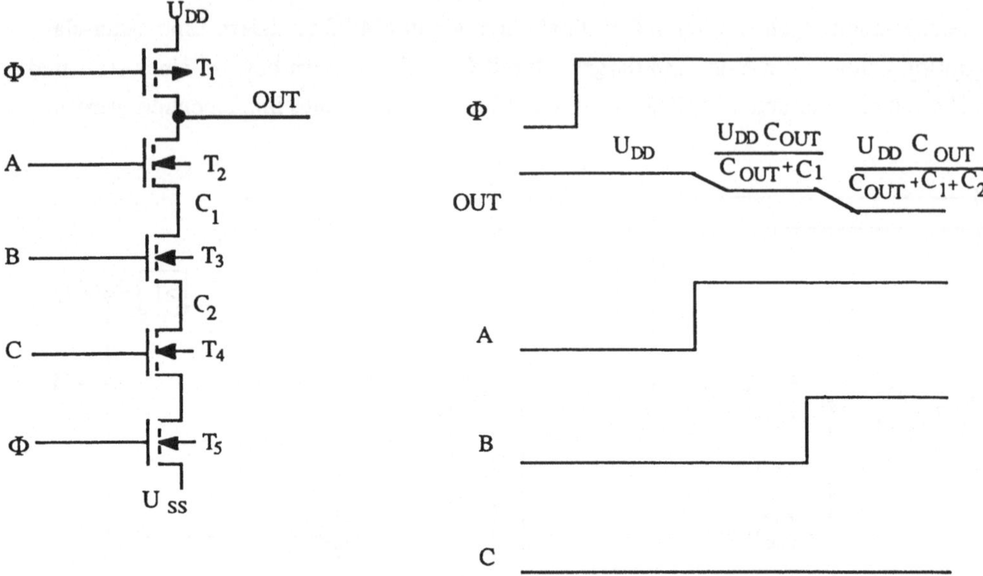


**Bild 3.39.** Ladungsumverteilung ("charge sharing")

Abhilfe wird dadurch geschaffen, daß $C_{out}$ sehr viel größer als die parasitären Kapazitäten, im Beispiel $C_1 + C_2$, dimensioniert wird. Falls nicht allzu große Geschwindigkeiten notwendig sind, kann des weiteren ein schwacher, langsamer (kleines W/L-Verhältnis) p-Transistor hinzugefügt werden (Bild 3.40).

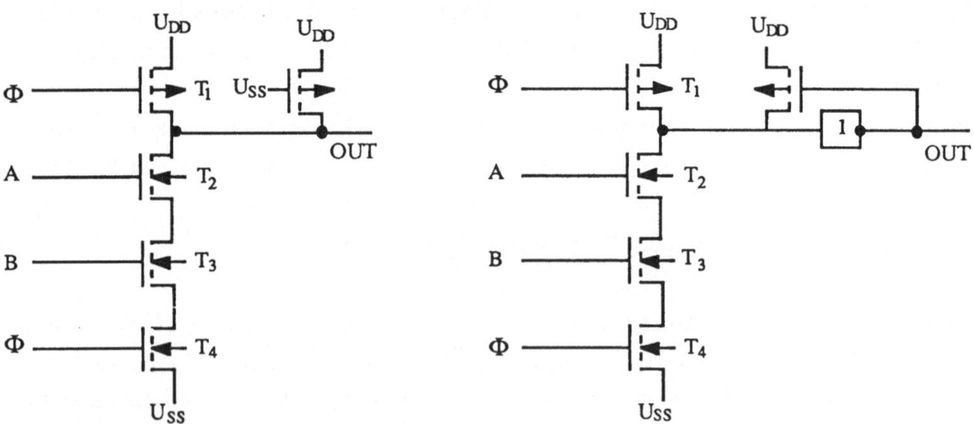


**Bild 3.40.** Statische und speichernde Version einer dynamischen Schaltung

Dieser zusätzliche p-Transistor macht die Schaltung außerdem statisch, da er die Verlustströme kompensiert, die nach einiger Zeit zum Verlust eines H-Ausgangswertes führen würden. Somit kann nun C beliebig lange auf H gehalten werden. Des weiteren kann der schwache p-Transistor dazu benutzt werden, die Schaltung speichernd zu machen (Bild 3.40).

Zum Abschluß dieses Kapitels sei wiederum daran erinnert, daß die hier vorgestellten Modelle teilweise grobe Vereinfachungen enthalten. Sie ermöglichen ein gutes qualitatives Verständnis und konservative Entwürfe (oder Entwürfe unter Verwendung einer gegebenen Zellenbibliothek). Sie sind jedoch zu ungenau, um einen "aggressiven" Zellenentwurf zu ermöglichen. Hierfür sind elektrische Simulatoren unerläßlich, welche eine Vielzahl von Prozeßparametern berücksichtigen und weitaus genauere Modelle numerisch berechnen.

# 4 Entwurfsstil

Die Fortschritte der Halbleitertechnologie zeigen sich am auffälligsten bei Standardbausteinen wie Speicher und Mikroprozessoren. Die hier möglichen sehr großen Stückzahlen rechtfertigen einen hohen Entwicklungs- und Entwurfsaufwand. Bei kleineren Stückzahlen jedoch stehen hohe Entwicklungskosten der wirtschaftlichen Nutzung im Wege.

Abhilfe wird dadurch geschaffen, daß die Freiheit beim Entwurf teilweise drastisch eingeschränkt wird, man spricht von einem sog. Entwurfsstil. Sinn und Zweck dabei ist es, den Entwurf zu vereinfachen, die Anzahl der Masken zu reduzieren und die Anzahl der Prozeßschritte zu verringern. Dies geschieht dadurch, daß auf gegebene Strukturen wie "Arrays" oder Zellen zurückgegriffen wird. Der wesentliche Nachteil solcher Standardisierungen besteht darin, daß die erreichbare Schaltungsdichte bei der Verwendung von "Arrays" oder Zellen im allgemeinen geringer als bei voll-kundenspezifischen Schaltungen ist.

Dieses Kapitel beschäftigt sich mit den in der Praxis üblichen Entwurfsstilen für integrierte Schaltungen. Es haben sich im wesentlichen vier Gruppen von Entwurfsstilen herauskristallisiert:

- Voll-kundenspezifischer Entwurf ("full custom design"):
  Es wird keinerlei Beschränkung beim Entwurf gemacht, um so für jede Schaltung ("kundenspezifisch") das optimale Layout zu erhalten.

- Zellenentwürfe ("cell design"): Hierbei wird auf eine Bibliothek bestehender Zellen zurückgegriffen. Das Layout besteht darin, diese Zellen zu plazieren und zu verdrahten.

- Entwurf mit Arrays("array logic"):
  Man geht von einer vorgefertigten, regelmäßigen Anordnung von Transistoren aus. Das Layout beschränkt sich auf eine oder mehrere Verdrahtungsebenen. Entwurf mit Zellen und mit Arrays wird oft unter dem Begriff semi-kundenspezifischer Entwurf ("semi custom design") zusammengefaßt.

- Entwurf mit programmierbaren Schaltungen ("programmable logic"):
  In diesem Fall werden Schaltungen verwendet, die extern durch den Anwender programmiert werden können. Der Entwurf beschränkt sich nur noch auf die Programmierung der Schaltung.

## 4.1 Voll-kundenspezifische Schaltungen

Der Entwurf von voll-kundenspezifischen Schaltungen (Hand-Layout) beschränkt die Freiheit des Entwerfers am wenigsten. Jeder Transistor kann einzeln dimensioniert und plaziert werden, um den Anforderungen der Schaltung angepaßt zu werden. Z. B. kann die Laufzeit von Signalen durch entsprechende Leitungsführung und individuelle Transistordimensionierung auf die jeweiligen Erfordernisse zugeschnitten werden. Das Layout kann dadurch, daß sehr kleine Grundeinheiten (Transistoren) einzeln plaziert, verschoben und rotiert werden können, stark optimiert werden.

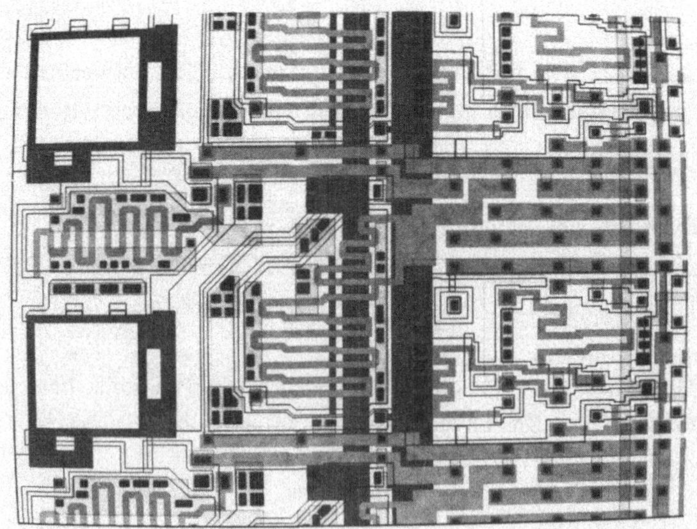

**Bild 4.1.** Voll-kundenspezifischer Entwurf am Beispiel von Gate-Array-Treiberzellen (Quelle: AMI)

Bild 4.1 zeigt einen Teil eines Chips, bei dem komplexe geometrische Strukturen, z. B. schlangenförmige Transistor-Gates (um sehr große W/L-Verhältnisse zu erreichen) und 45° Winkel zu erkennen sind. Dies erfordert einen hohen Grad an Erfahrung seitens des Entwerfers. Einfache, z. B. auf $\lambda$-Abständen basierende Entwurfsregeln reichen nicht aus. Ein typischer Entwurfsregelkatalog, der einen Prozeß voll auszunutzen erlaubt, enthält einige hundert Regeln.

Der Aufwand für einen voll-kundenspezifischen Entwurf ist sehr groß, so daß schon bei einigen hundert Transistoren auf vereinfachende Maßnahmen zurückgegriffen werden muß, z. B. auf das Aufteilen des Entwurfes, damit verschiedene Teile unabhängig, von verschiedenen Entwerfern bearbeitet werden können, oder auf die mehrfache Verwendung von einmal entworfenen Teilen (Regularität).

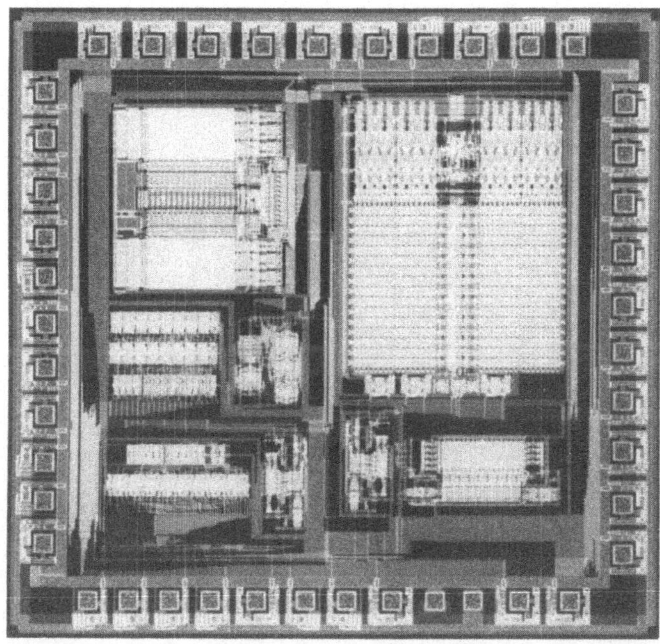

**Bild 4.2.** Makrozellenentwurf (Quelle: SIEMENS)

Das Maximum an Flexibilität wird bei voll-kundenspezifischen Entwürfen mit einem Maximum an Erfahrung, die vom Entwerfer gefordert wird, und mit langen Entwurfszeiten bezahlt. Wenige Entwurfswerkzeuge automatisieren den Entwurf auf einer so detaillierten Ebene. Automatische Zellgeneratoren existieren zwar, doch sind die Ergebnisse nicht so gut wie ein "Hand-Layout". In der Praxis werden nur Anwendungen mit hohen Stückzahlen wirklich vollständig "von Hand" entworfen. Dies trifft z. B. für Zellenbibliotheken und für Speicherzellen zu.

## 4.2 Entwurf mit Zellen

### 4.2.1 Makrozellen

Wenn die Größe verschiedener Zellen stark variiert wird oder verhältnismäßig große Zellen wie Speicher oder ALU's verwendet werden, spricht man von Makrozellenentwurf. Die einzelnen Zellen können hierbei sehr komplex sein und wiederum aus anderen, einfacheren Zellen, z. B. Standardzellen oder Arrays, zusammengesetzt sein. Mikroprozessoren werden typischerweise so entworfen. Bild 4.2 zeigt einen solchen Makrozellenentwurf, der aus acht einzelnen Makrozellen aufgebaut ist.

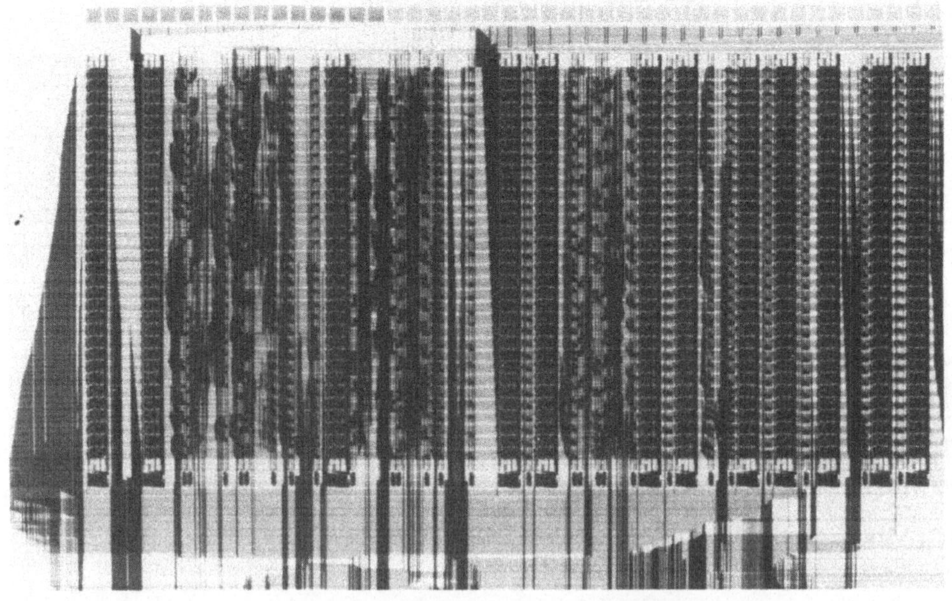

**Bild 4.3.** Chipausschnitt eines automatisch generierten 32-Bit-Datenpfads (Quelle: IBM)

Es sind eindeutig zusammenhängende Gebiete, die Makrozellen, zu erkennen, bei denen es sich um verschiedene Standardzellenblöcke, sowie um ROM, RAM und PLA handelt. Oft wird eine Makrozelle spezifisch für einen bestimmten Entwurf entwickelt und ansonsten nicht wieder verwendet, z. B. eine bestimmte ALU für einen Mikroprozessor.

Als Teil eines Mikroprozessors und Beispiel für eine sehr regelmäßige Bitscheiben-Struktur zeigt Bild 4.3 einen vollautomatisch generierten 32-Bit-Datenpfad.

Makrozellenentwurf ist im Prinzip vergleichbar mit voll-kundenspezifischem Entwurf. Er wird nur bei Anwendungen mit hohen Stückzahlen verwendet. In letzter Zeit jedoch werden verstärkt Entwurfswerkzeuge entwickelt, die es erlauben, mit Hilfe von sog. Zellgeneratoren verhältnismäßig effizient einige Makrozellen automatisch zu erzeugen, zu plazieren und zu verdrahten. Solche Werkzeuge werden oft als "Silicon-Compiler" bezeichnet. Generierbare Makrozellen sind z. B. Register, Speicher, ALU's, Multiplexer, Busse, usw. Solche Entwürfe sind zwar nicht so effizient wie ein "Hand"-Makrozellenentwurf, aber der Entwurfsaufwand wird so verringert, daß er vergleichbar den Standardzellen wird. Das Bild 4.4 zeigt den "Floorplan" eines Chips, der mit Hilfe eines Silicon-Compilers entworfen wurde.

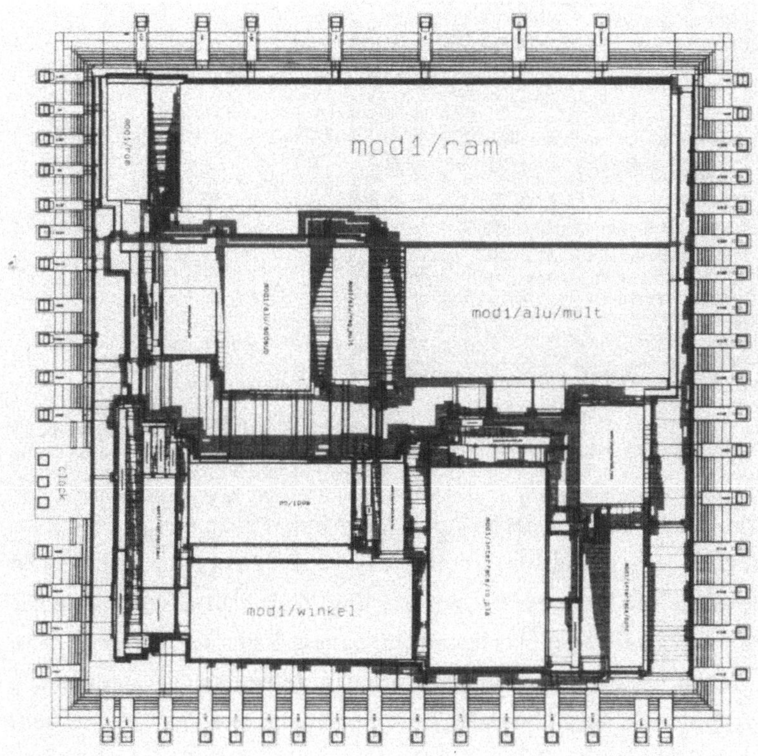


**Bild 4.4.** Beispiel eines mit Hilfe eines Silicon Compilers entworfenen Makrozellen-Chips [CER88]

### 4.2.2 Standardzellen

Standardzellenentwürfe basieren auf einer vordefinierten Zellenbibliothek. Die Zellen haben alle die gleiche Höhe und eine ähnliche Größe. Dies erleichtert die automatische Plazierung und Verdrahtung soweit, daß Werkzeuge hierfür heutzutage Stand der Technik sind. Die Folge der Einschränkung bei den Zellendimensionen ist, daß die Zellen alle verhältnismäßig einfach sind. Beispiele sind einfache logische Gatter, 1-Bit Register, Halb- und Volladdierer usw. Beim Bild 4.5 handelt es sich um ein Foto eines aus Standardzell-Blöcken bestehenden Makrozellenentwurfs.

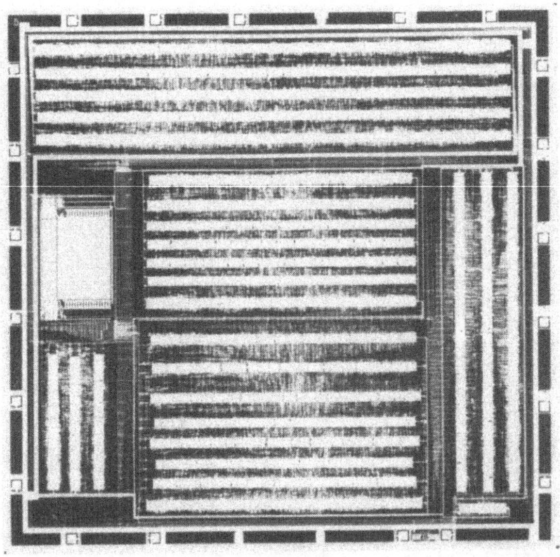

**Bild 4.5.** Makrozellen-Chip aus Standardzell-Blöcken (Quelle: SIEMENS)

Da alle Zellen gleiche Höhe haben, entstehen durch Aneinanderreihen von Zellen rechteckige Zellenreihen. Dazwischen sind sog. Verdrahtungskanäle zu erkennen, in welche die Verbindungen der einzelnen Zellen gelegt werden. Eine Zelle hat typischerweise nur auf einer Seite oder auf zwei gegenüberliegenden Seiten Signalverbindungen; an die beiden anderen Seiten wird die Spannungsversorgung gelegt, so daß automatisch durch Aneinanderfügen der Zellen ("abutment") die Spannungsversorgung hergestellt wird. Eine Ausnahme bilden die am Rande der Schaltung plazierten Peripheriezellen, welche Treiber, Schutzschaltungen und Anschluß-Pads enthalten.

Die Bilder 4.6 und 4.7 stellen verschiedene Schemata von Standardzell-Konzepten dar.

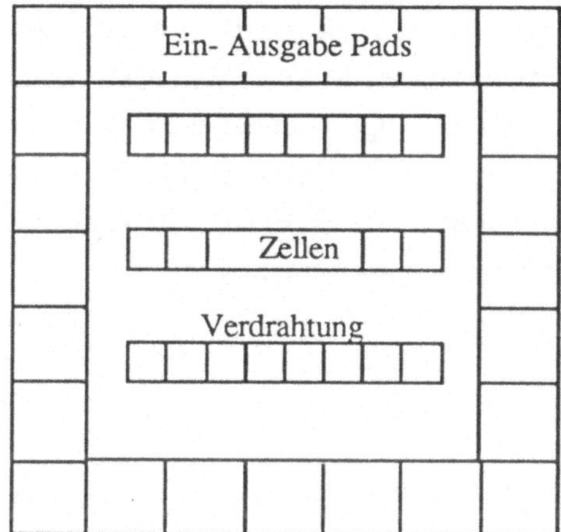


**Bild 4.6.** Standardzellenschema [HNS86]

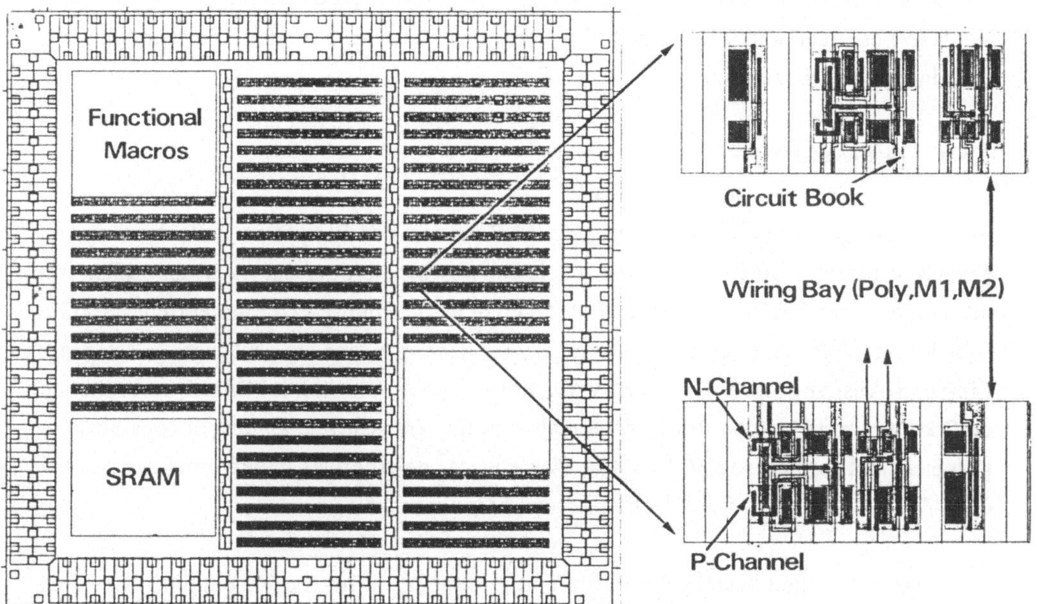


**Bild 4.7.** Schema eines Standardzellen -Chips (Quelle: C. L. Chen, IBM)

Standardzellen sind ein guter Kompromiß zwischen Entwurfsaufwand und effizientem Layout. In der Praxis werden sie oft verwendet, z. B. für den Entwurf von Prozessoren und anderen Rechnerbausteinen. Es ist allerdings relativ selten, daß "reine" Standardzellentwürfe einer Anwendung genügen. Oft sind größere Blöcke wie Speicher oder PLA's mit Standardzellen vermischt, wodurch die Regelmäßigkeit des Entwurfs wieder zerstört und die Grenze zwischen Standard- und Makrozellenentwurf verwischt wird. Ein wesentlicher Aufwand entsteht bei Standardzellen dabei, die Zellenbibliothek zu entwerfen und zu verwalten. Abhilfe schaffen hier zum Teil Zellgeneratoren, die z. B. automatisch einen Zellenkatalog einer neuen Technologie mit neuen Entwurfsregeln anpassen können. In der Praxis sind solche Zellgeneratoren nur begrenzt im Einsatz, da kompakte Zellgenerierung bei beliebigen Entwurfsregeln sehr komplex werden kann.

## 4.3 Entwurf mit Arrays

Beim Entwurf mit Arrays ist die Regelmäßigkeit im Vergleich zu den Standardzellen noch einen Schritt weiter getrieben worden. Man greift auf eine regelmäßige Anordnung von Transistoren zurück, ein sog. Array. Dadurch kann der Herstellungsprozeß bis auf wenige Schritte standardisiert werden. Entwurfsspezifisch sind nur noch die Verbindungen der einzelnen Transistoren, die in einigen wenigen Prozeßschritten (Metallisierung, Kontakte) erfolgen kann. Die Herstellung des sog. Masters, d. h. des Transistor-Arrays, kann in großen Stückzahlen erfolgen.

### 4.3.1 Gate-Arrays

Ein Gate-Array enthält im wesentlichen zwei Bereiche: den Peripherie-Zellenbereich und einen Kernbereich (Bild 4.8). Die Peripherie enthält vorgefertigte Ein-/Ausgabe-Zellen mit den notwendigen Treibern, Schutzschaltungen und Anschluß-Pads. Eine Peripherie-Zelle läßt sich nur sehr begrenzt konfigurieren. Typischerweise kann sie als Eingang, Ausgang, Ein- und Ausgang oder als "nicht verwendet" (wobei sie keinen Strom verbrauchen darf) konfiguriert werden. Im Kernbereich sind die Transistoren als Inseln oder Streifen gruppiert und formen sog. Zellen. Die Namensgebung ist etwas widersprüchlich, da ein Gate-Array nur Transistoren und keine ganzen Gatter enthält.

Zwischen den Zellen besteht Raum für Verdrahtung, d. h. für die Verbindung der durch die Transistoren realisierten Zellen. In diesen Verdrahtungskanälen sind oft vorgegebene Verbindungen quer zum Kanal, sog. "Underpasses", in Polysilizium realisiert (Bild 4.9). Somit reicht eine Metallebene für Verbindungszwecke aus, wobei die Flächenausnutzung durch mehr Verdrahtungsebenen (im Extremfall bis zu vier) entsprechend verbessert werden kann. Allerdings wird durch die dann erforderlichen zusätzlichen Masken die Herstellung entsprechend aufwendiger. Die Fläche über den Zellen wird zur Verbindung der einzelnen Transistoren genutzt, um die entsprechenden Funktionen zu realisieren. Wie bei den Standardzellen werden Zellenbibliotheken verwendet, die in diesem Falle nur die Verbindungsebenen (Metall und Kontakte) für die Realisierung der Funktionen enthalten.

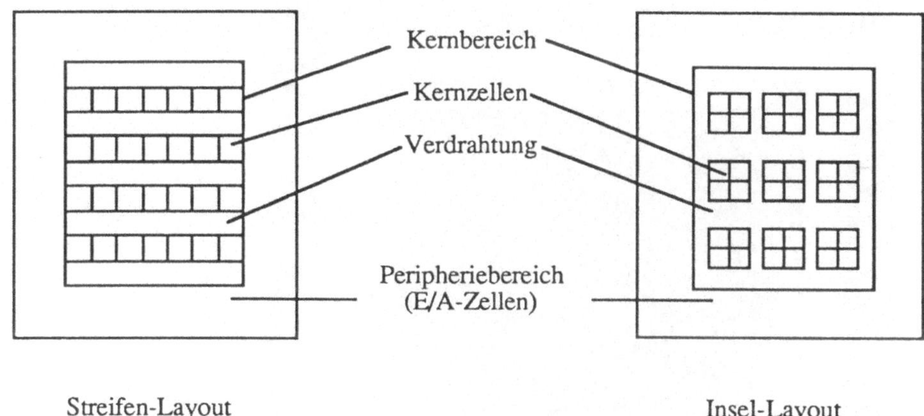


**Bild 4.8.** Gate-Array-Schema

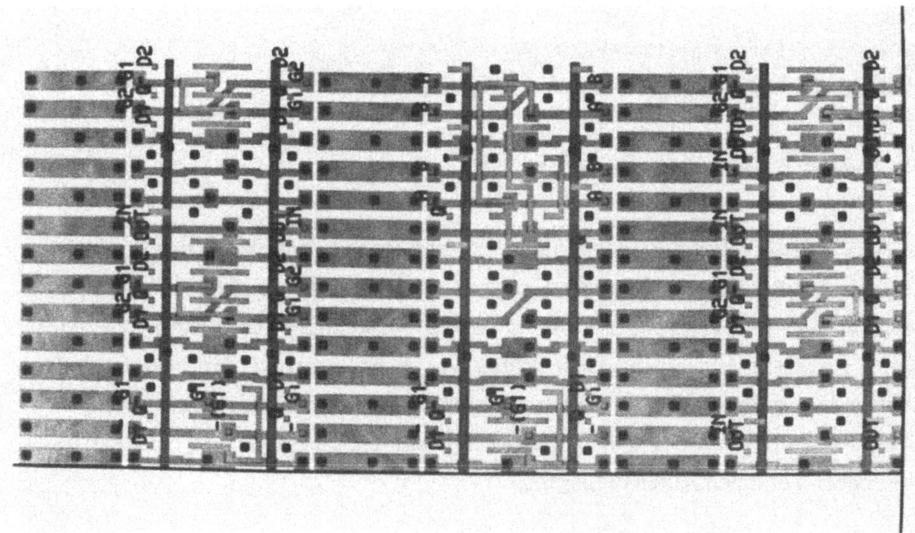

**Bild 4.9.** Ausschnitt einer Gate-Array -Kernstruktur (Quelle: AMI)

Da von einer festen Transistoranordnung ausgegangen wird, haben Gate-Array- Zellen ein weniger dichtes Layout als Standardzellen. Des weiteren sind die Verdrahtungskanäle vorgegeben, was dazu führen kann, daß Platz, der nicht zur Verdrahtung notwendig wäre, verschwendet wird, oder umgekehrt ein Kanal nicht für alle notwendigen Verbindungen reicht und daher nicht alle Zellen genutzt werden können. (Selbstverständlich kann eine Zelle zur Verdrahtung statt zur Implementierung einer Funktion verwendet werden.) Bild 4.10 zeigt ein komplettes Gate-Array-Chip.

**Bild 4.10.** Gate-Array-Chip (Quelle: SIEMENS)

Bei Gate-Arrays ist der Entwurf gegenüber dem mit Standardzellen stark vereinfacht. Entwurfsregeln beschränken sich auf die Verbindungsebenen, da nur diese vom Entwerfer beeinflußt werden können. Automatisierungswerkzeuge zur Plazierung und Verdrahtung von Gate-Arrays sind breit verfügbar. Gate-Arrays werden in der Praxis häufig verwendet, insbesondere für anwendungsspezifische Schaltungen mit kleineren Stückzahlen. So werden z. B. oft Hochgeschwindigkeits-ECL-Gate-Arrays zur Realisierung von Rechner-Zentraleinheiten eingesetzt.

### 4.3.2 Sea-of-Gates

Eine neuerdings immer beliebtere Variante der Gate-Arrays ist die als Sea-of-Gates bekannte Anordnung. Hierbei wird im Kernbereich nicht mehr extra Fläche für die Verdrahtung von Zellen freigehalten. Raum für Verdrahtung entsteht einfach dadurch, daß Transistoren nicht verwendet werden. Da Polysilizium in diesem Falle für

Verbindungszwecke praktisch nicht mehr zu benutzen ist, ist man im allgemeinen auf einen Prozeß mit mindestens zwei Metallisierungsebenen angewiesen (Bild 4.11).

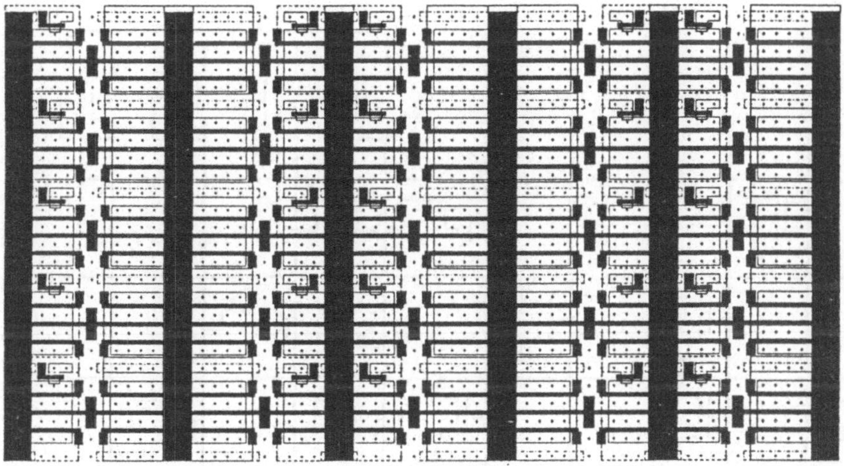

**Bild 4.11.** Ausschnitt aus einem Sea-of-Gates -Master (Quelle: SIEMENS)

Sea-of-Gates erfordert mehr entwurfsspezifische Prozeßschritte als Gate-Arrays. Der Entwurf ist komplexer, es sind mehr Entwurfsregeln zu beachten und es existieren mehr Freiheitsgrade bei der Plazierung und Verdrahtung. Die notwendigen Entwurfswerkzeuge werden daher komplexer. Dafür sind aber größere Schaltungsdichten erreichbar. Sea-of-Gates erreicht jedoch durch die feste Anordnung der Transistoren nicht die Schaltungsdichten von Standardzellen.

### 4.3.3 PLA

"Programmable Logic Arrays" (PLA) dienen, wie ihr Name besagt, der Implementierung von Schaltnetzen. Da jede Logikfunktion zweistufig als Summe (OR) von Produkten (AND) realisiert werden kann (disjunktive Form), reichen eine sog. AND-Matrix und eine OR-Matrix zur Implementierung jeder beliebigen Funktion aus. In der Praxis verwendet man meist eine äquivalente NOR-NOR-Struktur.

Alle Eingangsvariablen liegen in negierter und nichtnegierter Form vor. Die horizontalen Leitungen implementieren sog. Produktterme, in diesem Falle die NOR-Funktion der über Transistoren verbundenen Eingangsvariablen. Die Ausgangsleitungen implementieren ihrerseits NOR-Funktionen der Produktterme. Begrenzend können beim PLA die Anzahl der Eingangsvariablen, der Ausgangsvariablen oder der Produktterme wirken (Bild 4.12).

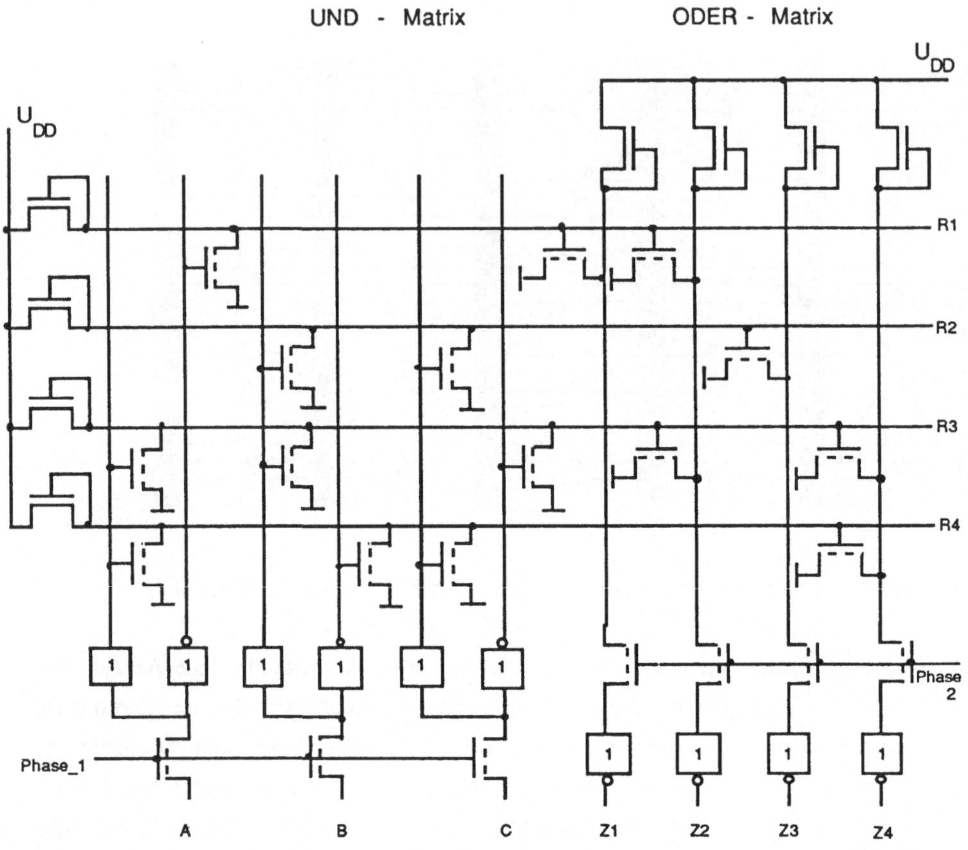


**Bild 4.12.** Beispiel eines nMOS-PLA [MeCo80]

Eine Funktion wird also dadurch implementiert, daß die Produkttermleitungen über Transistoren (wie in Bild 4.12) mit Ein- und Ausgängen verbunden werden. Der Entwurf besteht nur noch darin, für jede Position in der AND- und OR-Matrix anzugeben, ob der entsprechende Transistor verbunden wird oder nicht, wozu zwei einfache 0-1-Matrizen genügen. Das Layout wird vorgegeben, und der Entwerfer kann sich auf den logischen Entwurf beschränken. Verbindet man des weiteren einen Teil der Ausgänge über Register mit einen Teil der Eingänge, so können auch endliche Automaten implementiert werden.

Da Platz für alle möglichen Transistoren in den Matrizen vorgesehen werden muß, ist das Layout nicht sonderlich kompakt. Sehr große PLA's generieren darüber hinaus große Verzögerungen durch lange Leitungen. PLA's sind zu unflexibel und ineffizient, um komplexe Schaltungen ganz als PLA's auszulegen. Sie werden jedoch sehr häufig für

Teilentwürfe, die aus nicht regelmäßig strukturierten Schaltnetzen bestehen, eingesetzt. Hierbei kommen die Vorteile, nämlich sehr einfacher Entwurf und regelmäßiges Layout, voll zur Geltung. Typische Beispiele sind Steuerautomaten, Befehlsdecoder usw. Wie PLA's als Chip-Teilstrukturen auftreten, kann den Makrozellentwürfen (Abschn. 4.2.1, Bild 4.2) entnommen werden.

Es ist noch kurz anzumerken, daß ROM-Speicher (Read Only Memory) als eine besondere Art PLA's gesehen werden können: Die $n$ Adreßleitungen bilden die Eingänge, es sind alle möglichen $2^n$ Produktterme implementiert, und es ist eine Ausgangsleitung für jedes der $m$ Ausgangsbits vorgesehen. Auf diese Weise können $m$ beliebige Funktionen mit $n$ Eingängen implementiert ("gespeichert") werden.

## 4.4 Programmierbare Schaltungen

Unter dem Begriff der PLD's (programmable logic devices) sind neben programmierbaren Festwertspeichern (PROM, EPROM, EEPROM etc.) weitere Alternativen programmierbarer Schaltungen auf dem Markt zu finden. Viele davon basieren auf Varianten von PLA's, meist durch Register und Multiplexer erweitert (FPLA: field programmable logic array, PAL: programmable array logic). Andere wiederum besitzen programmierbare Zellen und programmierbare Verbindungen zwischen den Zellen. Bild 4.13 zeigt zwei Varianten programmierbarer Schaltungen. Schaltung a) besteht aus einem PLA, das um ein Zustandsregister erweitert werden kann; zu personalisieren ist nur das PLA, womit Schaltnetze oder (mit Hilfe des Zustandsregisters) auch Schaltwerke realisiert werden können. Schaltung b) ist aus programmierbaren Zellen aufgebaut (LCA: logic cell array). Jede Zelle kann so programmiert werden, daß sie eine beliebige logische Funktion ihrer Eingänge realisiert. Der Ausgang steht gepuffert und direkt zur Verfügung. Eingänge und Ausgänge können mit zwischen den Zellen verlaufenden Leitungen verbunden werden. An den Kreuzungspunkten der vertikalen und horizontalen Leitungen können (wiederum programmierbar) diese verbunden bzw. aufgetrennt werden. Es soll darauf hingewiesen werden, daß die gegebenen Beispiele nur das Prinzip programmierbarer Schaltungen erläutern; kommerzielle Produkte verfügen über weitaus kompliziertere Strukturen. Programmierbare Schaltungen stellen eine Lösung für Entwürfe mit sehr kleinen Stückzahlen dar. Es wird auf jegliche kundenspezifischen Prozeßschritte verzichtet. Da es sich bei der Programmierung im engeren Sinne nicht mehr um den Entwurf hochintegrierter (MOS-) Schaltungen handelt, der ja Schwerpunkt dieses Buchs ist, soll diese Thematik hier nicht weiter vertieft werden.

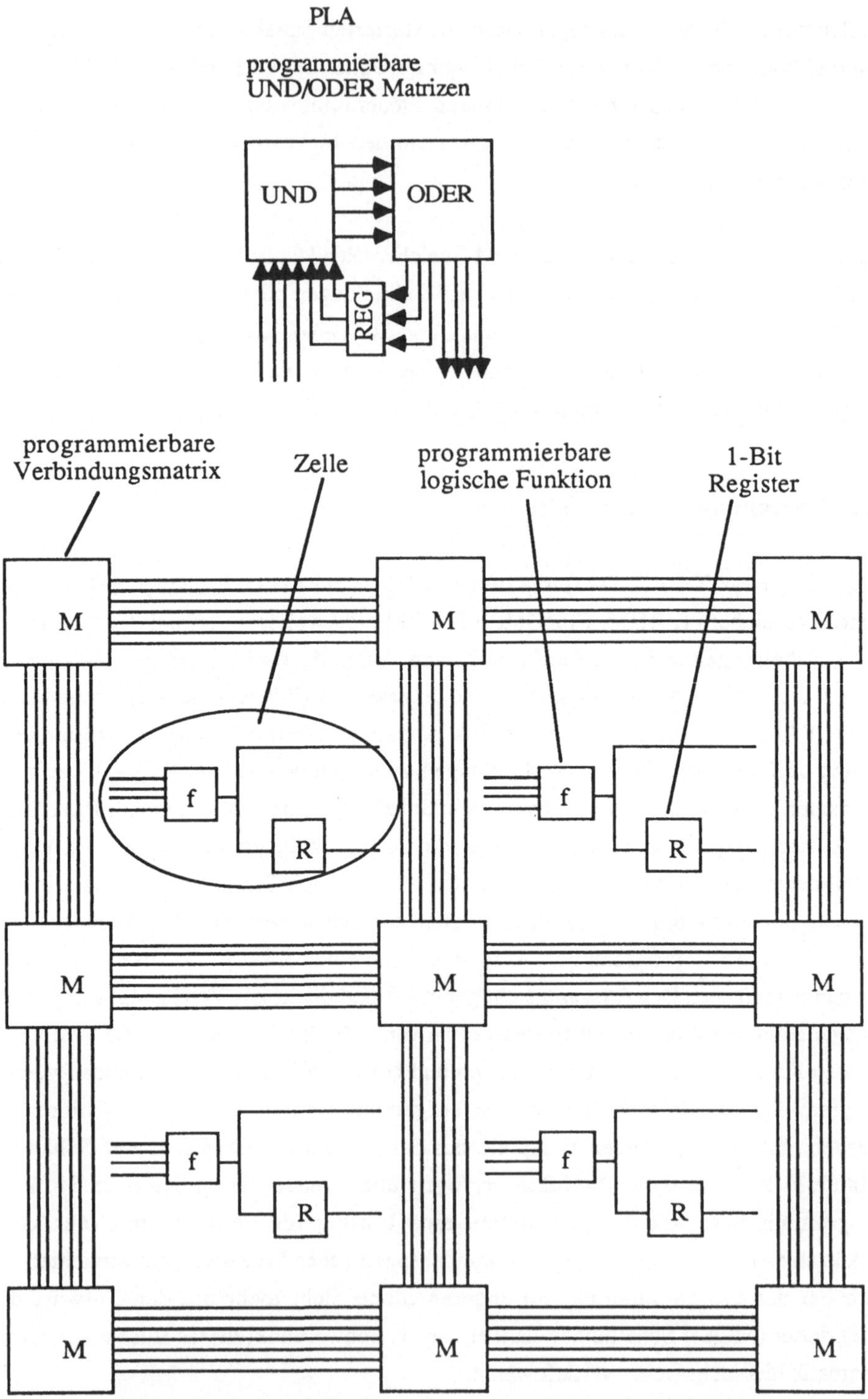

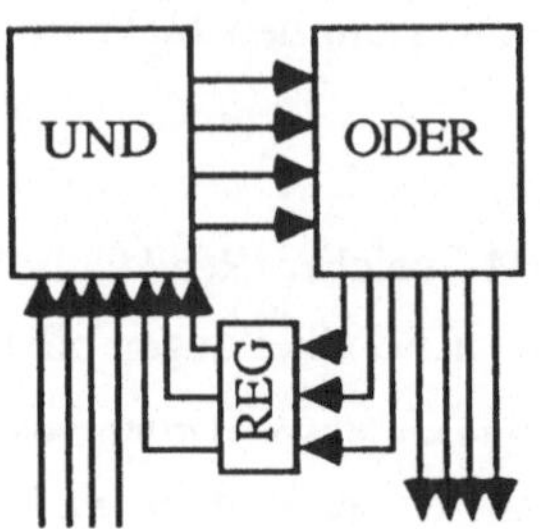


a)

programmierbare Verbindungsmatrix

Zelle

programmierbare logische Funktion

1-Bit Register

M M M

f R f R

M M M

f R f R

M M M

b)

**Bild 4.13.** a) Auf PLA und b) auf Zellen basierende programmierbare Schaltungen

## 4.5 Vergleich

Für die Entscheidung, mit welchem Entwurfsstil eine Schaltung zu entwerfen ist, werden im wesentlichen die Kosten pro Chip verglichen. Die Kosten pro Chip setzen sich aus den Entwurfskosten pro Chip plus den Herstellungskosten zusammen. Bei großen Stückzahlen können hohe Entwurfskosten in Kauf genommen werden, da sie auf die Gesamtzahl der Chips verteilt werden. Die Herstellungskosten pro Chip lassen sich in Masken-, Prozeß- und Prüfkosten aufteilen. Die Maskenkosten sind nur der Anzahl der Schritte im Prozeß proportional. Die Prozeßkosten pro Chip sind teilweise stückzahlenabhängig, bei großen Stückzahlen jedoch sind sie konstant. Die Prüfkosten pro Chip sind weniger von der Stückzahl abhängig, sie können aber stark von dem Entwurf abhängig sein ("testfreundlicher Entwurf"). Bild 4.14 gibt typische Kosten pro Chip in Abhängigkeit der Stückzahlen für verschiedene Entwurfsstile an.

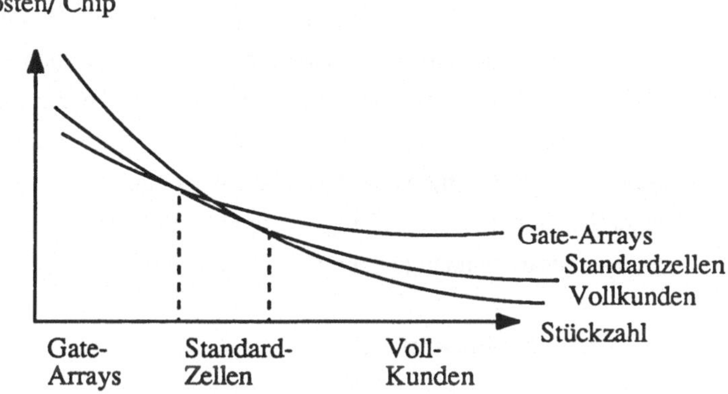


**Bild 4.14.** Anwendungsbereiche verschiedener Entwurfsstile

Eine Reihe weiterer Kriterien müssen bei der Entscheidung für einen bestimmten Entwurfsstil herbeigezogen werden.

- Komplexität der Schaltung:
  Kommen programmierbare Schaltungen, Arrays oder Standardzellen überhaupt in Frage, oder ist der Entwurf zu komplex, um mit einem dieser Entwurfsstile in einem Chip untergebracht zu werden? Ist die Schaltung so klein, daß sie trotz großer Stückzahlen, z.B als Gate-Array, hergestellt werden sollte?

- Pin-Begrenzung:
  Ist die Zahl der Ein/-Ausgabe-Pins in der jeweiligen Verpackungstechnologie ausreichend?

- Entwicklungszeit:
  Ist eine kurze Entwicklungszeit vorgegeben, so kommen vielleicht nur programmierbare Schaltungen, Arrays oder Standardzellen in Frage.

- Physikalische Vorgaben:
  Sind auch bei Kleinstückzahlen, wie z. B. in Raumfahrtanwendungen, besondere Anforderungen an Gewicht und Größe eines Systems gestellt, so kommt evtl. nur ein voll-kundenspezifischer Entwurf in Frage.

- Entwurfskapazität:
  Sind Erfahrung seitens der Entwerfer und die notwendigen Entwurfswerkzeuge vorhanden, bzw. zu beschaffen?

Tabelle 4.1. stellt die wichtigsten Punkte nochmals vergleichend zusammen. Bei Layoutdichte bedeutet dabei "1", daß die größte Dichte erreicht werden kann. Bei Entwurfsaufwand steht "1" für den höchsten Entwurfsaufwand. Die Prozeßschritte beziehen sich auf die Anzahl der benötigten Masken. "Voll" bedeutet dabei, daß ein voller technologischer Durchlauf erforderlich ist. Für anwendungsspezifische integrierte Schaltungen (ASIC: application specific integrated circuit) kommen aufgrund der Stückzahlen im wesentlichen Lösungen mit Array- und Zellen-Schaltungen in Frage, aber auch die programmierbaren Schaltungen erhalten in diesem Zusammenhang zunehmende Bedeutung.

**Tabelle 4.1.** Vergleich verschiedener Entwurfsstile

| Entwurfsstil | Layout-dichte | Entwurfs-aufwand | Prozeß-schritte | Stück-zahlen | Typische Anwendung |
|---|---|---|---|---|---|
| Voll-kundenspezifisch | 1 | 1 | Voll | $10^5$ | Speicher |
| Makrozellen | 2 | 2 | Voll | $10^4$ | Mikroprozessor |
| Standardzellen | 3 | 3 | Voll | $10^4$ | ASIC |
| Sea-of-Gates | 4 | 4 | 4-5 | $10^3$ | ASIC |
| Gate-Arrays | 5 | 5 | 2-4 | $10^3$ | ASIC |
| PLA's | 6 | 6 | 0-Voll | | Steuerung |
| Programmierbar | 7 | 7 | 0 | $10^2$ | ASIC |

Abschließend ist noch zu bemerken, daß über den Entwurfsstil hinaus von Entwurfsmethoden zusätzlich gefordert werden, daß die Komplexität reduziert und die Überprüfung der Korrektheit erleichtert werden. Das bekannteste Schlagwort in diesem Zusammenhang ist der *strukturierte Entwurf*. Mead und Conway haben in ihrem Buch [MeCo80] diesen

Entwurfsstil propagiert, um auch Systementwerfern die Möglichkeit zu geben, ihre Entwürfe direkt in Silizium zu implementieren. Techniken, die für komplexe Software-Probleme entwickelt wurden, konnten teilweise übernommen und für den Hardware-Entwurf adaptiert werden. Diese Techniken beruhen im wesentlichen auf der Ausnutzung der *Modularität*, der *Hierarchie*, der *Lokalität* und der *Regularität*.

Die *Modularität* basiert auf dem Aufteilen einer Schaltung in *Moduln*. Diese Moduln sind verbunden und kommunizieren untereinander. Sie müssen daher bestimmten Eigenschaften genügen. Ihre Schnittstelle muß klar definiert sein, es können z. B. vorgegebene Punkte für die Stromversorgung gefordert werden. Manche Autoren [WeEs85] sehen eine starke Analogie zur Software. Bei der strukturierten Programmierung werden nur wenig Grundkonstrukte zum Aufbau von Moduln benutzt, z. B. die Iteration, die Konkatenierung und die Auswahl. Beim Aufbau von Hardware-Moduln kann entsprechend gefordert werden, daß nur die folgenden Strukturen verwendet werden:

- Felder identischer Zellen (Iteration) wie bei Speichern
- Verbindung von Zellen durch "abutment" (Konkatenierung) wie bei "Bit Slices"
- Auswahl von Transistoren aus vordefinierten Strukturen wie bei PLA's

Die *Hierarchie* spiegelt sich in der Aufteilung von Moduln in Submoduln und der Wiederholung dieser Operation, bis jeder der Submoduln einfach genug ist, um entworfen werden zu können. Die Entwurfsebenen sind hierarchisch aufgebaut: Blöcke auf der Architekturebene lassen sich in Blöcke auf der Register-Transfer-Ebene verfeinern, diese wiederum in Logikschaltungen dekomponieren, welche am Ende in Transistoren aufgelöst werden.

Moduln sollten möglichst wenig Seiteneffekte haben, d. h. die Eigenschaft der *Lokalität* besitzen. Dies bedeutet, daß auf globale Register nur dann zugegriffen wird, wenn dies nicht zu vermeiden ist, und daß die globale Verdrahtung minimiert werden sollte. Die Lokalität drückt sich aber auch darin aus, daß die Schnittstellen der Moduln einfach gehalten werden, um so ein Maximum an Information innerhalb der Moduln zu "verstecken".

*Regularität* ist auf allen Ebenen zu finden. Die eingesetzten Transistoren in einem Entwurf sind weitgehend alle gleich (mit der Ausnahme von Treibertransistoren). Auf der Logikebene ist man bestrebt, mit möglichst wenigen Gatter- und Flipfloptypen auszukommen. Auch größere Strukturen wie Speicher, PLA's oder ALU's sind intern aus identischen Zellen zusammengesetzt.

# 5 Einführung in die Entwurfsautomatisierung

Rechnerunterstützter Entwurf hochintegrierter Schaltungen dient im wesentlichen folgenden Zielen:

- kürzere Entwurfs- und Entwicklungszeiten
- Reduzierung von Entwurfsfehlern
- Vereinfachung von Änderungen
- Vereinfachte Validierung und Verifikation
- Vereinfachter Test durch die Integration von Testbarkeitsmaßnahmen in den Entwurfsprozeß ("design for testability")

Die zur Erreichung obiger Ziele eingesetzten Entwurfswerkzeuge können nach verschiedenen Kriterien klassifiziert werden. Die wesentlichen sind dabei:

- Der *Bereich* oder die *Sicht* der verwendeten Entwurfsdarstellung, d.h. Verhalten, Struktur und Layout.
- Die *Ebene*, auf der das Entwurfswerkzeug arbeitet, wie Architektur, Register-Transfer, Logik, Transistor, usw.
- Die ausgeführte Entwurfs-*Aufgabe*, z.B. Synthese oder Analyse.
- Die Realisierungstechnik, im wesentlichen zählen dazu Vollkundenschaltungen, Standardzellen und Gate-Arrays.
- Die Aufteilung eines Entwurfs in *Operations*- und *Steuerwerk*.

Im folgenden soll gemäß diesen vorgeschlagenen Klassifizierungsmöglichkeiten eine Einführung in die Entwurfsautomatisierung gegeben werden, bevor im nächsten Kapitel einzelne Automatisierungswerkzeuge ausführlich vorgestellt werden. Jeder dieser möglichen Klassifizierungen ist im folgenden ein Unterkapitel zugeordnet.

Texte, die sich detailliert mit der *Entwurfsautomatisierung* befassen, sind erst in letzter Zeit häufiger zu finden. Eine frühe Sammlung, die logische Synthese und Simulation, Plazierung, Verdrahtung und Testmustergenerierung umfaßt, ist [Breu72]. Vom gleichen Autor herausgegeben ist auch ein Buch über Entwurfshilfsmittel auf der System- und Register-Transfer-Ebene, Mikroprogrammierung und Datenbanken [Breu75]. Eine etwas neuere Artikelsammlung, die sich jedoch nur mit Simulation, Layout und Testen befaßt, ist [APD81]. Zu erwähnen sind u.a. noch Teile von [Höff78], [Barb80], [KSS81], [JSW82], [RaTr83] und [Rabb83] sowie [Mukh86].

[Ullm84] ist die wohl bisher umfassendste Zusammenstellung von *theoretischen Grundlagen und Algorithmen* für VLSI und den Entwurf. Zu den wichtigen neueren Werken gehören unter anderem [DSA87], [Pre88] und [Gajs88], in denen insbesondere Syntheseaspekte sowohl zur automatischen Struktur- und Logiksynthese aber auch zur Layoutgenerierung sehr ausführlich im Sinne einer allgemeineren Einführung behandelt sind. Abschließend sei noch auf die sehr umfangreiche, aus sieben Bänden bestehende Serie [Oh86/87] hingewiesen, die sehr ausführlich über die vielen Methoden, Verfahren und Werkzeuge auf dem Gebiet des rechnerunterstützten Entwurfs hochintegrierter Schaltungen informiert.

## 5.1 Die Darstellungsbereiche

Bereich und Ebene einer Schaltungsbeschreibung wurden noch vor einigen Jahren nicht klar unterschieden. In der letzten Zeit jedoch hat sich ein Modell für die Entwurfsdarstellung herauskristallisiert, welches von verschiedenen Autoren verwendet wird [GaKu83], [CKR84], [WaTh85]. Eine grafische Darstellung des Modells ist z.B. Gajski und Kuhn's *Y-chart* oder Y-Diagramm (Bild 5.1). Der Bereich ('Domain') der Entwurfsdarstellung wird durch drei Achsen angegeben. Auf jeder dieser Achsen sind verschiedene Ebenen ('level'), die verschiedenen Abstraktions- oder Detaillierungsgraden entsprechen, dargestellt.

### 5.1.1 Der Verhaltensbereich

Das *Verhalten* einer Schaltung beinhaltet unterschiedliche Aspekte: Die *Funktion*, das *Zeitverhalten*, das *elektrische Verhalten*, die *Zuverlässigkeit* usw. Beschrieben wird das Verhalten durch sehr verschiedene Beschreibungsformen. Natürliche Sprache wird trotz ihrer Nachteile noch oft verwendet. Das Verhalten einer zu entwerfenden integrierten Schaltung wird zunächst in natürlicher Sprache beschrieben. In Form sogenannter Datenblätter wird die Verhaltensbeschreibung um Zeit- und auch Ablaufdiagramme ergänzt, um sowohl dem Anwender wie auch dem Entwerfer das Verhalten zu erklären. Eine Übersicht der eingesetzten formalen Beschreibungen ist in Bild 5.2 gegeben. Insbesondere unter dem Entwurfsgesichtspunkt ist man an "ausführbaren" Spezifikationen interessiert, um Konsistenz und Vollständigkeit einer Spezifikation prüfen zu können. Diese Ausführbarkeit von Spezifikationen besteht dabei im wesentlichen aus einer simulativen oder analytischen Auswertungsmöglichkeit. Ausgangsbasis solcher Bewertungen ist eine Modellbildung, deren Detaillierungsgrad vom betrachteten Abstraktionsgrad abhängt.

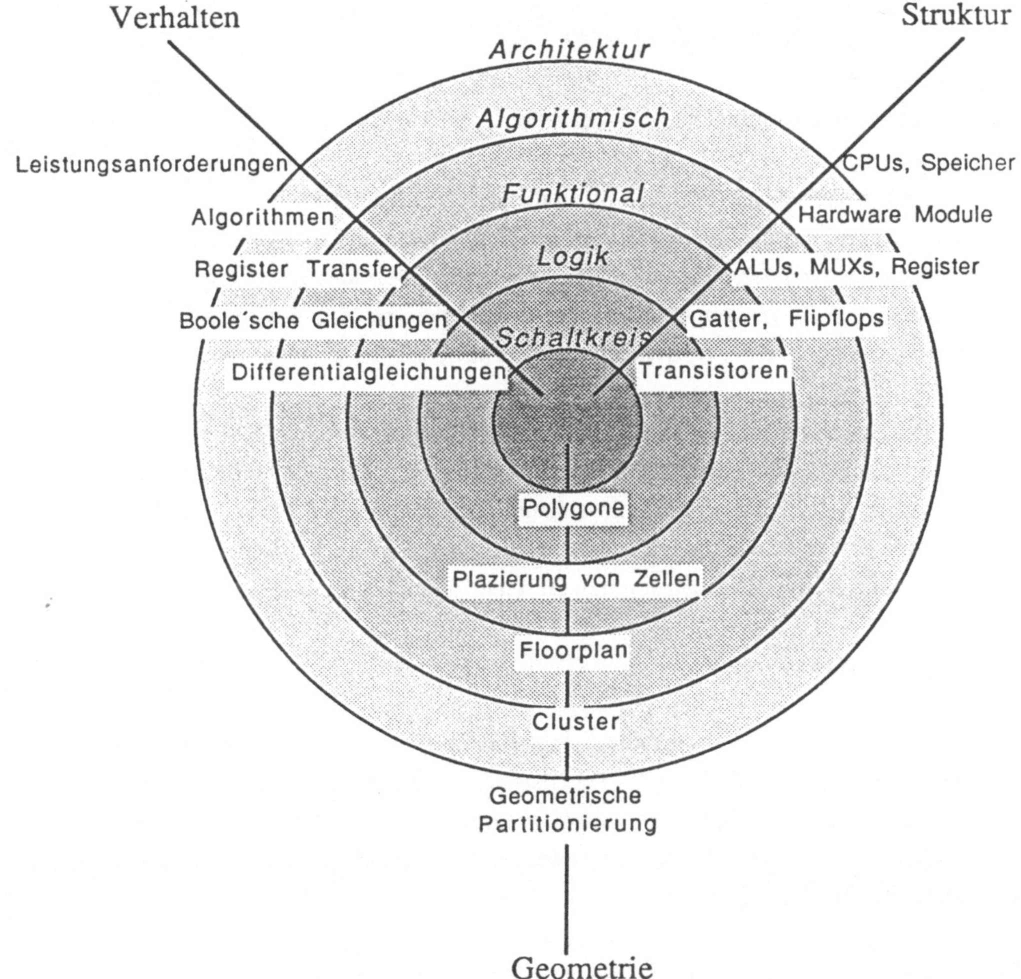


**Bild 5.1.** Axiale Sicht der Bereiche kombiniert mit den Ebenen der Entwurfsdarstellung [GaKu83]

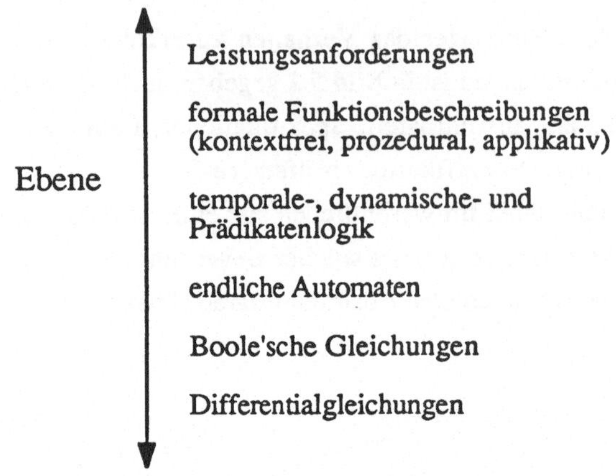


**Bild 5.2.** Beschreibungsmittel für das Verhalten

Dementsprechend bestehen Werkzeuge im Verhaltensbereich aus Sprachen zur Spezifikation des Verhaltens und entsprechenden Compilern, Simulatoren und Analyseprogrammen. So kann das Verhalten von Schaltungen recht abstrakt durch prozedurale, applikative oder auch prädikatenlogische (Programmier-) Sprachen beschrieben werden. Auf Beispiele solcher Beschreibungsmöglichkeiten wird im Abschn. 5.3 ausführlicher eingegangen.

Zustandsübergangs-Diagramme oder -Tabellen beschreiben das Verhalten von Schaltungen als endliche Automaten auf einer tieferen Ebene. Übliche Schaltnetzbeschreibungen erfolgen durch Boole'sche Gleichungen oder entsprechende Funktionstabellen. Noch detaillierter läßt sich das Verhalten von Schaltungen auf der elektrischen Ebene etwa durch Maschen- und Knotengleichungen bzw. allgemeiner durch Differentialgleichungen beschreiben.

### 5.1.2 Der Strukturbereich

Die *Struktur* einer Schaltung wird durch sog. *Komponenten* und sie verbindende *Netze* beschrieben. Komponenten sind z.B. Transistoren, logische Gatter, Register usw. Eine Komponente hat Verbindungspunkte, über die sie mit anderen Komponenten verbunden werden kann (Bild 5.3). Die Verbindungen werden Netze genannt. Ein Netz verbindet also zwei oder mehr Verbindungspunkte.

Die Komponenten legen die Ebene der Schaltungsbeschreibung fest. In Bild 5.4 sind die auf verschiedenen Ebenen verwendeten Komponenten zusammengefaßt. Die Darstellung von Schaltungen im Strukturbereich kann demnach durch grafische Beschreibungen wie Block- oder Register-Transfer-Diagramme, Logik-Schaltpläne, Transistor- oder "Stick"-

Diagramme erfolgen. Auch sprachliche Beschreibungen zur Definition von Netzlisten oder Register-Transfer-Strukturen finden Anwendung.

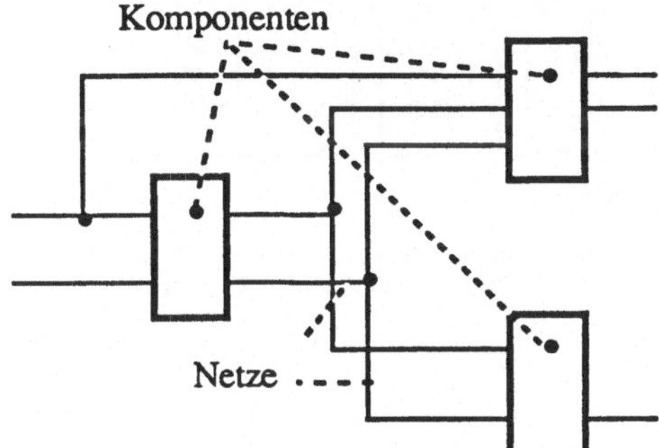


**Bild 5.3.** Die Struktur einer Schaltung

Ebene

| | |
|---|---|
| Architektur | Prozessoren, Speicher, Busse, Controller,... |
| Register-Transfer | Register, Multiplexer, Dekodierer, ALU,... |
| Logik | Flip-Flops, Gatter (UND, ODER, NICHT...) |
| Schaltkreis | Transistoren, Kondensatoren, Widerstände |

**Bild 5.4.** Komponenten auf verschiedenen Ebenen

Das Beispiel im Bild 5.5 zeigt die Beschreibung eines 8-Bit-Schieberegisters in der Strukturbeschreibungssprache STRUDEL (STRUcture DEscription Language) [CaTr84].

Automatisierungswerkzeuge im Strukturbereich beinhalten vor allem Simulatoren auf den verschiedenen Ebenen (Register-Transfer (RT), Logik, Schaltkreis usw.). Weitere Werkzeuge sind grafische Editoren zur interaktiven Struktureingabe (sog. Schema-Editoren). Meist unterstützen diese Editoren ein hierarchisches Vorgehen sowohl zergliedernd (top-down) als auch aufbauend (bottom-up). Diese grafische Entwurfsdarstellung kann in verschiedene (Standard-) Strukturbeschreibungsformate umgeformt werden und dient dann zur Richtig- und Fehlersimulation, zur Testmustergenerierung, zur automatischen Plazierung und Verdrahtung, zur Erzeugung eines Floorplans u.v.a.m.

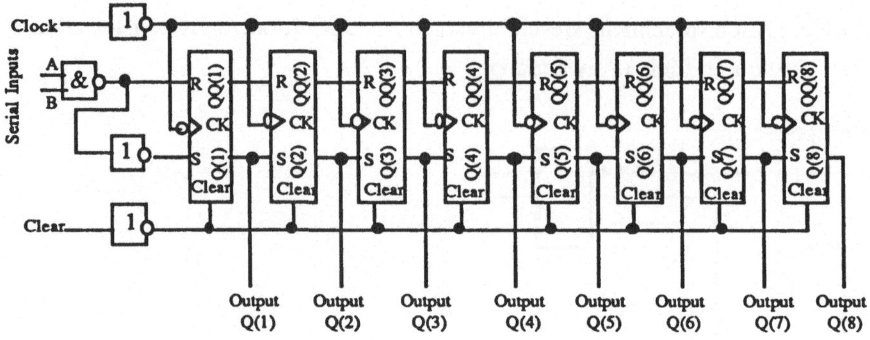


```
TYPE SHIFT ( A/I , B/I , Q(1 .. 8)/O , Clear/I , Clock/I ) :

  COMPONENT
    sh          /Shift          : a, b, q(1. . 8), clear, clock;
    inv(1. . 3) /Inverter       : clear, clock, r, nclear, nclock, s;
    nan         /Nand           : a, b, r;
    rs(1. . 8)  /RS_Flipflop    : 8*nclear, r, qq(1. . 7),
                                  8*nclock, s, q(1. . 7),
                                  q(1. . 8), qq(1. . 7),NC;

  NET
    a           : sh.A, nan.I1;
    b           : sh.B, nan.I2;
    r           : nan.O, rs(1).R, inv(3).I;
    s           : rs(1).S, inv(3).O;
    clear       : sh.Clear, inv(1).I;
    clock       : sh.Clock, inv(2).I;
    nclear      : inv(1).O, rs(1. . 8).CLEAR;
    nclock      : inv(2).O, rs(1. . 8).CLOCK;
    qq(1. . 7)  : rs(1. . 7).QQ, rs(2. . 8).R;
    NC          : rs(8).QQ;
    q(1. . 7)   : sh.Q(1. . 7), rs(1. .7).Q,rs(2..8).S;
    q(8)        : sh.Q(8), rs(8).Q;

END Shift;
```

**Bild 5.5.** Strukturbeschreibung eines 8-Bit-Schieberegisters in STRUDEL [CaTr84]

### 5.1.3 Der Geometriebereich

Das *Layout* oder die *Geometrie* einer Schaltung beschreibt die physikalische Implementierung der Schaltung. Dies kann z.B. durch eine Menge von Polygonen und ihren absoluten Positionen geschehen. Auf höheren Ebenen beinhaltet dieser Bereich Beschränkungen der physikalischen Implementierung, z. B. in Form eines Chip-Plans ("Floorplan"). Das Bild 5.6 gibt eine Übersicht der Geometrie-Beschreibungsmittel.

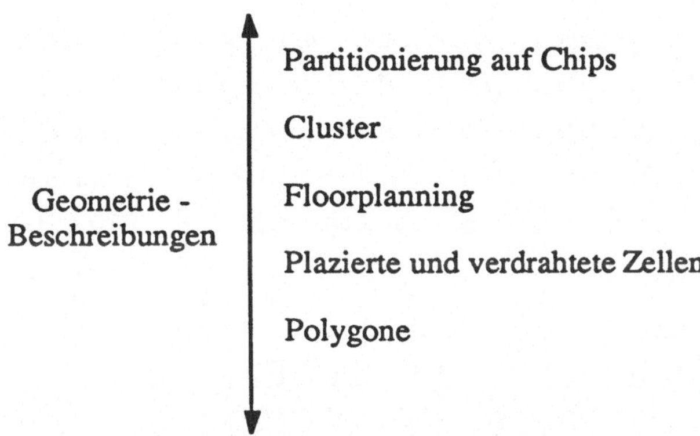


**Bild 5.6.** Verschiedene Geometriebeschreibungen

Geometriebeschreibungen legen zunächst die Aufteilung eines Entwurfs auf verschiedene Chips fest (Partitionierung) und beschreiben die Integration von einzelnen IC's in ein umfassendes System. Auf einem Chip werden zunächst größere Funktionskomplexe zusammengefaßt (Cluster), deren Anordnung dann über Chip-Pläne, die den zergliedernden Geometrieentwurf unterstützen, festgelegt wird ("Floorplanning"). Ein Chip-Plan, im folgenden auch Floorplan genannt, definiert Form und Fläche der einzelnen Elemente auf recht hoher Ebene und erlaubt so eine möglichst gute Anpassung der einzelnen Komponenten. Die Fläche kann im Sinne eines zergliedernden Entwurfs "top-down" optimiert werden, und bei der groben Plazierung von Komponenten können die Verbindungsstrukturen (z.B. Busse) berücksichtigt werden. Aus den Chip-Plänen lassen sich dann Vorgaben für den geometrischen Entwurf der einzelnen Komponenten ableiten, die dann im Rahmen weitergehender Optimierungen bezüglich Form und Position ihrer Anschlüsse an die Umgebung angepaßt werden können.

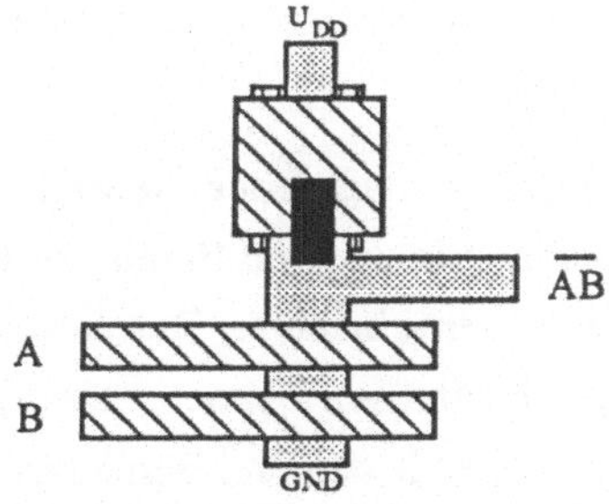


**Bild 5.7.** Geometriebeschreibung eines nMOS-NAND-Gatters

Im Detail werden Geometrien durch grafische Editoren interaktiv konstruiert. (Standard-) Geometriebeschreibungssprachen bzw. -formate wie z.B. GDSII oder CIF erlauben dann die Übergabe von Entwürfen an die Fertigung. Eine detaillierte Geometriebeschreibung erlaubt auch die Extraktion von genauen Zeitinformationen über die Schalt- und Verbindungsverzögerungen sowie das Ermitteln der elektrischen Parameter wie z.B. Kapazitäten, Widerstände, Induktivitäten etc. Werkzeuge im Geometriebereich sind demnach vor allem Editoren, Entwurfsregel-Überprüfer ("design-rule-checker"), Schaltungsextraktoren, Kompaktoren u.v.a.m. (vgl. auch Kap. 6). In Bild 5.7 ist z.B. das Layout eines NAND-Gatters gezeigt.

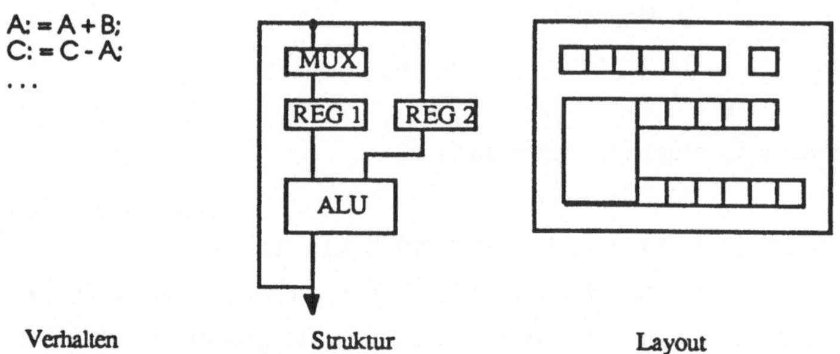


**Bild 5.8a.** Nicht-isomorphe Entwurfsdarstellungen

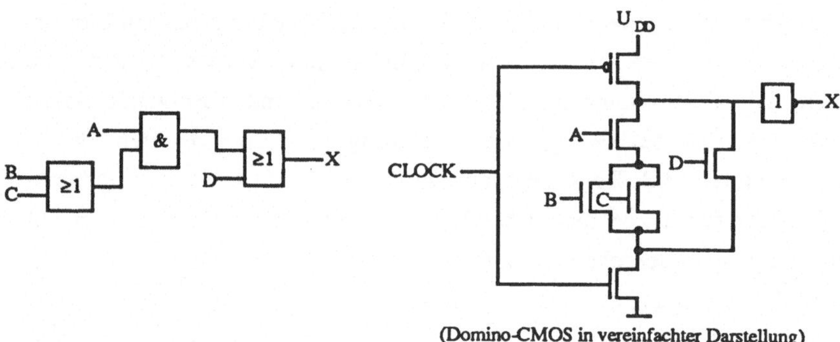


**Bild 5.8b.** Nicht-isomorphe Entwurfsdarstellungen

Zum Abschluß dieses Kapitels soll betont werden, daß jeder Bereich spezifische Eigenschaften hat, die nicht immer eine Entsprechung in anderen Bereichen finden. Dies läßt sich auch dadurch verdeutlichen, daß die in den einzelnen Bereichen gewählten hierarchischen Dekompositionen sich oft nicht auf die anderen Bereiche übertragen lassen. Einige Beispiele nicht-isomorpher Entwurfsdarstellungen in den drei Bereichen sind in Bild 5.8 gegeben. In Bild 5.8a werden für die Beschreibung des Verhaltens die Operationen + und - und die Variablen A, B und C verwendet. Beide Operationen findet man in der Struktur nicht wieder, sie werden durch eine ALU realisiert. Die drei Variablen werden auf nur zwei Register abgebildet. Im Layout wiederum sind etwa die Register nicht mehr explizit vorhanden, wenn z.B. dynamische Logik verwendet wird und die Werte in Transistorengates gespeichert werden. Auch die einzelnen logischen Gatter der ALU werden dann nicht mehr zu finden sein, da logische Funktionen durch Transistorbäume realisiert werden (Bild 5.8b).

Auch das dritte Beispiel zeigt unterschiedliche Dekompositionen für eine ALU im Strukturbereich als Register-Transfer-Struktur und im Geometriebereich als 16-Bit-Scheiben ("bit-slices") (Bild 5.8c).

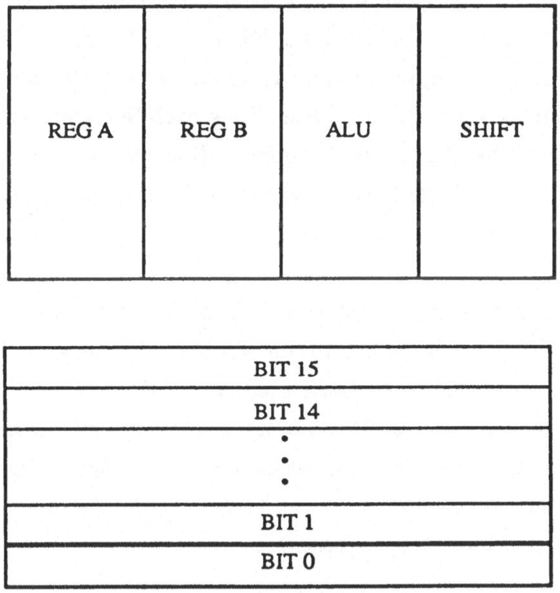

| REG A | REG B | ALU | SHIFT |
|---|---|---|---|

| BIT 15 |
|---|
| BIT 14 |
| • • • |
| BIT 1 |
| BIT 0 |

**Bild 5.8c.** Nicht-isomorphe Entwurfsdarstellungen

Ein Beispiel für bereichsübergreifende Darstellungsformen sind die sog. "Stick"-Diagramme. Eine "Stick"-Diagramm-Darstellung enthält zwar schon die Topologie von Transistornetzwerken und die genaue Geometrie einzelner Transistoren, sie enthält jedoch nicht die Position der Transistoren; also sind "Stick"-Diagramme zwischen Layout und Struktur anzuordnen.

Obwohl diese unterschiedlichen Hierarchien im Prinzip immer möglich sind und vor allem beim Übergang von einem Darstellungsbereich zu einem anderen auftreten, werden im allgemeinen gewisse "Blöcke" in allen Bereichen isomorph dargestellt. Dies erleichtert den Entwurf und die Entwurfsautomatisierung ungemein. Als Beispiel kann hier ein Register aufgeführt werden: Für die Verständlichkeit und Übersichtlichkeit des Entwurfs ist es von Vorteil, wenn das Register als eine einzige Struktur und auch als zusammenhängende Geometrie (und nicht als über das gesamte Layout verstreute einzelne Flipflops) behandelt wird. Bei kleinen Elementen wie logischen Gattern ist dies in der Praxis fast immer der Fall.

Aber auch größere Blöcke wie z.B. Speicher und PLA's werden meistens in allen Bereichen isomorph dargestellt.

## 5.2 Die Entwurfsebenen

So wie ein Bereich hierarchisch in Ebenen gegliedert werden kann, ergibt sich aus dem Modell auch die orthogonale Betrachtungsweise: Jede Entwurfsebene beinhaltet einen Verhaltens-, Struktur- und Layout-Bereich. Selbstverständlich wäre es möglich, für jeden Bereich verschiedene Ebenen zu definieren, worin sich wiederum die Nicht-Isomorphie der Ebenen manifestieren würde. Allerdings hat sich die Einteilung nach Bereichen erst später herausgebildet. So gibt es eine Reihe allgemein akzeptierter Ebenen, die sich über alle Bereiche hinweg ziehen. Eine Zusammenstellung der vier geläufigsten Ebenen ist in Bild 5.9 zu sehen.

Auf der *Architektur- oder Systemebene* wird das Verhalten durch die Leistung ("performance") des Systems beschrieben. Die Struktur wird durch Komponenten wie Prozessoren, Speicher und Busse angegeben. Das Layout besteht auf dieser Ebene aus einer noch sehr groben Aufteilung der Chipfläche. Oft interessieren schon auf dieser Ebene Randbedingungen wie die Implementierungstechnik, das Gehäuse usw. Diese "oberste" der hier betrachteten Ebenen ist bisher im Zusammenhang mit der Entwurfsautomatisierung noch nicht hinreichend erforscht und formalisiert worden.

| | Verhalten | Struktur | Layout |
|---|---|---|---|
| Architektur | Leistungsanforderung | Prozessoren, Speicher, Busse | Cluster |
| Register-Transfer | Algorithmen, Operationsfolgen | Register, Funktions-einheiten | Floorplan |
| Logik | Zustände, Boole'sche Gleichungen | Flip-Flops und Gatter | Zellen |
| Schaltkreis | Strom-, Spannungs-Funktionen, Differentialgl. | Transistoren, Kondensatoren, Widerstände | Genaue Geometrie |

**Bild 5.9.** Entwurfsebenen und ihre drei Bereiche

Die sog. *Register-Transfer-Ebene* hat ihren Namen daher, daß eine Schaltung durch Operationen und dem Transfer ihrer Ergebnisse zwischen Registern beschrieben wird. Das Verhalten wird auf dieser Ebene meist durch formale Sprachen beschrieben. Es existiert eine große Vielfalt von Ansätzen, die von Beschreibungen von Algorithmen (eine sog. *Algorithmenebene* wird manchmal gesondert behandelt) in prozeduralen oder applikativen Sprachen bis zur Spezifikation von endlichen Automaten in nicht-prozeduraler Form reichen. Das Zeitverhalten kann hier schon mit einiger Präzision festgelegt werden, z.B. die Ausführungszeiten für einzelne Operationen oder das "timing" von Schnittstellen. ALU's, Multiplexer, Register, Addierer, Multiplizierer usw. sind die Komponenten, welche die Struktur definieren. Auch die Aufteilung des Layouts wird genauer. Normalerweise spricht man spätestens auf dieser Ebene von einem Floorplan.

Schon seit geraumer Zeit formalisiert ist die *logische Ebene*, oft auch *Gatterebene* genannt. Das Verhalten wird durch Boole'sche Gleichungen und endliche Automaten beschrieben. Entsprechend sind die Komponenten für den Strukturbereich logische Gatter und Flipflops. Diese entsprechen im Layout wiederum Zellen, die direkt in Hardware realisiert werden können. Das Zeitverhalten ist nun schon bis hin zu den exakten Flankenverläufen bekannt. Verschiedene Verzögerungen für ansteigende und fallende Flanken, Toleranzen, "set up" und "hold" Zeiten usw. können angegeben werden. Es ist zu bemerken, daß vor allem in MOS-Technologien die logische Ebene oft keine direkte Verwendung findet, da auch komplexere Logik direkt durch Transistoren oder "Transmission Gates" realisiert werden kann (*complex gate, Komplexgatter*). In diesem Zusammenhang wird oft die sog. "Switch"- oder Schalter-Ebene definiert.

Auch für die *elektrische Ebene* oder *Schaltkreisebene* gibt es etablierte Modelle. Das Verhalten wird durch Zeitfunktionen von Strom und Spannung angegeben. Diese können als explizite Zeitverläufe vorliegen oder durch Differentialgleichungen beschrieben werden. Die im Strukturbereich verwendeten Komponenten sind Transistoren, Widerstände, Kondensatoren usw. Das Layout besteht in diesem Fall aus der genauen Geometrie, in der jeder Transistor dimensioniert und plaziert wird.

Abschließend ist noch zu bemerken, daß die oben aufgezählten Ebenen natürlich graduell ineinander übergehen. "Gemischte" Darstellungen, die Elemente aus verschiedenen Ebenen enthalten, sind nicht selten. Es ist oft schwer, eine gegebene Darstellung genau einer Ebene zuzuordnen.

## 5.3 Die Entwurfsaufgaben

Das in den beiden vorigen Kapiteln vorgestellte Bereich-Ebenen-Modell eignet sich gut für die Darstellung einzelner Entwurfsaufgaben. In Bild 5.10 ist z.B. das automatische Plazieren und Verdrahten von Zellen auf der logischen Ebene und die darauffolgende Auflösung der Zellen in ihre genaue Geometrie in einer orthogonalen Darstellung von Bereich zu Ebene gegeben.

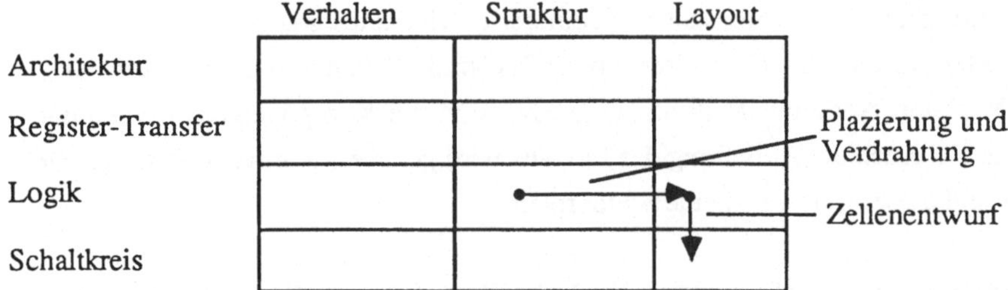


**Bild 5.10.** Plazierung, Verdrahtung und Zellenentwurf

Es gibt eine Vielzahl von Entwurfsaufgaben, für jede von ihnen gibt es spezielle Methoden und Verfahren. Einige Beispiele sind Simulation, Plazierung, Verdrahtung, logische Optimierung, Entwurfsregelüberprüfung, Überprüfung der elektrischen Regeln, Verifikation usw. Allgemein können diese Aufgaben in zwei große Gruppen klassifiziert werden: *Synthese* und *Analyse*.

In der orthogonalen Darstellung von Bereich und Ebene sind Synthese-Aufgaben als Pfeile von links nach rechts und von oben nach unten angegeben, Analyse-Aufgaben umgekehrt (Bild 5.11). Bei der Synthese wird eine Entwurfsdarstellung hinsichtlich der Ebene verfeinert. Die Bereiche sind in diesem Sinne auch geordnet: Synthese geht vom Verhalten zur Struktur und von dieser zum Layout. Bei der Analyse verhält es sich gerade umgekehrt: Ebenen werden vergröbert, bei den Bereichen geht man vom Layout zur Struktur und von dieser zum Verhalten.

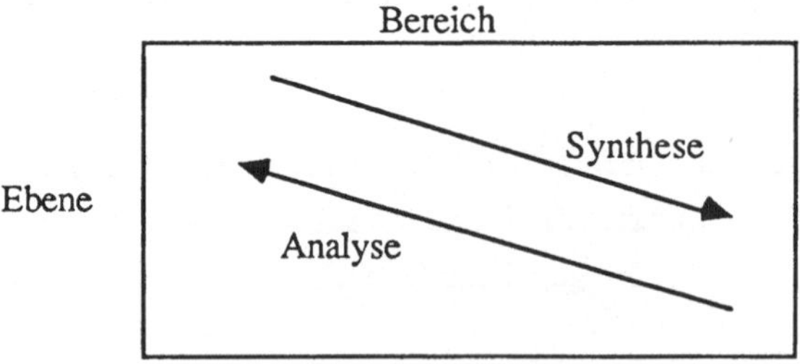


**Bild 5.11.** Synthese und Analyse

Es gibt noch eine dritte Art von Entwurfsaufgaben, die als *Konsistenzprüfungen* bezeichnet werden können. Weder verfeinern noch vergröbern sie die Ebene, noch ändern sie den

Bereich. Sie überprüfen lediglich Randbedingungen ("Konsistenzbedingungen"), denen eine Entwurfsdarstellung genügen muß, oder sie überprüfen die Konsistenz zweier verschiedener Darstellungen (d.h., daß es sich um den gleichen Entwurf handelt). Beispiele entsprechender Programmsysteme zur Konsistenzprüfung sind die Entwurfsregelüberprüfer oder "*design rule checker*", die Prüfung elektrischer Regeln oder "*electrical rule checker*", die *Testbarkeitsanalyse* usw.

### 5.3.1 Synthesewerkzeuge

Grob kann man Synthesewerkzeuge in die beiden Klassen *Struktursynthese* und *Layoutsynthese* einteilen, wobei unter Struktursynthese die automatische Umsetzung einer Verhaltens- in eine Strukturbeschreibung verstanden wird und mit Layoutsynthese die automatische Erzeugung einer geometrischen Beschreibung aus einer Strukturbeschreibung gemeint ist.

In beiden Klassen kann man die Synthesewerkzeuge nochmals feiner unterteilen und zwar in Abhängigkeit der Entwurfsebenen, auf denen diese Werkzeuge arbeiten:

Noch weitgehend im Forschungsstadium befinden sich Synthesewerkzeuge, die in der Lage sind, aus einer algorithmischen Beschreibung des Verhaltens automatisch eine Strukturbeschreibung abzuleiten. Eine Anwendung für solche "high-level"-Synthesesysteme ist insbesondere der Entwurf anwendungsspezifischer integrierter Schaltungen ("ASIC's"), da aufgrund der geringen Stückzahlen solcher Spezialentwicklungen der Reduzierung von Entwurfskosten und -zeit besondere Bedeutung zukommt.

Zum fortschrittlichen Stand der Technik gehören Synthesewerkzeuge, die eine Verhaltensbeschreibung auf der Logikebene in eine Strukturbeschreibung auf derselben Ebene transformieren. Diese Schritte werden als *Logiksynthese* und Synthese von Automaten bezeichnet und bestehen aus Programmen zur Zustandsminimierung, Zustandscodierung, symbolischen Minimierung, sowie zwei- und mehrstufiger Logikminimierung. Als Eingabe solcher Logiksynthese-Werkzeuge dienen Zustandsübergangsdiagramme oder -tabellen, aber auch Boole'sche Gleichungen oder einfache Funktionstabellen im Fall von Schaltnetzen. Durch die Logiksynthese werden aus diesen Verhaltensbeschreibungen noch im wesentlichen zweistufige Schaltnetze erzeugt, die sich leicht als PLA realisieren lassen, mit denen durch entsprechende Rückkopplungen über zusätzliche Register auch endliche Automaten implementiert werden können [BHMS84]. Teilweise wird allerdings auch bereits versucht, die Verhaltensbeschreibung mit Hilfe mehrstufiger Logikminimierung auf mehrere untereinander verbundene "kleine" Schaltnetze abzubilden, die dann jeweils direkt als Komplexgatter auf der Transistorebene implementiert werden [Bray88].

Struktur- und Logiksynthese sind weitgehend technologieunabhängig und gehören daher im engeren Sinne nicht zu den Themenbereichen dieses Buchs. Der interessierte Leser sei daher z. B. auf [BHMS84], [Bray88], [CKR84], [Rose86], [Thom86] und [MPC88] verwiesen.

Im Bereich der Synthese von Geometrie- aus Strukturbeschreibungen werden im wesentlichen Werkzeuge zur Layoutsynthese eingesetzt. Diese Werkzeuge hängen häufig von den verwendeten Entwurfsstilen ab (vgl. auch Abschn. 5.4 und Kap. 6). Stand der Technik sind hier Programme zur automatischen Plazierung und Verdrahtung von Standardzellen und Gate-Arrays, und zwar auf der Basis entsprechender Layoutbibliotheken. Problematisch insbesondere wegen mangelnder Effektivität ist noch die automatische Plazierung und Verdrahtung von allgemeinen Zellen. Für die detaillierte Behandlung von allgemeinen Zellen, Standardzellen und Gate-Arrays, sowie den zunehmend wichtiger werdenden Sea-of-Gates-Strukturen sei auf das Kapitel 6 verwiesen. Diese Systeme zur automatischen Plazierung und Verdrahtung gehen im wesentlichen von einer Strukturbeschreibung auf der Logikebene aus. Fortschrittlichere Systeme, die allerdings noch nicht allgemeiner Industriestandard geworden sind, stellen die sogenannten "Silicon-Compiler" dar, die in der Lage sind, eine Strukturbeschreibung auf der Register-Transfer-Ebene direkt in eine entsprechende Layoutdarstellung umzuformen. Ebenfalls zu den Synthesewerkzeugen kann man die Kompaktierer zählen, die eine Strukturbeschreibung auf der Transistorebene in Form von sogenannten "Stick"-Diagrammen (die allerdings bereits gewisse Geometrieinformationen enthalten) in eine Geometriebeschreibung umsetzen.

Wie bereits am Ende des Kapitels 2 angedeutet wurde, besteht eine Tendenz zu einer immer weitergehenden Entwurfsautomatisierung, mit der letztendlich automatisch das Layout aus Verhaltensbeschreibungen generiert werden soll, wobei in diesem Fall sogar auf eine explizite (Zwischen-) Darstellung im Strukturbereich verzichtet werden könnte.

### 5.3.2 Analysewerkzeuge

Zu den Analysewerkzeugen gehören im wesentlichen die Simulatoren auf den verschiedenen Ebenen. Mit Simulatoren auf der Register-Transfer-Ebene kann zunächst eine funktionelle Spezifikation des Verhaltens validiert werden. Dieser Bereich wird durch die sogenannten Hardwarebeschreibungssprachen (CHDL, computer hardware description language) abgedeckt, in denen die Funktion der Schaltung mit zusätzlicher

Strukturinformation (z.B. über die vorhandenen Register) beschrieben und durch einen angeschlossenen Simulator anhand einer entsprechenden Stimuli-Definition validiert wird. Beispiele solcher Systeme werden beschrieben in [Breu72, Breu75, DuDi75, HiPe78, Barb79, Chu79, APD81, Pilo83, Ramm86, IEEE88].

Auf der nächsttieferen Ebene, der Logikebene, kann der logische Entwurf mit Hilfe von *Logiksimulatoren* validiert werden. In Ergänzung zur Simulation auf der Register-Transfer-Ebene beinhaltet die Logiksimulation auch Laufzeiten, damit zeitliche Analysen beispielsweise zur Erkennung von Hazards durchgeführt werden können. Diese Laufzeitangaben entstammen entsprechenden Bibliotheken und enthalten zunächst nur Schaltverzögerungen eventuell in Abhängigkeit der Anzahl angeschlossener Elemente und mit einer gewissen Streuung (z.B. minimale, maximale und typische Verzögerung). Eine noch detailliertere zeitliche Analyse kann dadurch erfolgen, daß nach erfolgtem Geometrieentwurf zusätzlich die Leitungslaufzeiten und weitere elektrische Parameter bestimmt werden und danach die Logiksimulation nochmals unter Verwendung dieser Detailinformationen durchgeführt wird. Beispiele sind beschrieben in [Szyg72], [GHHS84] und [HNS86], wobei mittlerweile eine Vielzahl unterschiedlichster kommerzieller Produkte angeboten wird.

Logikschaltungen müssen danach in Schaltkreise umgesetzt werden. Es wäre natürlich wünschenswert, wenn sich die Dimensionierung von Transistoren automatisch aus den Anforderungen in Bezug auf Geschwindigkeit, Versorgungsspannung, Toleranzen, Signalpegel etc. ableiten ließe. Aufgrund der Schwierigkeit dieses Problems bleibt die Umsetzungsaufgabe dem Entwerfer vorbehalten. Die übliche Praxis sieht dabei so aus, daß vor dem Entwurf des Layouts zunächst die Schaltungsstruktur auf Transistorebene entworfen wird. Dieser Schaltkreis wird dann aufgrund entsprechend angenommener Parameter mit *Schaltkreissimulatoren* simuliert und aufgrund dieser Ergebnisse modifiziert. Nach dem Entwurf des Layouts können über *Schaltungsextraktoren* die wesentlichen Parameter wie Kapazitäten und Widerstände genau bestimmt werden. Durch erneute Schaltkreissimulation mit exakten Parametern kann die Schaltung weiter modifiziert und optimiert werden. Dieser Prozeß ist iterativ und wird oft durchlaufen. Den Schaltkreissimulatoren kommt daher im Entwurfsprozeß eine besondere Bedeutung zu. So müssen die entsprechenden CAD-Programme komplizierte nichtlineare Differentialgleichungen, mit denen das Verhalten der Schaltkreise charakterisiert wird, numerisch lösen. Weil diese Berechnungen aufgrund der iterativen, interaktiven Vorgehensweise in möglichst kurzer Zeit erfolgen und dennoch eine hohe Genauigkeit aufweisen sollen, werden möglichst effiziente numerische Analyseverfahren eingesetzt. Schaltkreissimulatoren leisten im allgemeinen eine Transientenanalyse, bestimmen Gleich- und Wechselspannungsleistung, berücksichtigen die

Temperaturabhängigkeit u.v.a.m. Neben einigen anderen Programmsystemen haben sich speziell ASTAP [ASTAP], SPICE2 [Vlad81] und deren Modifikationen durchgesetzt [NPSS81, Oust84].

## 5.4 Realisierungstechnik

Verschiedene Entwurfswerkzeuge werden in der Regel zu Gesamtsystemen zusammengefaßt, die vorzugsweise auf eine bestimmte Realisierungstechnik abgestimmt sind. Insbesondere ist dabei zwischen Entwurfssystemen für die sogenannten Vollkundenschaltungen ("full custom design") und für kundenspezifische Schaltungen ("semicustom design", "application specific integrated circuits", ASIC's) zu unterscheiden. Diese Unterscheidung ist aufgrund der unterschiedlichen Stückzahlen wichtig. Bei typischen vollkundenspezifischen Schaltungen wie beispielsweise Mikroprozessoren oder noch extremer bei Speicherbausteinen werden aufgrund der hohen Stückzahlen die Gesamtkosten im wesentlichen durch die Produktionskosten bestimmt. Da die Fertigungseinheit ein Wafer ist, sind diese Produktionskosten direkt von der benötigten Chipfläche abhängig. Auf die genaueren Effekte wird in Kapitel 7 noch eingegangen. Die Abhängigkeiten zwischen Chipfläche und Wafergröße einerseits und Stückzahl und Chipfläche andererseits wurden bereits in Kapitel 2 erläutert.

Bei anwendungsspezifischen Schaltungen dominieren dagegen aufgrund der geringeren Stückzahlen die Entwurfs- und Entwicklungskosten, die dementsprechend durch Werkzeuge und Realisierungstechniken zu optimieren sind. Optimierung der Realisierungstechniken bedeutet - wie in anderen Produktionstechniken auch - Standardisierung und Vor-Fabrikation oder Vor-Entwurf möglichst vieler identischer Teile. Das vorangehende Kapitel geht auf diese verschiedenen Realisierungstechniken ein. So werden bei Gate-Arrays oder Sea-of-Gates bereits alle Transistoren gefertigt und lediglich individuell verbunden (*personalisiert*). Bei Standardzellen sind Layouts häufig benötigter Funktionen vorentworfen und in einer Bibliothek abgelegt. Individuell ist in diesem Fall die Plazierung und Verdrahtung dieser Zellen.

Durch solche Standardisierungen des Entwurfs und der Fertigung ist auch die rechnerunterstützte Lösung der auftretenden Entwurfsprobleme einfacher und der Automatisierungsgrad beim Entwurf von Standardzellen und Gate-Arrays weitaus höher als bei Vollkundenschaltungen. Bei letzteren beschränkt sich die Rechnerunterstützung auf grafische Editoren und mächtige Analysewerkzeuge wie logische und elektrische Simulatoren, sowie Programme zur Prüfung von geometrischen und elektrischen Entwurfsregeln.

Neu sind in diesem Zusammenhang die sogenannten *Silicon-Compiler*, die den Anspruch haben, die Effizienz von voll-kundenspezifischen Schaltungen mit dem Automatisierungsgrad anwendungsspezifischer Bausteine kombinieren zu können. Silicon-Compiler erfüllen diese Aufgabe dadurch, daß Strukturbeschreibungen auf der Basis funktioneller Blöcke direkt in äquivalente Layouts übersetzt werden. Im Gegensatz zu Standardzellen-Systemen geschieht dies im allgemeinen nicht über eine vordefinierte Bibliothek entsprechender Layoutzellen, sondern es finden sogenannte Modulgeneratoren Anwendung, die in Abhängigkeit individuell vorgebbarer Parameter wie z.B. Bitbreite, Geschwindigkeit, Funktion usw. die erforderlichen Layouts aus einfachen Grundzellen generieren. Diese Grundzellen sind dabei so entworfen worden, daß sie durch einfaches "Aneinanderlegen" oder *Abutment* zu größeren Komplexen zusammengesetzt werden können. Beispiele solcher Generatoren sind

- Datenpfadgeneratoren: Komplette Datenpfade bestehend aus Bussen (meist Zwei-Bus-System, gesteuert durch nicht-überlappenden Zwei-Phasen-Takt), ALU, Register, Shifter etc. Als Parameter können im wesentlichen die Verarbeitungsbreite sowie die gewünschten Komponenten angegeben werden.
- Generatoren für ROM und RAM
- PLA-Generatoren
- Eingeschlossen sind meist auch noch Standardzellen für einfachere Funktionen.

Aufgrund der hohen Komplexität der von Silicon-Compilern zu lösenden Layout-Generierungsaufgabe läßt die Effizienz heute verfügbarer Systeme allerdings noch stark zu wünschen übrig, so daß ein Einsatz nur in Verbindung mit umfangreicher manueller Nacharbeit möglich ist. Zukünftig kann allerdings diesen Systemen durchaus eine erhebliche Bedeutung beigemessen werden.

## 5.5 Operations- und Steuerwerk

Entwürfe werden üblicherweise in ein *Operationswerk* (Datenpfad, "data path") und ein *Steuerwerk* ("control") aufgeteilt (Bild 5.12). Sowohl das Operations- als auch das Steuerwerk können externe Anschlüsse besitzen. Sie werden als Daten-Ein- bzw. -Ausgänge und Steuereingänge bzw. Statusausgänge bezeichnet. Gesteuert wird das Operationswerk vom Steuerwerk über die internen Steuerleitungen. Abfragen über die Daten, z.B. ob ein Ergebnis null ist, werden auch über interne Leitungen vom Operationswerk an das Steuerwerk gemeldet.

Jedes dieser Teile erfordert besondere Entwurfsmethoden. Das Operationswerk stellt die notwendigen Operationen wie Addition, Multiplikation, Schieben usw. und die Datenwege, z.B. Busse oder Punkt-zu-Punkt-Verbindungen, zur Verfügung. Damit nun die gewünschten Abfolgen von Operationen ablaufen, muß das Operationswerk gesteuert werden, und es müssen zu bestimmten Zeitpunkten Register geladen und Datenwege geschaltet werden. Dies ist die Aufgabe des Steuerwerks.

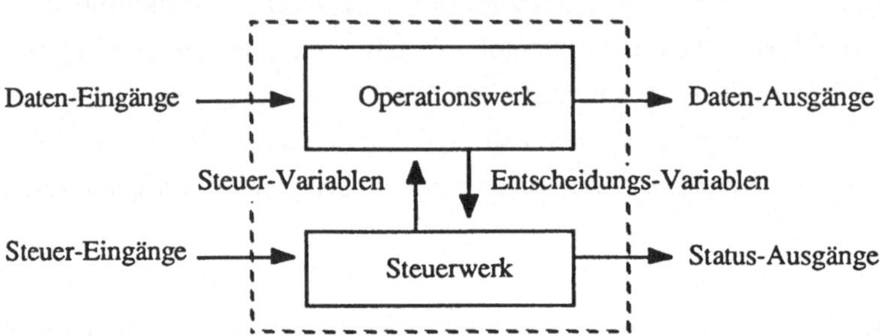


**Bild 5.12.** Operations- und Steuerwerk

Der Entwurf des Operationswerkes besteht also darin, eine Struktur, welche die erforderlichen Operationen erlaubt, zu definieren. Ein zentraler Punkt dabei ist die Nebenläufigkeit: Je mehr Operationen nebenläufig ausgeführt werden können, desto schneller und komplexer wird das Operationswerk. Es sind mehr Operationseinheiten notwendig und dementsprechend auch mehr Datenwege. Die Breite (Anzahl Bits) der zu verarbeitenden Operanden ist wohl eines der wichtigsten Merkmale eines Operationswerkes und beinflußt dessen Größe sehr stark. Zusammengesetzt werden die einzelnen Operationseinheiten oft aus kaskadierbaren Bitscheiben ("bit slices"). Busstrukturen finden aufgrund ihrer einfachen und platzsparenden Eigenschaften häufig Verwendung, allerdings können Busse auch zum Engpaß werden.

Das Steuerwerk kann fast immer als endlicher Automat modelliert werden. Bei komplexen Steuerwerken können es auch mehrere Automaten sein, die z.B. hierarchisch gegliedert sind. Die Automaten werden bis auf wenige Ausnahmen immer durch synchrone Schaltwerke realisiert. Diese Schaltwerke können aus Flipflops und Logikbausteinen oder als PLA- oder ROM-Schaltwerke aufgebaut werden. Bei komplexen Steuerungen wird sehr häufig ein mikroprogrammierbares Steuerwerk verwendet; der eigentliche Aufwand liegt dann im Schreiben der Mikroprogramme.

Die in Abschn. 5.3 erwähnten "high-level"-Synthesesysteme haben den Anspruch, sowohl den Datenpfad als auch das Steuerwerk aus einer umfassenden Verhaltensspezifikation des Gesamtsystems zu synthetisieren. Alle anderen Werkzeuge gehen im wesentlichen davon aus, daß der Entwerfer die Aufteilung des Systems in Operations- und Steuerwerk auf der Register-Transfer-Ebene vornimmt, so daß der weitere Einsatz von Werkzeugen in der Regel erst im Anschluß an diese Aufteilung ab der Register-Transfer-Ebene erfolgt.

Eine verbreitete Vorgehensweise beim Entwurf einer integrierten Schaltung ist der weitgehend manuelle Entwurf des Operationswerks in Verbindung mit einem automatisierten Steuerwerksentwurf. Daher konzentriert sich die Vorstellung von Werkzeugen in diesem Unterkapitel auf den rechnerunterstützten Steuerwerksentwurf. Dabei soll insbesondere der Einfluß der technologischen Realisierung auf die Wahl der Steuerwerksstrukturen und damit auf den Einsatz entsprechender Werkzeuge aufgezeigt werden. Es wird dabei vom Entwurf synchroner digitaler Steuerwerke ausgegangen. Beim Entwurfsablauf wird zwischen konventionellen Steuerwerken mit Einzelkomponenten auf Leiterplatten und auf einem Chip integrierten Steuerwerken unterschieden. Diese Unterscheidung ist auch für den Einsatz entsprechender Automatisierungswerkzeuge wesentlich. So kommt für komplexere Steuerwerke, die als Einzelkomponenten auf Leiterplatten zu implementieren sind, von speziellen Ausnahmefällen abgesehen, eigentlich nur strukturierte Matrix-Logik in Form von FPLA's (field programmable logic arrays), bei denen sowohl die UND- als auch die ODER-Matrix programmierbar ist, oder PAL's (programmable array logic), bei denen die ODER-Matrix fest und nur die UND-Matrix programmierbar ist, in Frage. Aufgrund der niedrigeren Kosten werden dabei im wesentlichen PAL's verwendet, wobei häufig ein einziger Baustein zur Implementierung eines gesamten Steuerwerks genügt, da auch PAL's mit integriertem Zustandsregister erhältlich sind. Welcher Art die Entwurfsunterstützung für solche Einzelkomponenten ist, hängt sehr stark von der jeweiligen Aufgabenstellung ab. Im Rahmen dieses Buches soll allerdings mehr auf die Realisierung von Steuerwerken als *Teil einer integrierten Schaltung* eingegangen werden.

Da beim Entwurf hochintegrierter Schaltungen Steuer- und Operationswerk auf einem Chip gemeinsam unterzubringen sind, ist das Optimierungsziel beim (automatischen) Steuerwerksentwurf insbesondere die Flächenminimierung. Daneben sind auch noch gewisse zeitliche Randbedingungen einzuhalten. Das Bild 5.13 [Amann87] gibt einen Überblick des Entwurfsablaufs. Wichtig ist hierbei auch die Partitionierung der Chipfläche durch *Floorplanning*, wodurch im Sinne eines zergliedernden Entwurfsprozesses zunächst die Größe und die Form sowie die Anordnung der einzelnen Blöcke zueinander bestimmt wird, wodurch zum einen die Chipfläche insgesamt minimiert und zum andern ein hierarchischer modularer Entwurf ermöglicht wird.

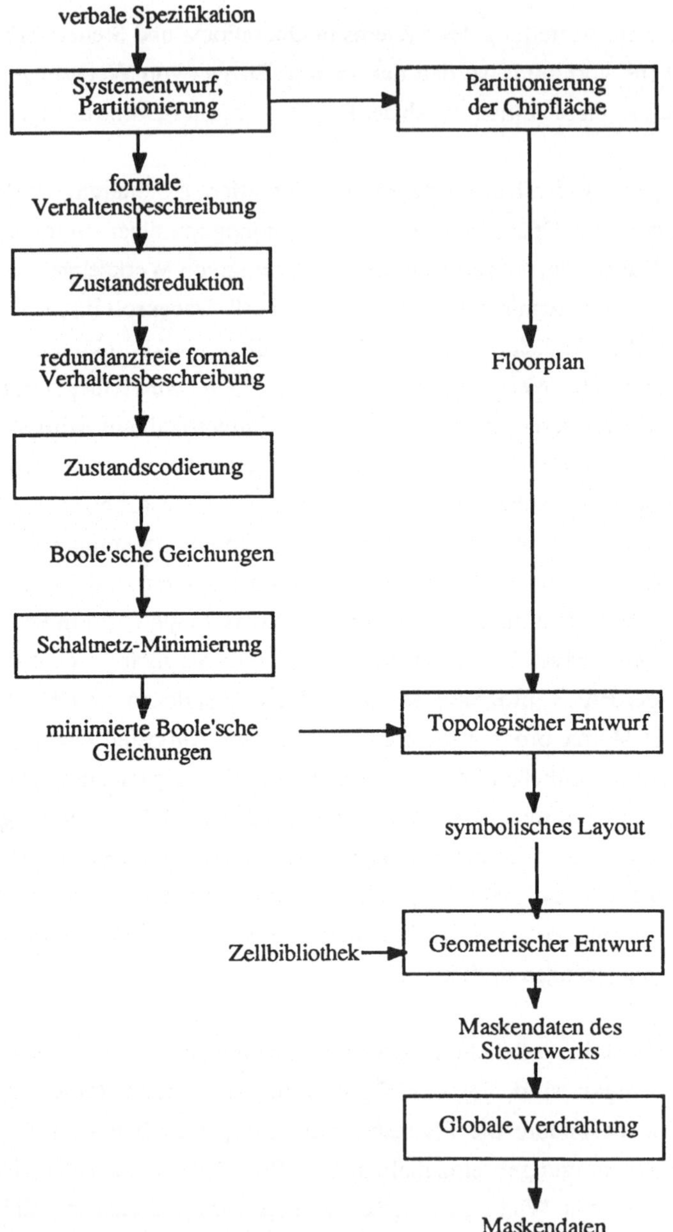


**Bild 5.13.** Gliederung des Entwurfsablaufs von vollkundenspezifischen Steuerwerken [Amann87]

Von besonderer Bedeutung ist hier der rechnerunterstützte Logikentwurf, da sich jeder eingesparte Term unmittelbar auf den Flächenbedarf des Steuerwerks auswirkt. Zur Ausnutzung möglichst aller Optimierungsmöglichkeiten sind symbolische Minimierung, automatische Zustandscodierung und Logikminimierung erforderlich, wobei stets Bündelfunktionen zu berücksichtigen sind. Der sogenannte topologische Entwurf hat einerseits Einfluß auf die Anordnung der externen Anschlüsse, zum andern kann durch ein Auflösen der regulären PLA-Struktur, durch *Faltung,* die PLA-Fläche weiter optimiert werden. In Verbindung mit einer automatischen Layoutgenerierung gewinnen allerdings auch mehrstufige Schaltnetze in *freier Logik* immer stärker an Bedeutung, da diese im Vergleich zu PLA's eine sowohl flächengünstigere wie auch schnellere Alternative darstellen können (vgl. dazu auch Abschn. 5.3).

Neben PLA-Lösungen und Steuerwerken in freier Logik existieren auch mikroprogrammierte Steuerwerksimplementierungen, die auf der Basis von ROM- oder RAM-Steuerwerken sowohl bei getrennten Realisierungen auf Leiterplatten als auch als Teil einer integrierten Schaltung Verwendung finden. Durch automatische und manuelle Optimierungen muß dabei die Redundanz der Speichermatrizen soweit reduziert werden, daß ein Einsatz in höchstintegrierten Schaltungen überhaupt erst möglich ist.

Zum Abschluß dieses Kapitels sei darauf hingewiesen, daß in praktischen Implementierungen durch eine geschickte Kombination von ROM's und PLA's in Verbindung mit freier Gatter-Logik zur Vor- und Nachverarbeitung sehr effiziente Steuerwerksstrukturen erzeugt werden können.

# 6 Rechnerunterstützte Layout-Erstellung

Eine der wichtigsten Eigenschaften moderner Herstellungsprozesse für integrierte Schaltungen ist, daß sie unabhängig von den zu implementierenden Mustern sind (die sog. "*pattern independency*"). Somit kann man den *Entwurf* von der *Herstellung* klar trennen. Die Schnittstelle bildet eine vom Herstellungsprozeß abhängige bestimmte Anzahl *Masken*. Jede Maske enthält die für einen Prozeßschritt notwendigen Muster, z.B. definiert eine Maske alle Polysilizium-Strukturen auf dem Chip. Die Masken sind aus dem sog. *Layout* direkt zu gewinnen. Das Layout stellt nichts anderes als die genaue Geometrie aller Strukturen auf dem Chip dar, gewissermaßen die Summe aller Masken. Es ist das Ergebnis des Entwurfs.

Die ältesten Formen, um zu dem Layout zu gelangen, waren, die Masken direkt durch Schneiden von *Rubilith* oder Zeichnen auf *Mylar* herzustellen. Die Entwicklung leistungsfähiger Rechner hat zunächst die Erfassung an Digitalisier-Tischen ermöglicht. Das Layout wurde hierbei immer noch von Hand gezeichnet, jedoch vom Rechner gespeichert. Nachträgliche Änderungen und die Erstellung von Kontroll-Zeichnungen ("plots") waren ebenfalls rechnerunterstützt möglich. Trotzdem wird diese Methode schon bei einigen tausend Transistoren extrem mühselig und aufwendig. Die direkte Erfassung von Layouts erfolgt heute interaktiv mit Hilfe sog. *graphischer Editoren*. Dem Entwerfer stehen mächtige Befehle zur Verfügung, welche die Eingabe geometrischer Figuren wie Rechtecke und Polygone erleichtern. Teile des Layouts können kopiert, rotiert, bewegt und skaliert werden. Das Layout wird dabei meist in Zellen unterteilt, die hierarchisch gegliedert sind. Die Eingabe geschieht an einem graphischen Bildschirm mit Hilfe einer "Maus" oder eines graphischen Tabletts. Farbe wird für die Darstellung verschiedener Masken oder Ebenen, z.B. Metall, Polysilizium, Diffusion usw. eingesetzt.

Neben der interaktiven graphischen Eingabe haben sich Sprachen und Formate zur Darstellung von Layouts etabliert. Formate haben dabei den Zweck, Layouts zwischen verschiedenen Anlagen und/oder Anwendungsprogrammen zu übertragen. Sie sind im allgemeinen nicht dafür geeignet, dem Benutzer direkt als Eingabe für ein Layout zu dienen. Da aber formale Sprachen im Softwarebereich eine zentrale Rolle spielen und sich als extrem mächtig und verhältnismäßig einfach zu verarbeiten erwiesen haben, hat es verschiedenene Ansätze gegeben, Sprachen für die Eingabe von Layouts zu definieren. Sie werden jedoch von den Entwerfern schwerer akzeptiert als graphische Hilfsmittel.

Um das Einhalten der geometrischen *Entwurfsregeln*, d.h. z.B. Mindestabstände und Mindestüberlappungen, zu garantieren, wurden die sog. *symbolischen* Entwurfsmethoden entwickelt. Einzelne Strukturen wie Transistoren oder Kontakte werden hierbei nicht mehr als Geometrie, sondern als Symbol eingegeben. Es muß ferner nicht mehr die genaue Position einzelner Strukturen, sondern nur noch ihre Anordnung (Topologie) angegeben werden. Das eigentliche Layout wird dann automatisch in einem Schritt, der als *Layout-Kompaktierung* ("layout compaction, spacing") bezeichnet wird, erstellt. Hierbei wird sichergestellt, daß die Entwurfsregeln eingehalten werden. Oft wird symbolisches Layout und anschließende Kompaktierung nur auf Zellen angewendet, die danach mittels einer geeigneten Sprache oder einem interaktiven Editor plaziert und verdrahtet werden.

Für bestimmte Funktionen, z.B. für die Addition, gibt es bekannte Layouts. Die Entwicklung von Programmen, welche dieses Layout für eine bestimmte Funktion automatisch erzeugen, führt zu den sog. Zellen- oder Layout-Generatoren. Dabei liegt eine parametrisierte Beschreibung einer Zelle vor, aus der das Layout generiert wird. Parameter können z.B. die Breite des Datenpfades oder die Geschwindigkeit sein.

Ein weiterer Schritt in Richtung Entwurfsautomatisierung ist die automatische *Plazierung und Verdrahtung*. Eine Strukturbeschreibung der Schaltung, meist auf der logischen Ebene, wird dabei in ein Layout umgewandelt. Ausgegangen wird dabei von einer Menge schon entworfener Zellen oder Zellgeneratoren, die Komponenten in der Strukturbeschreibung entsprechen, deren Layout in einer Bibliothek zur Verfügung steht. Dieses Problem ist jedoch sehr komplex und wird für allgemeine Zellen, d. h. Zellen beliebiger Größe und Form, noch nicht beherrscht. Auch die relativ neuen *"Silicon Compiler"* schaffen nur beschränkt Abhilfe. Für rechteckige Zellen gleicher oder ähnlicher Größe (wie bei Gate-Arrays) oder gleicher Höhe (Standardzellen) existieren allerdings praktikable Algorithmen. Bei diesen Entwurfsstilen kann also der Anwender damit vollkommen vom Layoutentwurf befreit werden. Er kann sich auf den Entwurf der Schaltungsstruktur konzentrieren.

Neben den oben beschriebenen Synthesewerkzeugen haben sich noch verschiedene

Analyse-Werkzeuge für das Layout etabliert. Bei der *Entwurfsregelüberprüfung* ("design rule check") werden Mindestabstände, Mindestüberlappungen, Mindestgrößen von Kontakten usw., d.h. die sog. Entwurfsregeln, überprüft. Die *Überprüfung elektrischer Regeln* ("electrical rule check") verifiziert, daß ein Layout nach den Grundregeln der Elektrotechnik für eine bestimmte Technologie eine gültige Schaltung darstellt. Elektrische Regeln erfassen z.B. fehlende Kontakte, Kurzschlüsse, offene Leitungen, fehlende Stromversorgung usw.

Die *Schaltungsextraktion* extrahiert aus dem Layout die Struktur auf der Schaltkreis- oder Transistorebene. Die extrahierte Schaltung kann anschließend genau, d.h. unter Einbeziehung aller parasitären Kapazitäten und Widerstände, z.B. der Verbindungsleitungen, Kontakte usw., simuliert werden. Liegt die Struktur der Schaltung schon vor, so kann die *Konsistenz von Schaltung und Layout* ("network-layout consistency check") verifiziert werden.

Dieses Kapitel beschreibt die erwähnten Entwurfshilfsmittel, insbesondere die zugrunde liegenden Algorithmen. Beispiele existierender Programme und Systeme geben einen Einblick in die geläufige Praxis, wobei darauf verzichtet wurde, die zahlreichen kommerziell verfügbaren Systeme aufzunehmen.

## 6.1 Layout-Editoren und Datenstrukturen

Hand-Layout ist noch immer eine weit verbreitete Methode der Layout-Erstellung. Die Gründe hierfür liegen zum einen in der bis vor kurzem schlechten Verfügbarkeit industriell einsetzbarer Entwurfshilfsmittel auf höheren Ebenen. Zum anderen müssen einzelne Zellen, aber auch ganze Entwürfe oft vor allem im Hinblick auf Fläche und Geschwindigkeit optimiert werden. Hier kommt nur "Hand-Layout" in Frage. Das hierzu eingesetzte Werkzeug ist der *Layout-Editor* [Oust81, Katz83, KeNe82, KeBi83, Oust84, ScOu84].

Moderne Layout-Editoren müssen bis zu einigen Millionen geometrischer Objekte verwalten. Selbst bei diesen riesigen Datenmengen müssen schnelle Operationen, wie das Auffinden der Nachbarn eines Objekts, gewährleistet sein. Das Hinzufügen und Löschen von Objekten muß auch mit großer Geschwindigkeit möglich sein, da es sich um eine interaktive Anwendung handelt.

Im Gegensatz zu Text-Editoren müssen Layout-Editoren eine *zweidimensionale* Kollektion von Objekten verwalten. Die interessanten und für diese Anwendung typischen Probleme sind:

- die Frage der Datenstruktur für die interne Darstellung des Layouts, vor allem im Hinblick auf
- schnelle Operationen wie das Hinzufügen, Löschen und das Auffinden von Objekten usw. und
- möglichst kleinen Speicherbedarf angesichts der riesigen Datenmengen.

Die häufigsten in einem Layout-Editor verwendeten Operationen sind

- Auffinden der Objekte, die einen gegebenen Punkt enthalten. Diese Operation wird immer dann verwendet, wenn aus der graphischen Darstellung des Layouts ein oder mehrere Objekte durch einen punktförmigen Cursor (Fadenkreuz, Pfeil) selektiert werden.
- Auffinden der Objekte, die eine gegebene rechteckige Fläche schneiden. Diese Operation wird z.B. für die Implementierung verschiedener rechteckiger Fenster benötigt.
- Auffinden aller Nachbarn eines Objekts, z.B. um einen Signalweg zu verfolgen.
- Hinzufügen und Löschen eines Objekts.

Im folgenden werden die für die Darstellung von Layouts geläufigsten Strukturen vorgestellt und kurz skizziert, wie die obigen geometrischen Operationen realisiert werden. Eine Übersicht ist in [Oust82] gegeben.

### 6.1.1 Listen

Die einfachste Technik für die Darstellung von Objekten auf einer Fläche ist, sie in einer Liste zu speichern (Bild 6.1). Jedes Element in der Liste enthält die Eigenschaften des Objekts, d.h. bei einem Rechteck z.B. Höhe und Breite, und die Position des Objekts.

**Bild 6.1.** Darstellung des Layouts durch eine Liste

Der Speicheraufwand bei dieser Technik ist proportional der Anzahl der Objekte. Das Auffinden von Objekten, die einen bestimmten Punkt enthalten oder eine rechteckige Fläche schneiden, und das Auffinden der Nachbarn eines Objekts geschieht durch sequentielles Suchen in der Liste, der Aufwand ist also proportional zu der Anzahl der Objekte. Gelöscht und hinzugefügt werden Objekte, indem ein oder zwei Zeiger neu gesetzt werden, der Aufwand ist also konstant.

Der Nachteil dieser Technik ist der große Aufwand beim Suchen von Objekten. Bei großen Layouts wird sie daher impraktikabel. Wird aber ein Layout hierarchisch aufgeteilt, so daß nicht zu große Teile entstehen, so können für jeden Teilentwurf Listen eingesetzt werden. Ihre Vorteile sind vor allem der kleine Speicherbedarf und ihre einfache Manipulation. Ältere Editoren wie z.B. Caesar [Oust81] basieren auf dieser Technik.

### 6.1.2 "Bins"

Die verbreitetste Datenstruktur für Layoutdarstellung sind die "Bins" [BeFr79, KeBi83]. Die dargestellte Fläche wird dabei in gleiche Quadrate, die "Bins", aufgeteilt. Jedem Quadrat ist eine Liste aller in ihm enthaltenen Objekte zugeordnet. Objekte, die in mehr als einem Quadrat enthalten sind, werden in einer extra Liste, dem sog. "residual Bin", gespeichert (Bild 6.2).

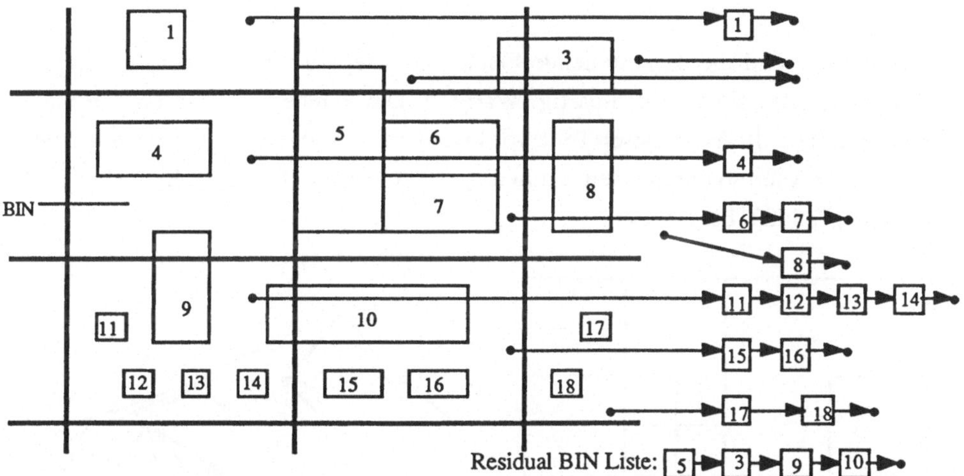


**Bild 6.2.** Darstellung des Layouts durch "Bins"

Objekte werden gefunden, indem über eine "Bin"-Matrix die entsprechende Liste direkt gefunden wird und danach in dieser relativ kleinen Liste sequentiell gesucht wird. Die "residual Bin"-Liste muß dabei immer auch durchsucht werden. Hier wird ein Problem der "Bin"-Darstellung sichtbar: Macht man die einzelnen "Bins" groß im Verhältnis zur Größe der Objekte, so wird zwar die "residual Bin"-Liste kurz, jedoch jede "Bin"-Liste lang. Macht man umgekehrt die "Bins" verhältnismäßig klein, so wird die "residual Bin"-Liste sehr lang. In der Praxis verwendet man etwa 10 x 10 "Bin"-Aufteilungen. Um die Nachbarn eines Objektes zu finden, müssen benachbarte "Bins" spiralförmig durchsucht werden (und selbstverständlich auch das "residual Bin"). Das Hinzufügen und Löschen von Elementen geschieht durch den Eintrag in die entsprechende Liste, erfordert also wiederum konstanten Aufwand. Obwohl "Bins" beim Auffinden von Objekten bis zu eintausend mal schneller als Listen sind, haben sie jedoch gravierende Nachteile. Wenn die geometrischen Objekte nicht alle ähnlich groß und über die Fläche gleichmäßig verteilt sind, können pathologische Fälle vorkommen, wie z.B. daß ein "Bin" sehr viele kleine Objekte enthält, alle anderen "Bins" mehr oder weniger leer sind und alle großen Objekte im "residual Bin" sind. Der Speicherbedarf ist auf den ersten Blick vergleichbar mit dem der linearen Listen; lediglich die "Bin"-Matrix kommt hinzu. In der Praxis kann der Speicherbedarf jedoch sehr groß werden, da für jeden "Layer" eine eigene "Bin"-Matrix notwendig ist und bei hierarchisch organisierten Entwürfen jede Zelle wiederum eigene "Bin"-Matrizen benötigt. Trotzdem werden "Bins" oft eingesetzt, so unter anderem auch im KIC2 Editor [KeNe82, KeBi83].

### 6.1.3 "Quad-Tree"

Bei "Quad-Trees" wird die darzustellende Fläche nicht regelmäßig wie bei der "Bin"-Darstellung unterteilt, sondern baumartig [Warn69]. Die Fläche wird zunächst in vier gleiche Teile aufgeteilt. Jeder dieser Teile wird wiederum in vier Teile geteilt usw. Die aufgeteilte Fläche kann so durch einen Baum dargestellt werden (Bild 6.3). Eine ähnliche Methode ist in [TaSu82] beschrieben.

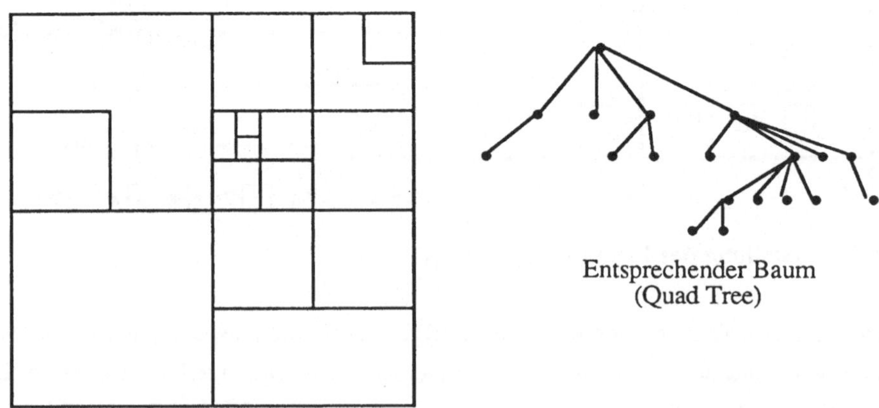


**Bild 6.3.** Flächenaufteilung bei "Quad-Trees"

Leere Flächen werden nicht dargestellt. Die Aufteilung wird nur bis zur erwarteten Größe der geometrischen Objekte fortgeführt. Ein Objekt wird in dem Knoten gespeichert, welcher der kleinsten, das Objekt noch ganz enthaltenden Fläche entspricht. Größere Objekte, die nicht in den Blättern des Baumes gespeichert werden, werden von der Linie, welche die sie enthaltende Fläche in x- bzw. y-Richtung teilt, geschnitten. Um den Suchaufwand zu verringern, werden diese Objekte nicht in Listen gespeichert, sondern in Binärbäumen. Ein Binärbaum stellt eine sukzessive Zweiteilung eines Liniensegments dar (Bild 6.4).

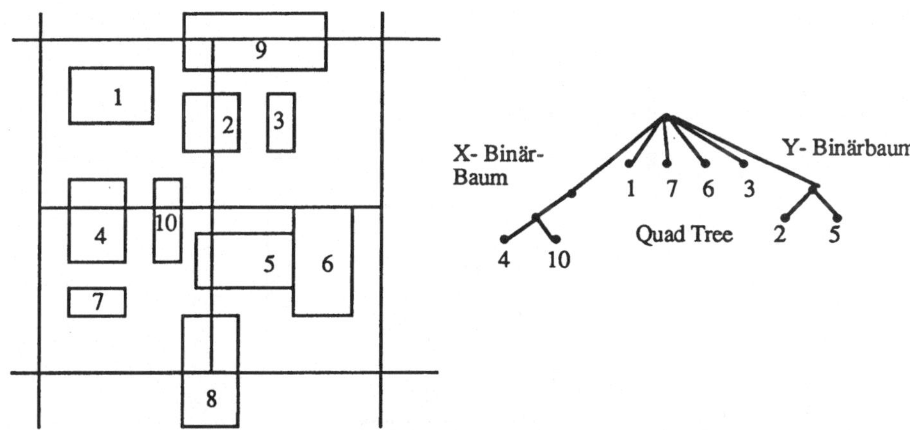


**Bild 6.4.** Speicherung von Objekten im "Quad-Tree"

Eine als "Quad-CIF-Tree" bekannte Variante [Kede82], welche besonders für die Speicherung von Layouts entwickelt wurde, ist hierarchisch organisiert. Wenn ein Objekt eine Zelle ist, wird in dem entsprechenden Knoten des "Quad-Tree" ein Zeiger auf die Wurzel eines anderen "Quad-Tree" gesetzt, in welchem dann die eigentliche Zelle abgespeichert wird.

Das Suchen eines Objektes ist der Tiefe des Baumes proportional, also O(log N) mit N=Anzahl der Objekte. Genau betrachtet, trifft dies allerdings nur bei regelmäßiger Verteilung etwa gleich großer Objekte zu, die sich dann meist in den Blättern des Baumes befinden. Größere Objekte werden meist schneller gefunden. Das Auffinden von Nachbarn ist jedoch komplex, unter Umständen muß der gesamte "Quad-Tree" durchsucht werden. Hinzufügen bzw. Löschen eines Objekts bedeutet schlimmstenfalls das Hinzufügen bzw. Löschen eines Teilbaums von der Wurzel aus, hat also auch eine Komplexität von O(log N), N=Anzahl der Objekte. Bestenfalls reicht es, einen Knoten hinzuzufügen bzw. zu löschen [BeSt75].

Neben der vergleichsweise komplexen Verwaltung von "Quad-Trees" liegt ihr Hauptnachteil darin, daß die Nachbarschaft von Objekten sehr schwer festzustellen ist. Von Vorteil ist vor allem, daß Objekte schnell gefunden werden können. In der Praxis haben sie bisher keine breite Verwendung gefunden.

### 6.1.4 Nachbarzeiger-Strukturen

In diesen Datenstrukturen werden neben den Objekten Zeiger auf ihre Nachbarn gespeichert, üblicherweise in x- und y- Richtung (Bild 6.5).

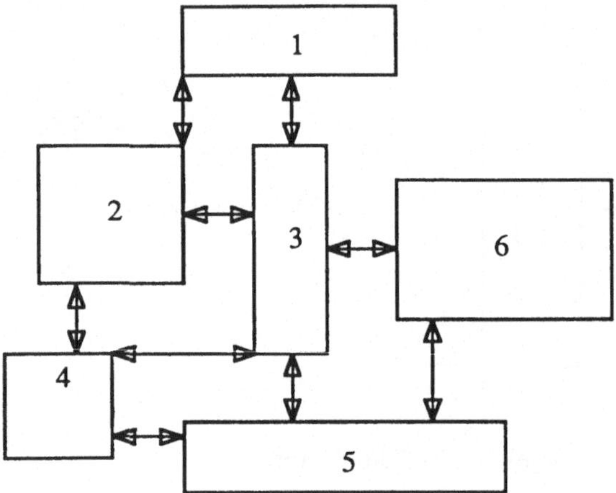


**Bild 6.5.** Nachbarzeiger

Eine solche Darstellung ermöglicht das direkte Auffinden von Nachbarn. Objekte werden gesucht, indem die Zeiger ausgehend vom Rand verfolgt werden. Der durchschnittlich zu erwartende Aufwand ist bei N Objekten, die auf eine quadratische Fläche verteilt sind, proportional zu $\sqrt{N}$ . Komplex ist jedoch das Hinzufügen bzw. das Löschen eines Objektes, da im allgemeinen die gesamte Zeigerstruktur neu berechnet werden muß. Weiterhin ist die Anzahl der für ein Objekt notwendigen Zeiger variabel. In Bild 6.5 hat das Objekt 3 z.B. fünf Zeiger. Auch ist es schwer, eine solche Struktur auf Geometrien anzuwenden, die nicht "Manhattan" (nur rechte Winkel) sind.

Die aufgezählten Nachteile machen die Anwendung einer solchen Datenstruktur für einen Layout-Editor nicht praktikabel. Dagegen sind Nachbarzeiger-Strukturen vor allem bei der Kompaktierung populär, wo die Nachbarschaft der Objekte eine zentrale Rolle spielt, z. B. in Cabbage [Hsue79].

### 6.1.5 "Corner-Stitching

"Corner-Stitching" [Oust82, Oust84] ist eine Technik, die ursprünglich nur für rechtwinklige Geometrien ("Manhattan") entwickelt wurde. Im Gegensatz zu den bisher vorgestellten Techniken wird hier auch der Leerraum dargestellt. Die Fläche wird dabei in sog. rechteckige Kacheln ("tiles") aufgeteilt. Jedes Objekt wird als feste Kachel bezeichnet. Der leere Raum wird in sog. Raumkacheln aufgeteilt, so daß sich maximale horizontale Streifen ergeben (Bild 6.6).

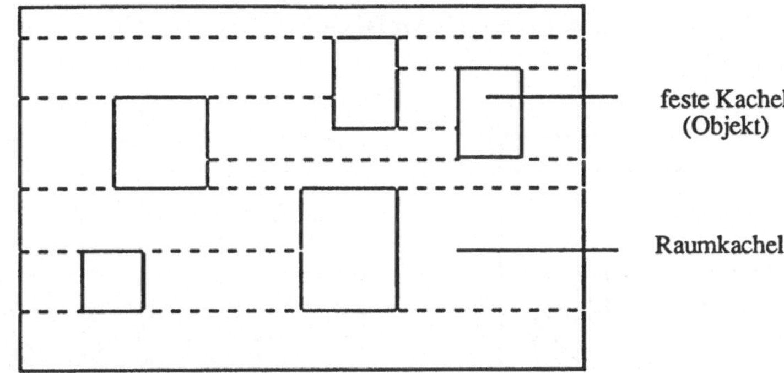


**Bild 6.6.** Aufteilung der Fläche in Kacheln

Die Kacheln werden an ihren Ecken mit den Nachbarn verzeigert. Diese Zeiger bezeichnet man als "corner stitches". Jede Kachel hat also genau 8 Zeiger (Bild 6.7).

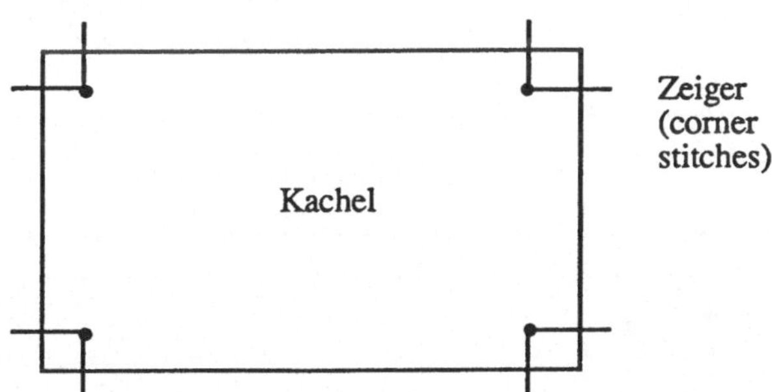


**Bild 6.7.** Corner-Stitches

Um in einer solchen Struktur ein Objekt zu finden, startet man von einer gegebenen Kachel am Rand und sucht das Objekt in vertikaler und horizontaler Richtung durch Verfolgen der Zeiger. Es ergibt sich ein ähnlicher Aufwand wie bei den nachbarverzeigerten Strukturen, bei N Kacheln im Mittel proportional zu $\sqrt{N}$. Die Anzahl N der Kacheln ist bei M Objekten schlimmstenfalls N=3M+1 (Beweis siehe [Oust82]). Um den Suchaufwand in einem Editor zu verringern, gibt es jedoch einen einfachen Trick. Da von einem Layout meist nur ein bestimmter Teil auf einem Bildschirm sichtbar ist, und nur in diesem Teil gearbeitet wird, reicht es, sich eine Referenzkachel in der Nähe zu merken, z.B. in der linken untere Ecke des Bildes. Dann ist der Aufwand nur noch proportional zu $\sqrt{S}$, wobei S die Anzahl der sichtbaren Kacheln ist, an denen gerade gearbeitet wird. Das Auffinden von Nachbarn geht wie bei Nachbarzeigern direkt. Ein Objekt wird hinzugefügt, indem oben und unten neue Streifen gebildet werden, und alle überdeckten Raumkacheln aufgeteilt und danach evtl. gemischt werden (Bild 6.8). Der Aufwand hierfür ist schlimmstenfalls proportional zu der Gesamtanzahl der Kacheln, im Durchschnitt jedoch proportional zur Höhe des hinzugefügten Objekts in Relation zu den es umgebenden Raumkacheln. Das Löschen wird umgekehrt bewerkstelligt, der Aufwand ist der gleiche wie beim Hinzufügen.

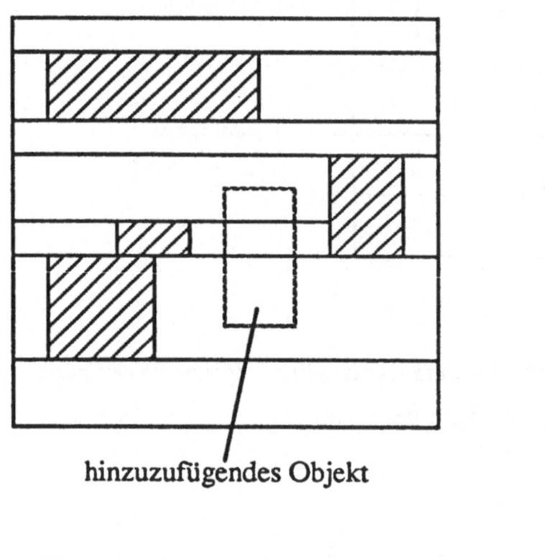

hinzuzufügendes Objekt

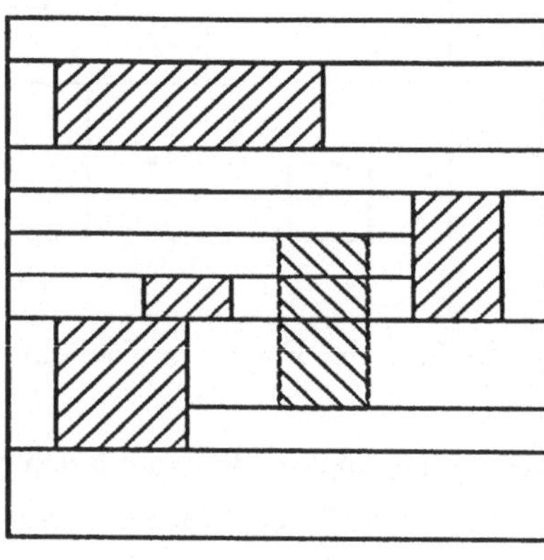

Kreation von Streifen oben und unten

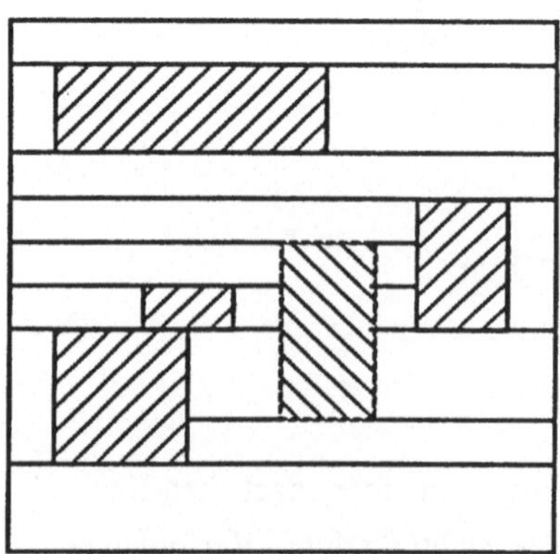

Aufteilen der Kacheln

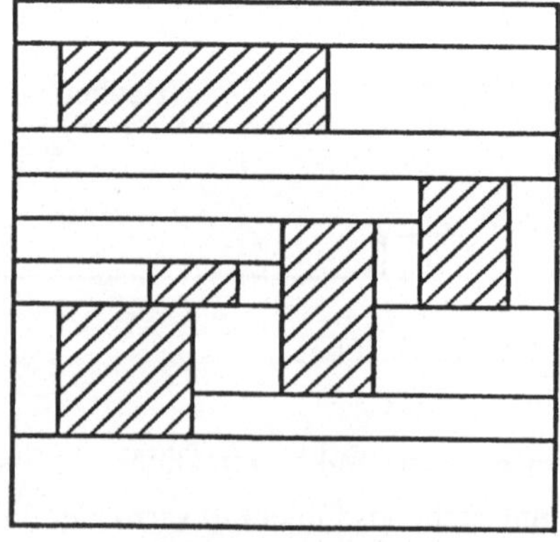

Mischen der Kacheln

**Bild 6.8.** Hinzufügen eines Objekts

"Corner-Stitching" ist für rechteckige Geometrien eine sehr mächtige Technik. Sie kann nicht nur für einen Layout-Editor sondern auch für die automatische Verdrahtung und die Kompaktierung zugrunde gelegt werden. "Corner-Stitching" wird z.B in dem Magic System [Oust84, TaOu84] verwendet.

## 6.2 Layout-Sprachen

Layout-Sprachen spielen zur Eingabe von Entwürfen keine große Rolle, da sie allgemein im Vergleich mit Layout-Editoren als weniger benutzerfreundlich angesehen werden. Symbolische Layout-Sprachen sind in diesem Zusammenhang nicht gemeint; sie werden im nächsten Kapitel behandelt. Layout-Sprachen werden jedoch intensiv als maschinenlesbares *Format* für den Austausch von Entwürfen zwischen Programmen und Anlagen eingesetzt. Programme in Layout-Sprachen werden üblicherweise von Rechnerprogrammen aus anderen Darstellungen generiert, z.B. als Ausgabe eines interaktiven Layout-Editors, eines Layout-Generators oder eines symbolischen Layoutsystems.

Trotzdem gibt es Ansätze, Layout-Sprachen direkt als Entwurfswerkzeuge für die Eingabe von Chips zu verwenden. Der Hauptvorteil dabei dürfte darin liegen, daß solche Werkzeuge, d.h. die Syntax-Checker und Übersetzer, in einer "normalen" Programmierumgebung entwickelt und eingesetzt werden können. Es ist keine spezielle Hardware, z.B. ein Graphikbildschirm, notwendig. Bei sinkenden Hardwarekosten entfällt jedoch dieses Argument. Es bleibt die relative Einfachheit, mit der solche Werkzeuge entwickelt werden können.

Es können drei Typen von Layout-Sprachen unterschieden werden:

- Austauschformate.
- Layout-Sprachen für die Eingabe von Entwürfen. Das Werkzeug hierzu ist meist ein Übersetzer oder Präprozessor, der ein Austauschformat generiert.
- Makros für einen Layout-Editor. Hierbei handelt es sich um eine Folge von Editor-Befehlen, die z.B. eine Zelle aufbauen.

Makros für einen Layout-Editor sollen hier nicht näher behandelt werden. Es ist jedoch anzumerken, daß sie sehr mächtig sein können, vor allem wenn sie Parameter erlauben. Es ist z.B. möglich, interaktiv eine Zelle, beispielsweise einen Ein-Bit-Addierer, zu entwerfen, die Befehlsfolge als Makro zu speichern und die Breite n als Parameter zu definieren. Beim

späteren Aufruf des Makros kann dann ein beliebig breiter Addierer "generiert" werden. Dies stellt bereits einen einfachen Zellengenerator dar. Im wesentlichen "schreibt" der Anwender also einen Zellengenerator, indem er die Zelle editiert.
Bei den Austauschformaten haben sich verschiedene Sprachen bzw. Formate etabliert:

- CIF (Caltech Intermediate Form). CIF hat sich im universitären Bereich als de facto Standard etabliert. Abschn. 6.2.1 gibt eine kurze Beschreibung dieser Sprache.
- GDSII. Es ist wohl das in der Industrie meistbenutzte Format. GDSI ist ein Vorläufer von GDSII.
- Weitere in der Industrie übliche Formate sind Apple 860/870 und Cadds 2/27, 2/100.
- EDIF (Electronic Design Interchange Format). Hierbei handelt es sich um einen Standardisierungs-Vorschlag, der von verschiedenen Herstellern und Universitäten ausgearbeitet wurde. EDIF soll nicht nur das Layout, sondern alle für den Entwurf relevanten Informationen (Struktur, Verhalten, Test usw.) beinhalten.

Die Schwächen eines Austauschformats wie CIF werden in Layout-Sprachen teilweise mit dem Ziel behoben, eine solche Sprache so komfortabel und mächtig zu machen, daß Layouts direkt in der Sprache "geschrieben" werden können. Normalerweise sind Iterationskonstrukte, Parameter und Symbole erlaubt. Das Programm wird danach übersetzt, wobei die Syntax und teilweise die Semantik überprüft werden kann. Als Ausgabe sind das Layout in einem Austauschformat und Kontrollplots üblich.

Sehr oft werden solche Sprachen in eine allgemeine Programmiersprache eingebettet, d.h. es stehen zusätzlich zur Layout-Sprache die Konstrukte der Programmiersprache zur Verfügung [Karp82, CaTr84, JoBr80, GoPa81, Bata81]. Die Implementierung geschieht meist als Präprozessor. Als Beispiel hierfür wird in Kapitel 6.2.3 auf CHISEL und PPP eingegangen.

Es fällt an dieser Stelle schwer, die Grenze zu den sog. symbolischen Layout-Sprachen zu ziehen. In der Tat erlauben die in diesem Kapitel vorgestellten Sprachen Symbole. Da sie aber nicht in ein symbolisches Layout-System integriert sind, also z.B. keinen Anschluß an einen Kompaktierer haben, werden sie hier als Layout-Sprachen behandelt.

Es sei angemerkt, daß sich zumindest zeitweise solche Sprachen großer Beliebtheit erfreut haben. Sie sind leicht als Präprozessor, der als Ausgabe ein Austauschformat wie CIF liefert, zu implementieren. Viele Universitäten haben Ende der siebziger Jahre, als sich der

Entwurf integrierter Schaltungen im akademischen Bereich zu verbreiten begann, als erstes Werkzeug ein solches "super-CIF" implementiert.

### 6.2.1 CIF

CIF ist ein Austauschformat zur Darstellung von Geometrien. Eine vollständige Beschreibung der Version 2.0 ist in [MeCo80] enthalten. Es wird ein Raster von 1/100 μm zugrunde gelegt. Die Koordinaten in einem CIF Programm werden jedoch skaliert: Bei der Definition eines *Symbols* wird der Skalierungsfaktor angegeben. Ein *Symbol* ist eine Kollektion geometrischer Objekte, die als ganzes aufgerufen werden kann. Definiert wird ein Symbol durch

D S <Symbolnummer> <Skalierungsfaktor>;
(Kollektion geometrischer Objekte);
D F;

Anweisungen werden mit ';' abgeschlossen. Fängt eine Anweisung mit einer Zahl an, so handelt es sich um eine *Benutzererweiterung*, d.h. für CIF ist es ein Kommentar. Nichtterminale werden in der Syntaxdefinition in spitze Klammern <> gesetzt. Zahlen sind immer ganze Zahlen. Die Syntax erlaubt alle ASCII-Zeichen außer Großbuchstaben, Ziffern und den Zeichen '-', '(', ')' und ';' vor und nach Anweisungen, vor Zahlen usw. als Kommentare. Kommentare können auch anstatt einer Anweisung aber in runden Klammern () vorkommen und alle ASCII-Zeichen außer runden Klammern enthalten. Die Definition eines Symbols kann also auch wie folgt aussehen:

Define Symbol <Symbolnummer> <Skalierungsfaktor>;
(Sammlung geometrischer Objekte);
Definition Finish;

<Symbolnummer> ist eine ganze Zahl, welche das Symbol identifiziert. <Skalierungsfaktor> ist ein Paar ganzer Zahlen a und b. Alle Koordinaten und Maße in dem Symbol werden in a/(b•100) μm Einheiten verstanden.

Symbole dürfen nicht geschachtelt definiert werden und müssen vor ihrem Aufruf definiert sein. Aufgerufen wird ein Symbol durch

C <Symbolnummer> <Transformationen>;
(oder Call symbol <Symbolnummer> <Transformationen>;)

<Transformationen> sind

T <x> <y>

Translation: Der Nullpunkt des Symbols wird auf den Punkt <x> <y> gesetzt.

M X

"Mirror in X": Das Symbol wird an der Y-Achse gespiegelt, d.h. die X-Koordinaten werden mit -1 multipliziert.

M Y

"Mirror in Y": Das Symbol wird an der X-Achse gespiegelt, d.h. die Y-Koordinaten mit -1 multipliziert.

R <x> <y>

Rotation. Die X-Achse des Symbols wird rotiert, bis die Steigung (x,y) beträgt.

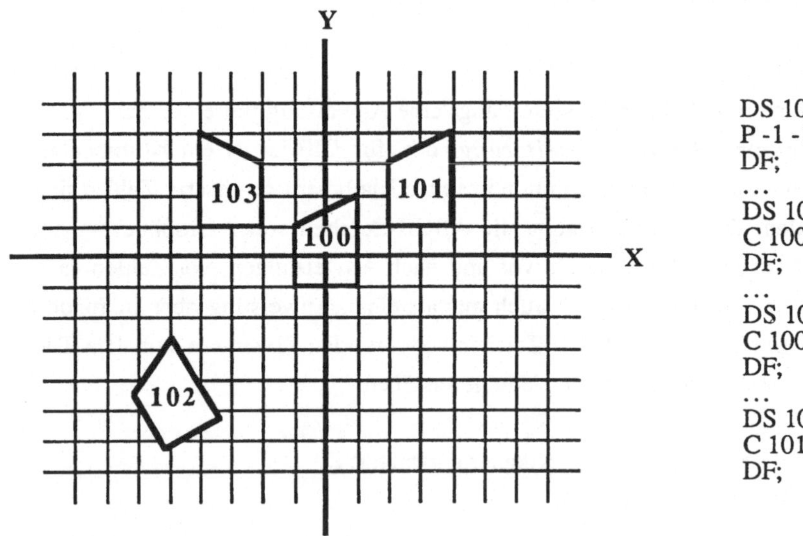


```
DS 100 100 1;
P -1 -1 -1 1 1 2 1 -1;
DF;
...
DS 101 100 1;
C 100 T 3 2;
DF;
...
DS 102 100 1;
C 100 T -5 -5 R 1 1;
DF;
...
DS 103 100 1;
C 101 T -3 2 M X;
DF;
```

**Bild 6.9.** Aufrufen von Objekten in CIF

Symbole dürfen geschachtelt aufgerufen werden, jedoch nicht rekursiv. Die Transformationen müssen bei geschachteltem Aufruf konkateniert werden, d.h. immer relativ zur aufrufenden Zelle angewendet werden. Bild 6.9 zeigt einen geschachtelten Aufruf von Symbolen (im Beispiel Polygone) mit verschiedenen Transformationen.

Das letzte Kommando für Symbolmanipulation ist das Löschen:

D D <Symbolnummer>; (oder Delete Definition <Symbolnummer>;)

Alle Symboldefinitionen, die größer oder gleich <Symbolnummer> sind, werden gelöscht. Das Löschen von Symbolen ist unerlässlich, wenn verschiedene Entwürfe zu einem Entwurf gemischt werden. Jeder Teilentwurf beinhaltet seine eigenen Symboldefinitionen. Globale Symbole erhalten Symbolnummern, die kleiner als ein gegebener Wert sind und von allen Teilentwürfen nicht gelöscht werden.

Die in CIF zugelassenen geometrischen Objekte sind Rechtecke, Polygone, sog. "Wires" und Kreise. Die entsprechenden Kommandos sind:

B <Breite> <Höhe> <x> <y>;
(Box, Rechteck deren Zentrum auf den Koordinaten x y liegt);

W <Breite> <Weg>;
("Wire" bestimmter <Breite>, dessen Zentrallinie die in <Weg> angegebenen Stützpunkte besitzt);

P <Weg>;
(Polygon, dessen Umriß die in <Weg> angegebenen Stützpunkte besitzt);

R <Durchmesser> <x> <y>;
(Round flash, in x y zentrierter Kreis);

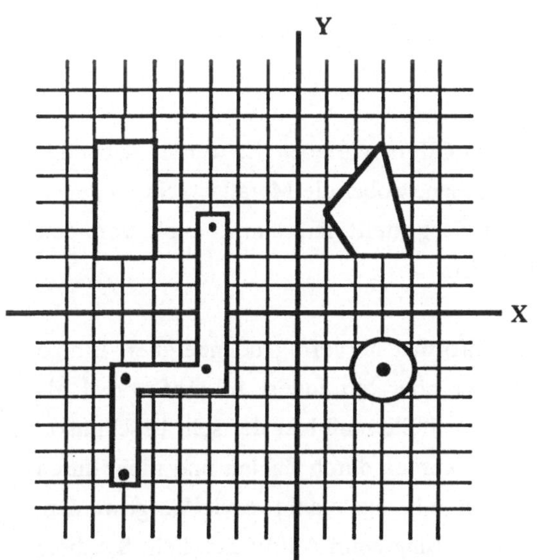


```
DS 148 100 1;
B 2 4 -6 4;
W 1 -6 -6 -6 -2 -3 -2 -3 3;
P 2 2 4 2 3 6 1 4;
R 2 3 -2;
```

**Bild 6.10.** Darstellung von geometrischen Objekten in CIF

Bild 6.10 zeigt Beispiele geometrischer Objekte. Zu bemerken ist, daß ein ideales "Wire" an seinen Enden mit Halbkreisen abgeschlossen ist. Für rechtwinklige ("Manhattan"-) Geometrien ist dies nicht notwendig, die Enden können in diesem Fall auch rechtwinklig abgeschlossen werden, wovon bei den folgenden Darstellungen auch Gebrauch gemacht wird.

Um Layouts darstellen zu können, muß jedes Objekt noch einem sog. Layer zugeordnet werden. In CIF geschieht dies durch die Anweisung

L <name>;
(oder Layer <name>;)

Ein Layer ist gültig, bis das nächste Layer definiert wird. Der <Name> hat maximal vier Buchstaben, wobei der erste Buchstabe im folgenden auf den CMOS-Prozeß hindeutet. Für einen typischen p-Wannen-CMOS-Prozeß sind die Layer

CD Diffusion
CP Poly-Si
CM Metall 1
CN Metall 2
CW p-Wannen
CC Kontakte
CS p+ Dotierung
CG Passivierung

In Bild 6.11 ist als Beispiel ein CMOS-Inverter in CIF beschrieben. Es werden dabei nur die Layer CD, CP, CM, CW, CC und CS angegeben, wobei die Metallschicht entgegen dem realen Prozeß nicht immer ganz oben dargestellt ist, damit auch von den darunterliegenden Ebenen noch etwas zu "sehen" ist.

Durch seine Einfachheit ist CIF als Austauschformat hervorragend geeignet. Einige Schwächen lassen CIF weitgehend ungeeignet oder zumindest inkomfortabel als Eingabesprache für Layouts erscheinen. An erster Stelle muß hier der sehr beschränkte Symbolmechanismus erwähnt werden. Symbole werden durch Zahlen und nicht durch Namen identifiziert. Sie können nicht direkt iteriert, d.h. regelmäßig vervielfältigt werden. Parameter sind nicht erlaubt. Auch ist keine Skalierung beim Aufruf möglich. Symbole können nicht lokal definiert werden, d.h. innerhalb eines anderen Symbols. Aufrufe aus externen Bibliotheken werden nicht unterstützt.

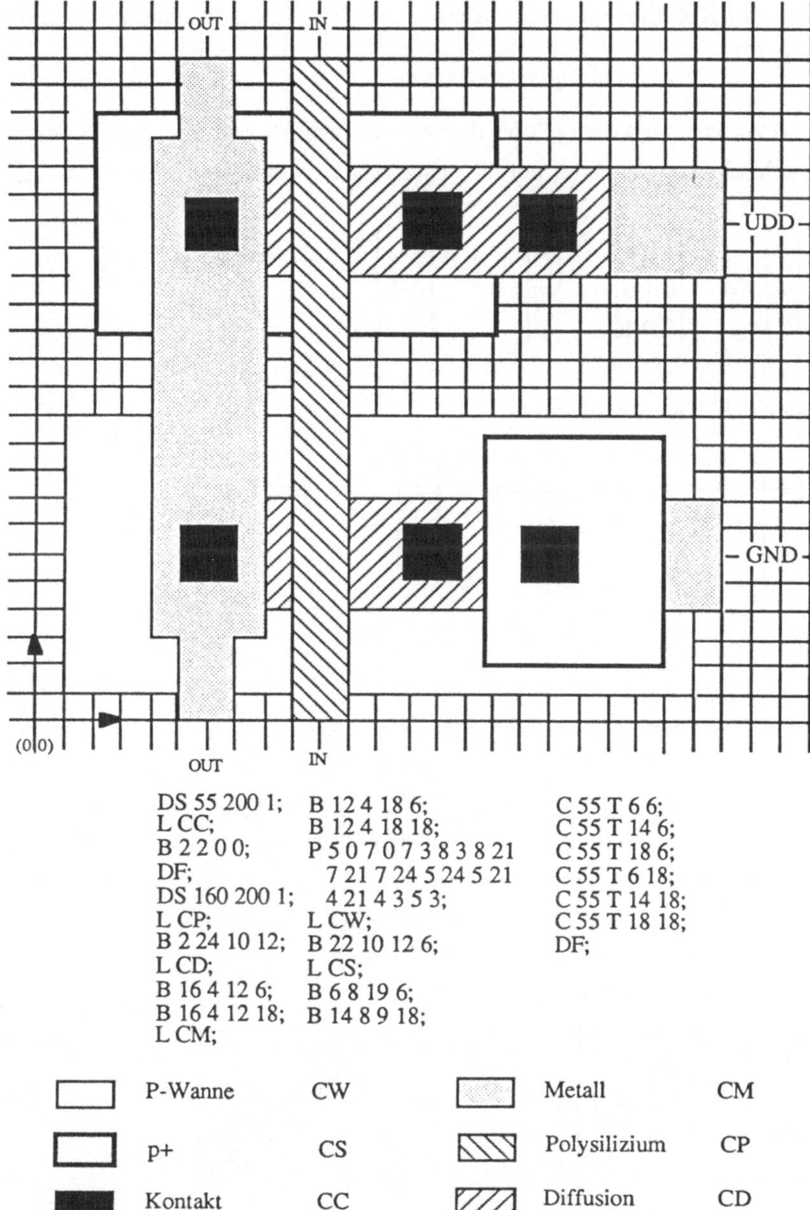


**Bild 6.11.** Darstellung eines CMOS-Inverters in CIF

Beim Umwandeln von CIF in Geometrien müssen in zwei Fällen Berechnungen angestellt werden. Die Transformationen beim Aufruf von Symbolen bedeuten, daß alle Koordinaten des Symbols transformiert werden müssen. Dies geschieht für zweidimensionale Darstellungen im allgemeinen dadurch, daß die Vektoren [x,y,1], wobei x und y die zu transformierenden Koordinaten sind, mit einer 3•3-Transformationsmatrix multipliziert werden [NeSp79].

Die Transformationsmatrix hängt von der Art der Transformation ab, z.B. wird der Ursprung durch folgende Operation auf die Position (a,b) verschoben:

$$\begin{vmatrix} x' \\ y' \\ 1 \end{vmatrix} = \begin{vmatrix} 1 & 0 & a \\ 0 & 1 & b \\ 0 & 0 & 1 \end{vmatrix} \begin{vmatrix} x \\ y \\ 1 \end{vmatrix} = \begin{vmatrix} x+a \\ y+b \\ 1 \end{vmatrix} .$$

In die Steigung (a,b) rotiert wird durch:

$$\begin{vmatrix} x' \\ y' \\ 1 \end{vmatrix} = \begin{vmatrix} a/c & -b/c & 0 \\ b/c & a/c & 0 \\ 0 & 0 & 1 \end{vmatrix} \begin{vmatrix} x \\ y \\ 1 \end{vmatrix} = \begin{vmatrix} (ax-by)/c \\ (bx+ay)/c \\ 1 \end{vmatrix}$$

mit $c = a^2+b^2$.

Spiegeln wird trivialerweise durch Umkehrung des x- bzw. y-Vorzeichens erreicht.

Das zweite Problem ist die Umwandlung von "Wires" in Rechtecke, wenn nicht nur rechte Winkel erlaubt sind (Bild 6.12). Damit an den Stützpunkten der Wires keine überstehenden Ecken entstehen, sind hier gewisse Transformationen notwendig. Je nach den Randbedingungen (z.B. können nur 90° und 135° Winkel zugelassen oder spitze Winkel (<90°) verboten sein) sind hier verschiedene Verfahren denkbar.

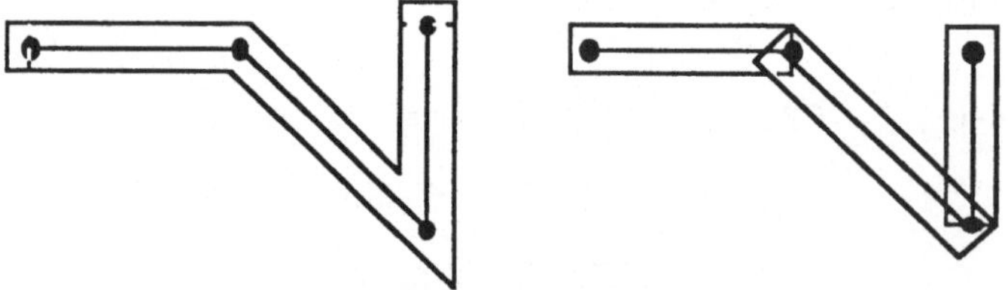

**Bild 6.12.** Umwandlung eines Wire in Rechtecke

### 6.2.2 EDIF

Im November 1983 wurde ein Komitee gegründet, dessen Mitglieder Entwickler schon vorhandener Austauschformate waren, mit dem Ziel, ein einheitliches, öffentlich zugängliches Austauschformat zu definieren. EDIF (Electronic Design Interchange Format)

[EDIF87] enthält eine vollständige Beschreibung von Schaltungen, organisiert in sog. *Sichten("views")*. An dieser Stelle interessiert nur die Sicht des Layout ("mask layout"). Eine detaillierte EDIF Beschreibung kann in diesem Rahmen nicht gegeben werden. Es wird lediglich ein Beispiel gezeigt, um einen Eindruck der Syntax und Organisation der Sprache zu vermitteln.

In Bild 6.13 ist der Inverter aus Bild 6.11 in EDIF beschrieben. Die Syntax lehnt sich an Lisp an; es ist einfach, dafür einen Übersetzer zu implementieren. Groß- und Kleinbuchstaben sind, außer in "strings", äquivalent. Schlüsselwörter wurden im Beispiel immer mit einem Kleinbuchstaben begonnen, vom Anwender gewählte Namen mit einem Großbuchstaben.

Auf *design* folgt der Name des Entwurfes. Ein *design* gibt die oberste Stufe (die Wurzel) in einer Hierarchie von Zellen. Wenn ein Entwurf verarbeitet werden soll, wird an dieser Stelle begonnen. Mit *qualify* wird die Bibliothek (*Zellbib*) und die Zelle in dieser Bibliothek (*Inverter*), welche die Wurzel ist, angegeben. In *comment* kann ein String, in einfache Hochkommata eingeschlossen, als Kommentar angegeben werden.

*library* definiert die Bibliothek namens *Zellbib*. Die Technologie dieser Bibliothek wird nach *technology* angegeben. Ein Technologie-Block, im Beispiel nicht angegeben, definiert an anderer Stelle die Technologie.

Im Beispiel folgen die Zellen (*cell*). Zunächst wird die Sicht (*view*) der Zelle angegeben, im Beispiel des Typs *maskLayout*. Auf den Typ folgt der Name der Sicht (*Zellenlayout*). Eine *figureGroup* entspricht einem Layer, im Beispiel CC (Kontakt), CP (Poly), CD (Diffusion), CM (Metall), CW (p-Wanne) und CS (p+). Innerhalb jeder *figureGroup* sind geometrische Objekte definiert, im Beispiel Rechtecke (*rectangle*) und Polygone (*polygon*). Ein Rechteck wird durch die Koordinaten von zwei gegenüberliegenden Eckpunkten definiert. Polygone werden wie in CIF durch die Stützpunkte des Umrisses definiert.

In einer Zelle können andere Zellen aufgerufen werden (*instance*). Dabei muß der Name der aufgerufenen Zelle und ihre Sicht angegeben werden, gefolgt von dem Namen der jeweiligen Instanzierung. Geometrische Transformationen (*transform*) können angewendet werden, im Beispiel die Translation (*translate*).

```
(design CMOSinverter (qualify Zellbib Inverter))
 (comment "EDIF Beschreibung einer Zellenhierarchie, deren Wurzel Inverter ist")
 (library Zellbib
 (technology CMOSWE (comment "Hier nicht angegeben"))
 (cell Kontakt (comment "CIF: DS 55")
 (view maskLayout Zellenlayout
  (contents (figureGroup CC (rectangle (point -1 -1)(point 1 1 ))))))

 (cell Inverter (comment "CIF: DS 160")
 (view maskLayout Zellenlayout
  (contents
  (figureGroup CP (rectangle (point 9 0 )(point 11 24)))
  (figureGroup CD (rectangle (point 4 4 )(point 20 8 ))
        (rectangle (point 4 16)(point 20 20)))
  (figureGroup CM (rectangle (point 12 4 )(point 24 8 ))
        (rectangle (point 12 16)(point 24 20))
        (polygon (point 5 0) (point 7 0) (point 7 3)
         point (8 3 ) point (8 21) point (7 21)
         point (7 24) point (5 24) point (5 21)
         point (4 21) point (4 3 ) point (5 3 )))
  (figureGroup CW (rectangle (point 1 1)(point 23 11)))
  (figureGroup CS (rectangle (point 16 2)(point 22 10))
        (rectangle (point 2 14)(point 16 22)))
  (instance Kontakt Zellenlayout KVSSPWELL
       (transform (translate 18 6 )))
  (instance Kontakt Zellenlayout KVDDNSUBS
       (transform (translate 18 18)))
  (instance Kontakt Zellenlayout KVSSNTRAN
       (transform (translate 14 6 )))
  (instance Kontakt Zellenlayout KVDDPTRAN
       (transform (translate 14 18)))
  (instance Kontakt Zellenlayout KOUTNTRAN
       (transform (translate 6 6)))
  (instance Kontakt Zellenlayout KOUTPTRAN
       (transform (translate 6 18))))))
```

**Bild 6.13.** EDIF-Beschreibung des Layouts eines CMOS-Inverters

### 6.2.3 In Programmiersprachen eingebettete Layout-Sprachen: CHISEL und PPP

*CHISEL* ist ein Präprozessor für die Programmiersprache C, der allerdings als Werkzeug für den Chipentwurf zugeschnitten wurde [Karp82]. Der Benutzer schreibt ein C-Programm, welches bestimmte Erweiterungen enthält, z.B. den Datentyp "Punkt". Das CHISEL-Programm wird von dem Präprozessor in ein C-Programm umgewandelt, welches übersetzt und ausgeführt wird (Bild 6.14). Das Ergebnis ist die Generierung einer Bibliothek. Sie enthält Zellenbeschreibungen in CIF. So wie CHISEL in C wurde PPP (A Primitive Pascal Preprocessor) [CaTr84] in Pascal eingebettet. Der PPP-Präprozessor verwaltet jedoch direkt eine Bibliothek (Bild 6.15).

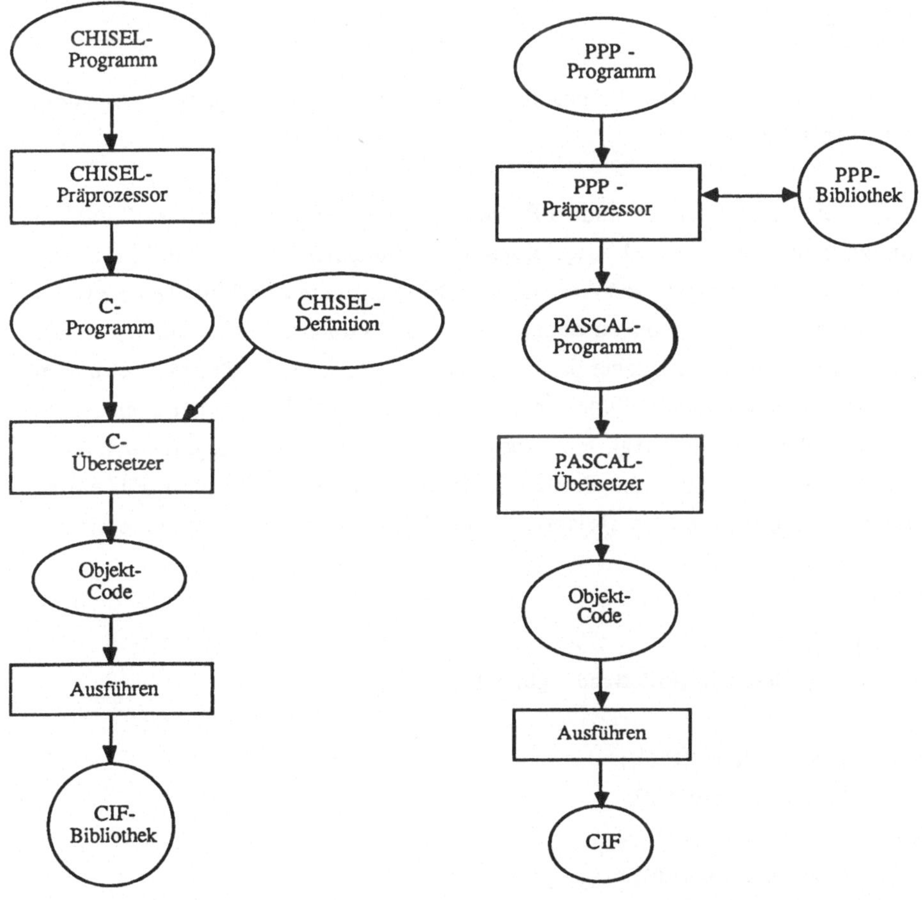


**Bild 6.14.** CHISEL

**Bild 6.15.** PPP

Das heißt, daß auch die Bibliothekselemente in PPP geschrieben sind, also auch Pascal Befehle, Parameter usw. enthalten können. Ein Entwurf wird in PPP geschrieben, Bibliothekselemente können hineingebunden und mit für den Entwurf spezifischen Parametern versehen werden. Der Präprozessor erzeugt daraus ein Pascal-Programm, welches übersetzt und ausgeführt wird. Das Ergebnis ist ein Entwurf, z.B. in CIF.

CHISEL wurde explizit auf den Entwurf integrierter Schaltungen zugeschnitten. Die wichtigen Erweiterungen dabei sind

- CHISEL kennt sog. *ports* oder Anschlüsse, die die Punkte einer Zelle identifizieren, an denen ihr Anschluß erlaubt ist.
- Automatische Verdrahtung für Leitungen, die sich nicht kreuzen ("river routing") ist teilweise möglich.

PPP dagegen ist ein allgemeiner Präprozessor, der für CIF oder für irgend eine andere Sprache verwendet werden kann.

Es folgt ein Beispiel in CHISEL und PPP, welches die Eigenschaften dieser Sprachen verdeutlichen soll. Das Beispiel zeigt einen sehr einfachen "river router", d.h. die Verdrahtung von zwei Gruppen von Anschlüssen, deren einzelne Anschlüsse eins-zu-eins verbunden werden, ohne Kreuzungen zu generieren. Die Verbindungen verlaufen also wie Strömungslinien in einem Fluß, daher der Name. Der "river router" im Beispiel verdrahtet nur in X-Richtung und dann allerdings nur, wenn der rechte Anschluß weiter oben als der entsprechende linke Anschluß liegt, sonst wird eine Fehlermeldung erzeugt (*error*). Auch ist er keineswegs optimal, d.h. die Breite des Kanals wird nicht minimiert. Für einige Fälle jedoch, wie die gezeigten Beispiele (Bild 6.16 und 6.17), liefert er optimale Ergebnisse.

```
ports bus1,bus2;
point channelleft,channelright,leftend,rightend;
int jog;
bus1=Ports("busright","cell1",0);
bus2=Ports("busleft", "cell2",0);
Layer(CM);
channelleft=*PortValue(bus2,0);
channelleft.x=channelleft.x-3;
jog=channelleft.x-1;
```

```
for(i=0;i<BUSSIZE;i++)
   {
    leftend= *PortValue(bus1,i);
    rightend=*PortValue(bus2,i);
    if (leftend.y>rightend.y) error ("Right cell lower");
     if (leftend.y!=rightend.y) channelleft.x=channelleft.x-5;
   };
if (leftend.x>channelleft.x) error("Insufficient channel width");
for(i=0;i<BUSSIZE;i++)
   {
    leftend= *PortValue(bus1,i);
    rightend=*PortValue(bus2,i);
    if (leftend.y!=rightend.y)
       {
         CWire(@leftend,jog,rightend.y,rightend.x);
        jog=jog-5;
       };
    else CWire(@leftend,rightend.x);
   };
```

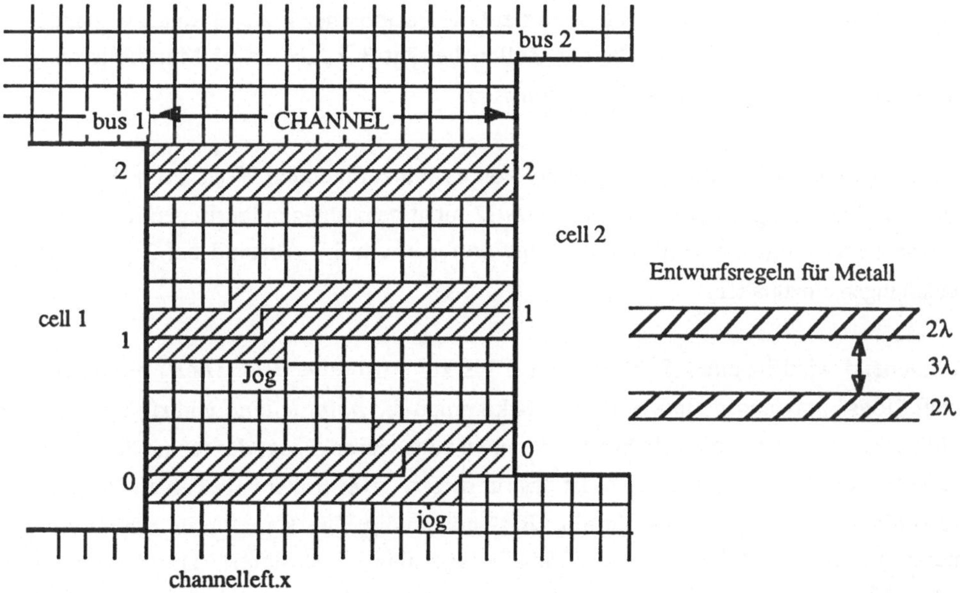

**Bild 6.16.** Ein einfacher "River-Router" in CHISEL

Das CHISEL-Beispiel geht davon aus, daß zwei Zellen (*cell1* und *cell2*) schon plaziert sind. Der Datentyp *ports* definiert eine Anschlußgruppe. Ein *port* beinhaltet verschiedene Informationen, u.a. die Lage der einzelnen Anschlußpunkte. Die definierten *ports* sind *bus1* und *bus2*.

Danach werden einige *point* definiert. Dieser Datentyp ist eine Struktur, die jeweils eine X- und eine Y-Koordinate enthält. Die C-Anweisung *int* vereinbart eine ganze Zahl.

Die Zuweisungen auf *bus1* und *bus2* rufen die vordefinierte Funktion *Ports* auf. Ihre Parameter sind ein Zellname und ein Portname (der dritte Parameter *0* interessiert hier nicht). *Ports* liefert ein Objekt des Typs *ports*. Eine Zelle enthält in CHISEL u.a. auch Anschlußpunkte. Im Beispiel hat *cell1* die Anschlüsse *busright* an ihrer rechten Kante, *cell2* hat die Anschlüsse *busleft* an ihrer linken Kante.

Die Anweisung *Layer(CM)* definiert Metall. Die Funktion *PortValue* liefert einen Zeiger auf ein Objekt des Typs *point*, das die Koordinate eines Anschlußpunktes enthält. Der zweite Parameter gibt dabei an, um welchen Anschlußpunkt des *ports* es sich handelt; ein *port* ist wie ein Array organisiert, (in C laufen die Indizes von 0 aufwärts). *channelleft* enthält also die x- und y-Koordinaten des 0-ten Anschlußpunkts von *bus2*. Die x-Koordinate wird um 3 λ vermindert; *channelleft.x* soll die x-Koordinate des linken Randes des Kanals enthalten. Der rechte Rand wird auf die Position des linken Randes von *cell2* festgelegt. Der Mindestabstand beider Zellen beträgt 3 λ, da zwei Metalleitungen mindestens 3 λ voneinander entfernt sein müssen.

Die Variable *jog* enthält die x-Koordinate von ev. einzufügenden "Jogs", d.h. Knicke, wenn zwei Anschlußpunkte von *bus1* und *bus2* nicht genau gegenüberliegen. Der erste mögliche Knick liegt 4 λ von dem Zellrand entfernt, um 3 λ Abstand bei 2 λ breiten Metalleitungen einzuhalten.

Anschließend wird in einer Schleife von 0 bis zur Busbreite (*BUSSIZE*) abgefragt, wieviel "Jogs" notwendig sind. Zunächst bekommen die *point leftend* und *rightend* die Koordinaten von zwei anzuschließenden Punkten zugewiesen. Liegt der rechte Anschluß dabei unter dem linken Anschluß, so ist das für diesen "river router" ein Fehler. Sind die y- Koordinaten nicht gleich, so ist ein "Jog" notwendig. Die Kanalbreite erhöht sich dementsprechend um 5 λ (2 λ für die Metalleitung plus 3 λ Abstand), d.h. *channelleft* wird um 5 λ nach links verschoben.

Nachdem so die notwendige Kanalbreite festgestellt wurde, wird abgefragt, ob der rechte

Rand der linken Zelle (in *leftendx*) nicht in den Kanal plaziert wurde. Ist dies der Fall, so wird ein Fehler ausgegeben.

In einer zweiten Schleife wird nun die Verdrahtung vorgenommen. Stimmen die y-Koordinaten der zu verbindenden Punkte nicht überein, so wird ein "Jog" eingefügt, sonst wird direkt verbunden. Die "Jogs" werden von rechts nach links eingefügt, daher müssen die rechten Verbindungspunkte höher als die linken liegen. Die eigentliche Verdrahtung wird in der *CWire* Anweisung vorgenommen. Dabei muß zunächst der Anfangspunkt des "Wire" angegeben werden (nach *@)*, danach abwechselnd x- und y-Koordinaten. Die Verdrahtung erfolgt rechtwinklig.

```
&PROCEDURE primitiverouter (channelbegin,buswidth :INTEGER;
& pos1y,pos2y : arraytype;
& VAR channelend : INTEGER);
&VAR i,jog : INTEGER;
&BEGIN
 L CM;
&channelend:=channelbegin+3;
&FOR i:=1 TO buswidth DO
& BEGIN
& IF pos1y[i]>pos2y[i] THEN error('Right cell lower');
& IF pos1y[i]<>pos2y[i] THEN channelend:=channelend+5;
& END;
&jog:=channelend-4;
&FOR i:=1 TO buswidth DO
& IF pos1y[i]<>pos2y[i] THEN
& BEGIN
 W 2 &channelbegin &pos1y[i] &jog &pos1y[i]
     &jog &pos2y[i] &channelend &pos2y[i] ;
& jog:=jog-5;
& END
& ELSE BEGIN
 W 2 &channelbegin &pos1y[i] &channelend &pos2y[i] ;
& END;
&END;
```

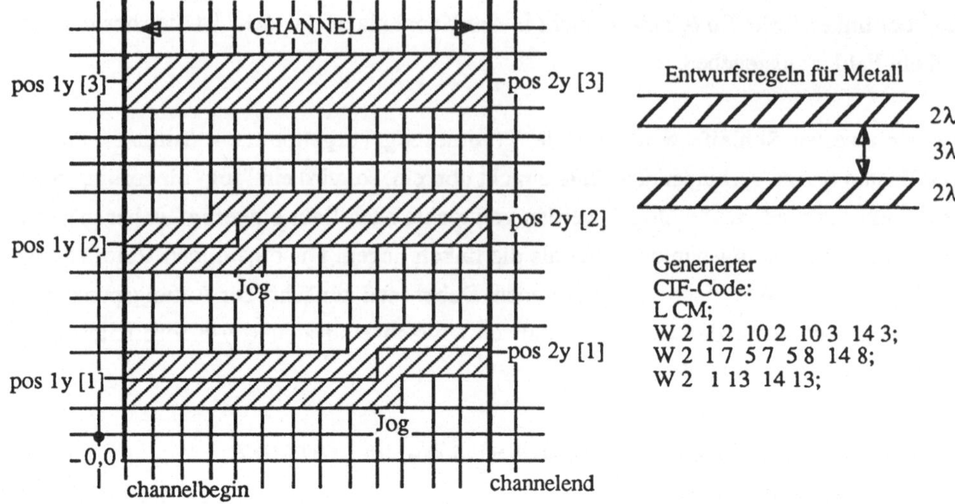


**Bild 6.17.** Der einfache "River Router" in PPP

In PPP werden Pascal-Anweisungen durch ein & in der ersten Spalte gekennzeichnet. Der "river router" ist hier als eine Pascal-Prozedur (*primitiverouter*) implementiert. Neben den Pascal-Anweisungen enthält das Programm auch parametrisierte CIF-Anweisungen. Das Ergebnis des PPP-Programs ist CIF-Code (Bild 6.17).

Die Parameter sind

| | |
|---|---|
| *channelbegin* | die x-Koordinate des linken Randes des Kanals |
| *channelend* | die x-Koordinate des rechten Randes des Kanals. Wird von *primitiverouter* berechnet. |
| *buswidth* | die Breite der zu verbindenden Busse, d.h. die Anzahl der Leitungen. |
| *pos1y, pos2y* | zwei Arrays, welche die Y-Koordinaten der einzelnen Anschlüsse beider Busse enthalten. |

Neben diesen Parametern benötigt *primitiverouter* noch die Laufvariable *i* und die jeweilige x-Koordinate eines "Jogs" (*jog*).

*primitiverouter* basiert auf dem gleichen Verfahren wie das CHISEL-Beispiel. Lediglich wird in diesem Fall die Breite des Kanals, d.h. die x-Koordinate des rechten Randes (*channelend*), berechnet und nicht vorgegeben.

Das Programm beginnt mit der CIF-Anweisung Layer. Danach wird die Breite des Kanals auf 3λ gesetzt, um den Mindestabstand von evtl. vorhandenen Metalleitungen an den

Zellenrändern zu gewährleisten. Danach wird in einer Schleife die notwendige Breite des Kanals berechnet. Wiederum müssen die rechten Anschlüsse höher als die linken liegen. Für jeden "Jog" wird der rechte Kanalrand (*channelend*) um 5λ verschoben.

In einer zweiten Schleife wird die Verdrahtung in CIF-Wire-Anweisungen vorgenommen. Dabei werden mit & beginnende Variablen als Parameter interpretiert und bei der CIF-Code-Generierung durch ihren Wert ersetzt. Bild 6.17 zeigt den generierten Code für ein einfaches Beispiel.

## 6.3 Entwurfsregeln

Die Entwurfsregeln (design rules) sind die Schnittstelle zwischen Entwerfer und Hersteller. Entwurfsregeln ermöglichen, eine relative Unabhängigkeit zwischen Entwurf und Herstellung zu schaffen (engl. *pattern independency* ). Sie haben das Ziel, eine möglichst große Ausbeute bei möglichst kleinen Geometrien zu erlangen, ohne die Zuverlässigkeit der Schaltungen zu beeinträchtigen.

Die Regeln beziehen sich im wesentlichen auf die Geometrie von Schaltungen. Sie geben an, welche Mindestabmessungen und Mindestabstände die verschiedenen Ebenen (*layers*) haben müssen, damit der Prozeß mit hoher Wahrscheinlichkeit genau genug arbeiten kann. Entwurfsregeln stellen keine absolute Grenze dar: Wird z.B. die Mindestbreite von Metall unterschritten, so bedeutet dies nicht, daß die entsprechende Leitung nicht mehr die Verbindung gewährleistet, sondern nur, daß sich die Wahrscheinlichkeit dafür erhöht. Entwurfsregeln stellen also immer einen Kompromiß zwischen der Ausbeute (die hauptsächlich von der Wahrscheinlichkeit, daß die geometrischen Strukturen durch den Prozeß korrekt realisiert werden, abhängt (vgl. Abschn. 7.5)) und der Größe der Schaltungen dar. Sie kommen durch Toleranzen im Prozeß zustande. Beispiele dafür sind:

- Unter- bzw. Überätzen beim Entfernen der verschiedenen Materialien.
- Verschiebungen bei der aufeinanderfolgenden Projektion verschiedener Masken.
- Unterschiedliche Wärmeausdehnungskoeffizienten von Silizium und Siliziumoxid, wodurch der Wafer keine ebene Oberfläche mehr besitzt, da er sich bei sehr hohen Temperaturen wellt.
- Ungenauigkeiten, die bei der Maskenherstellung selbst auftreten usw.

Neben den angedeuteten Abmessungsgrenzen gibt es noch eine zweite Gruppe "struktureller" Entwurfsregeln. Sie geben an, welche Grundstrukturen ein Prozeß überhaupt zuläßt. Einfache Beispiele sind die Anzahl von Metallagen, die Art der Kontakte usw. Hierauf soll im weiteren nicht eingegangen werden, es ist jedoch zu bemerken, daß solche "Regeln" den stärksten Einfluß auf Layoutentwurf und Werkzeuge haben. Der Übergang von einer zu zwei Metallagen macht z.B. vorhandene Zellen-Bibliotheken und entsprechende Generatoren unbrauchbar und erfordert sehr starke Erweiterungen und Änderungen im "design rule checker" (vgl. Abschn. 6.4), um diesen weiterhin verwenden zu können, sofern das überhaupt möglich ist.

Entwurfsregeln werden im wesentlichen in zwei Formen angegeben:

- als absolute μ-Entwurfsregeln (in μm) oder
- als relative λ-Entwurfsregeln (in Vielfachen eines Parameters λ, der die Toleranz bzw. die minimale Auflösung des Prozesses angibt)

In der industriellen Praxis werden fast ausschließlich μ-Entwurfsregeln verwendet. Sie geben die absoluten Werte aller Mindestabstände und Mindestabmessungen für einen Prozeß an. Für einen typischen CMOS-Prozeß ergeben sich üblicherweise etliche hundert solcher Regeln. μ-Entwurfsregeln haben den entscheidenden Vorteil, daß sie den Prozeß voll auszunutzen erlauben. Jede Regel stellt das jeweils erreichbare Optimum dar. Wird der Prozeß verbessert, so lassen sich die Regeln unabhängig voneinander skalieren, d. h. jede kleine Prozeßverbesserung kann sofort in der entsprechendeh Regel berücksichtigt werden. Der einzige Nachteil der μ-Entwurfsregeln ist ihre vor allem durch die hohe Zahl bedingte Komplexität.

λ-Entwurfsregeln stellen den Versuch dar, die Entwurfsregeln drastisch zu vereinfachen. Dabei wird angenommen, daß alle Entwurfsregeln linear skaliert werden können, wenn ein Prozeß verbessert wird. Da sich durch die technologische Entwicklung die Abmessungen ständig verkleinern, gibt man die Entwurfsregeln als Vielfaches dieses λ an, das dann allein zur Charakterisierung eines Herstellungsprozesses ausreicht. λ gibt dabei, wie oben beschrieben, die Toleranz an, die ein Prozeß gerade noch auflösen kann. Wird nun der Herstellungsprozeß genauer, so ändern sich nicht zwingend die Entwurfsregeln, sondern λ wird verkleinert und dem Prozeß angepaßt. Der entscheidende Nachteil dabei jedoch ist, daß in Wirklichkeit Prozesse nicht linear skalieren und daher Ineffizienzen durch zu groß bemessene Entwurfsregeln in Kauf genommen werden müssen. λ-Entwurfsregeln sind jedoch gut geeignet, die Prinzipien zu veranschaulichen. Vor allem in Universitätsumgebungen haben sie eine weite Verwendung gefunden, da sie sowohl den Layoutentwurf als auch die dazu notwendigen Werkzeuge stark vereinfachen. In der industriellen Praxis werden sie jedoch so gut wie nicht eingesetzt.

Im folgenden werden als Beispiel λ-Entwurfsregeln für einen 2-Metallagen-p-Wannen-CMOS-Prozeß angegeben. Typische λ–Werte liegen 1988 zwischen 0,5 und 1 µm.

**Tabelle 6.1.** Beispiele einiger λ-Entwurfsregeln (in Anlehnung an [WeEs85])

| Bild | Maske | Regel | λ–faches |
|---|---|---|---|
| a1 | Diffusion | Mindestbreite | 2 |
| a2 | | Mindestabstand p - p und n - n | 2 |
| a3 | | Mindestabstand p - n | 8 |
| b1 | p-Wanne | Mindestbreite | 4 |
| b2 | | Mindestabstand (gleiches Potential) | 2 |
| b3 | | Mindestabstand (verschiedenes Potential) | 6 |
| b4 | | Mindestabstand zu Diffusion in der Wanne | 3 |
| b5 | | Mindestabstand zu Diffusion außerhalb der Wanne | 5 |
| c1 | Poly | Mindestbreite | 2 |
| c2 | | Mindestabstand | 2 |
| c3 | | Mindestabstand Poly - Diffusion | 1 |
| c4 | | Mindestüberstand über Diffusion bei Gates | 2 |
| d1 | Kontakt | Mindestbreite | 2 |
| d2 | | Mindestabstand | 2 |
| d3 | | Mindestüberlappung mit Poly oder Diffusion | 1 |
| d4 | | Mindestabstand zu Poly (Gate) | 2 |
| e1 | Metall 1 | Mindestbreite | 2 |
| e2 | | Mindestabstand | 3 |
| e3 | | Mindestüberlappung mit Kontakt oder Via | 1 |
| f1 | Metall 2 | Mindestbreite | 4 |
| f2 | | Mindestabstand | 4 |
| f3 | | Mindestüberlappung mit Via | 1,5 |
| g1 | Via (M2-M1) | Mindestbreite | 2 |
| g2 | | Mindestabstand zu Kontakt | 2 |

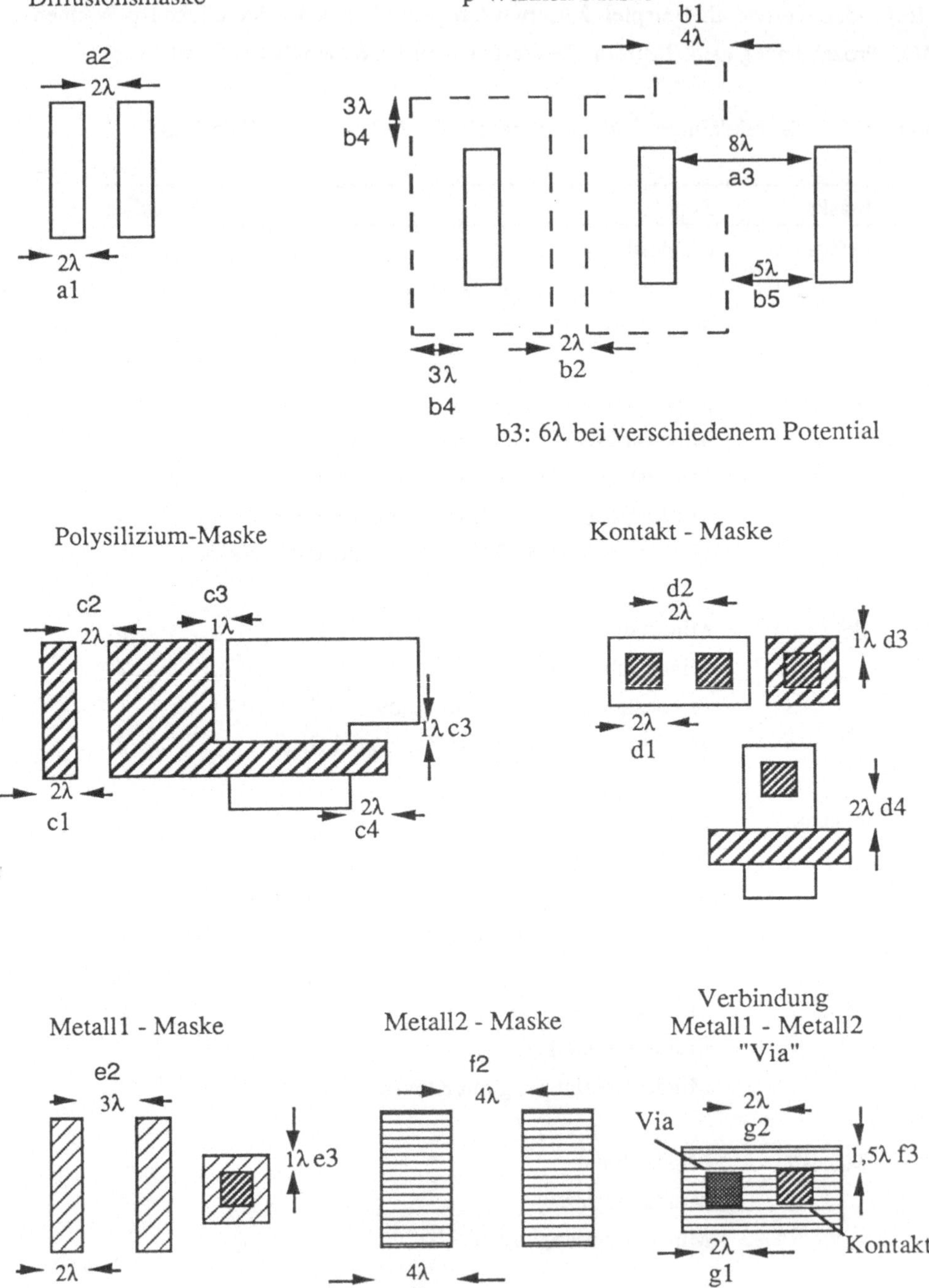


**Bild 6.18.** Graphische Darstellung der Entwurfsregeln aus Tabelle 6.1. (in Anlehnung an [WeEs85])

## 6.4 Entwurfsregel-Überprüfung

Entwickelte Layouts werden in der Praxis immer mit einem Entwurfsregel-Überprüfer (engl. *design rule checker*) auf korrekte Einhaltung der Entwurfsregeln geprüft. Theoretisch könnte dies bei automatisch synthetisierten Layouts entfallen ("Korrektheit durch Konstruktion"), es ist jedoch unmöglich, die Korrektheit des Werkzeugs, in diesem Falle des Layout-Programms, zu gewährleisten.

Es existieren verschiedene Methoden zur Entwurfsregelüberprüfung, im wesentlichen die Raster-Methode, auf Ecken-Überprüfung basierende Methoden und auf Polygon-Algebra basierende Methoden. Solche Programme sind z.B. in [BaTe80, Bair78, SzWy83] beschrieben. Daneben existieren zahlreiche in kommerziell verfügbare Entwurfs-Systeme integrierte Programme.

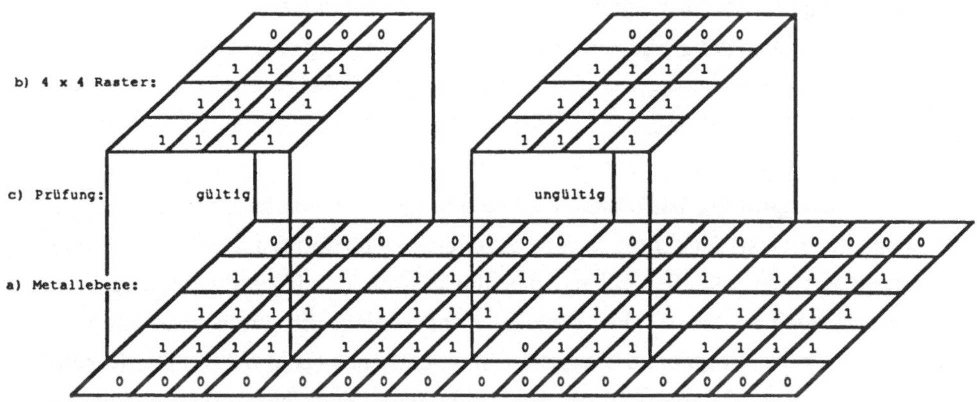


**Bild 6.19.** Entwurfsregel-Überprüfung mit der Raster-Methode

Bei der *Raster-Methode* wird davon ausgegangen, daß das Layout in einem λ-Raster dargestellt ist (Bild 6.19a). Die Entwurfsregeln für eine Ebene werden als binäre Matrix dargestellt. Die Anzahl der Reihen/Spalten legt ein Fenster fest, das groß genug sein muß, um alle Entwurfsregeln darzustellen. Eine 1 in der Matrix bedeutet, daß die entsprechende Ebene besetzt ist, eine 0, daß sie nicht besetzt ist. Für jede Ebene werden alle gültigen (oder ungültigen) Konfigurationen dargestellt (Bild 6.19b). Die Überprüfung der Entwurfsregeln erfolgt dann dadurch, daß ein Fenster der gegebenen Größe über den gesamten Entwurf geschoben wird, und jedesmal geprüft wird, ob das sichtbare Fenster "gültig" ist oder nicht (Bild 6.19c).

Entwurfsregeln, die zwei Ebenen involvieren, können entweder mit zwei Bits pro Punkt oder als bedingte Regeln dargestellt werden (Bild 6.20).

$$\text{IF} \begin{pmatrix} 0&0&0&0\\ 0&1&1&0\\ 0&1&1&0\\ 0&0&0&0 \end{pmatrix}_{\text{Kontakt}} \text{THEN} \begin{pmatrix} 1&1&1&1\\ 1&1&1&1\\ 1&1&1&1\\ 1&1&1&1 \end{pmatrix}_{\text{Metall}} \wedge$$

$$\left[ \begin{pmatrix} 1&1&1&1\\ 1&1&1&1\\ 1&1&1&1\\ 1&1&1&1 \end{pmatrix}_{\text{Diff.}} \wedge \begin{pmatrix} 0&0&0&0\\ 0&0&0&0\\ 0&0&0&0\\ 0&0&0&0 \end{pmatrix}_{\text{Poly-Si}} \vee \begin{pmatrix} 0&0&0&0\\ 0&0&0&0\\ 0&0&0&0\\ 0&0&0&0 \end{pmatrix}_{\text{Diff.}} \wedge \begin{pmatrix} 1&1&1&1\\ 1&1&1&1\\ 1&1&1&1\\ 1&1&1&1 \end{pmatrix}_{\text{Poly-Si}} \right]$$

**Bild 6.20.** Darstellung von Entwurfsregeln für zwei Ebenen

Der Vorteil dieser Methode liegt hauptsächlich in ihrer Einfachheit und der daraus resultierenden einfachen Implementierung. Da jedoch in der industriellen Praxis Entwürfe mit $\lambda$-Entwurfsregeln die Ausnahme sind, findet diese Methode kaum Anwendung. Weitere Probleme stellen der große Aufwand bei der Speicherung eines Layouts in Pixel-Form und der sprunghafte Anstieg der möglichen Fenster (z.B. bei einem $5\lambda$ x $5\lambda$ Fenster $2^{25}$ Möglichkeiten für eine Ebene, bzw.$2^{50}$ Möglichkeiten für zwei Ebenen) dar.

Die auf *Ecken*-Überprüfung basierenden Methoden gehen davon aus, daß es genügt, Regeln nur an den Ecken der geometrischen Strukturen zu überprüfen. Der Entwurf muß also so gespeichert sein, daß alle "Ecken", d.h. alle Winkel, identifiziert werden können. Hierbei müssen auch solche Winkel berücksichtigt werden, die durch zwei Ebenen, zwischen denen Entwurfsregeln zu überprüfen sind, entstehen (Bild 6.21a). Die Regeln können direkt als "Regel" dargestellt werden (Bild 6.21b). Zur Überprüfung genügt es, die Liste der Ecken einmal durchzugehen, und an jeder Ecke die relevanten Regeln anzuwenden. Ein Beispiel ist in Bild 6.21 gegeben.

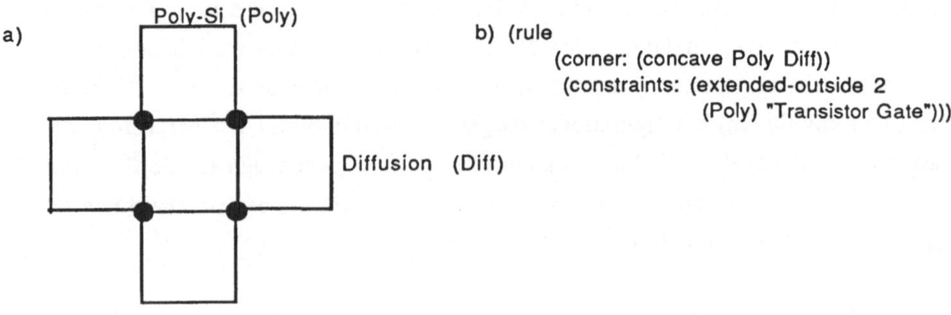

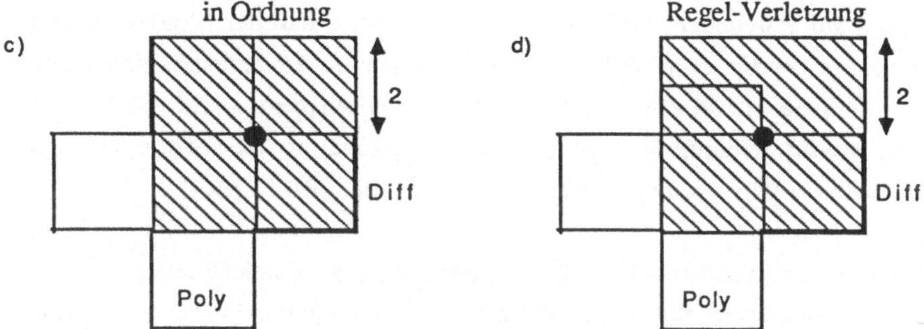


**Bild 6.21.** Beispiel einer Entwurfsregel-Überprüfung an Ecken

Die Vorteile dieser Methode sind zum einen ihre Geschwindigkeit, zum anderen die Möglichkeit, Regeln einfach zu ändern bzw. hinzuzufügen. Sie erfordert allerdings aufwendige Datenstrukturen, um die Nachbarschaft der Ecken einfach finden zu können, und ist daher relativ kompliziert zu implementieren.

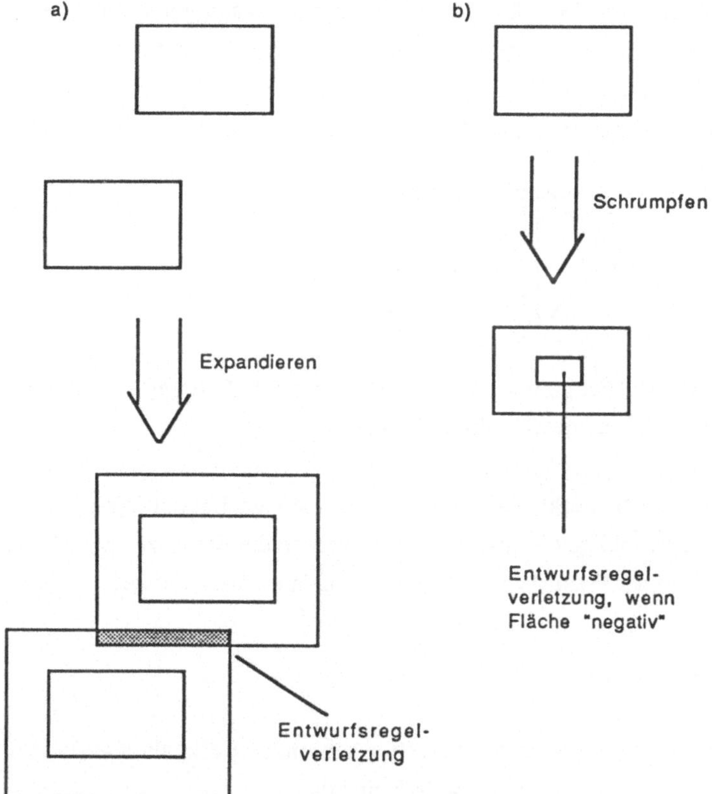


**Bild 6.22.** Polygon-Algebra zur Entwurfsregel-Überprüfung

Die letzte hier betrachtete Methode, die *Polygon-Algebra*, implementiert Entwurfsregeln als Operationen auf Polygonen. Soll z.B. überprüft werden, daß der Mindestabstand zweier Polygone *d* beträgt, so genügt es, diese Polygone um *d*/2 zu expandieren und danach zu prüfen, ob die so entstandenen Polygone überlappen (Bild 6.22a). Die Mindestbreite *w* wird dadurch überprüft, daß die Polygone um *w*/2 schrumpfen und geprüft wird, daß kein Polygon negative Abmessungen erhält (Bild 6.22b).

Diese Methode ist elegant und erlaubt es einfach, Entwurfsregeln durch Grundoperationen auf Polygonen auszudrücken. Sie ist globaler Natur, wodurch unter Umständen ein sehr großer Speicherbedarf zustande kommt. Des weiteren ist die Implementierung der Polygon-Algebra relativ kompliziert.

Ein Problem bei allen Methoden ist die Berücksichtigung der elektrischen Konnektivität. Sind zwei geometrische Strukturen elektrisch verbunden, so stellen Unterschreitungen der Mindestabstände keine Entwurfsregel-Verletzung mehr dar (Bild 6.23). Wird dies bei der Entwurfsregelüberprüfung nicht berücksichtigt, so werden Regel-Verletzungen gemeldet, die keine sind. Um hier Abhilfe zu schaffen, muß ähnlich wie bei der *Schaltungsextraktion* die elektrische Konnektivität ermittelt werden. Da dies global jedoch sehr aufwendig werden kann, begnügt man sich oft mit der Berücksichtigung lokaler Konnektivität, was, wie beschrieben, zu Pseudo-Regelverletzungen führen kann.

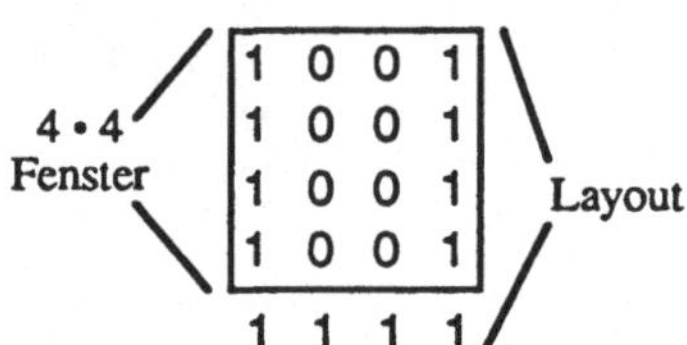


**Bild 6.23.** Pseudo-Entwurfsregelverletzung durch Vernachlässigung der elektrischen Konnektivität (für Metallebene mit 3λ-Mindestabstand)

Zum Abschluß sei noch bemerkt, daß, wie bei den meisten Layout-Werkzeugen, die Beschränkung auf rechtwinklige ("Manhattan") Geometrien die Entwurfsregelüberprüfung ungemein erleichtert. In der Praxis beschränkt man sich daher meist darauf.

## 6.5 Symbolisches Layout

Eine Entwurfstechnik, die sich in letzter Zeit wachsender Beliebtheit erfreut, ist das sogenannte symbolische Layout. Mit symbolisch sind dabei

- die Anwendung von Grundobjekten, die nicht mehr einfache Rechtecke und Polygone, sondern z.B. Kontakte oder Transistoren sind
- und vor allem der Verzicht auf die genaue Angabe der Geometrie

gemeint. Es wären selbstverständlich auch "Symbole" wie logische Gatter, ALU's oder ganze Rechner denkbar, der Begriff symbolisches Layout wird jedoch nur für geometrienahe Darstellungen verwendet.

Über die Verwendung von Symbolen hinaus ist, wie oben angedeutet, bei symbolischem Layout die genaue Eingabe der Geometrie oft nicht notwendig. Objekte werden auf einem sog. *virtuellen Raster* plaziert. Die genaue Position ist dabei irrelevant, lediglich die *Topologie*, d.h. die relative Position der einzelnen Objekte zueinander ist von Bedeutung. Das genaue Layout wird automatisch von einem sog. *Kompaktierer* so erzeugt, daß die Entwurfsregeln eingehalten werden, aber das Layout möglichst wenig Fläche beansprucht. Der Kompaktierer ist das zentrale Werkzeug in einem symbolischen Layout-System. Zahlreiche Ansätze zur Kompaktierung sind in der Literatur beschrieben. Zu den Kompaktierungsverfahren gehört zunächst die "Shear Line Compaction" [AGR70]. Eindimensionale Kompaktierer sind u.a. CABBAGE [Hsue79, Hsue81], HILL [LeMe83], SLIM [Dunl80], STICKS [Will78], MULGA [West81a], TRICKY [Hanc81], FLOSS [CKS77, ALE81], LAVA [MNE82] und SPACER [DoDa85]. Weitere Arbeiten zur 1-D Kompaktierung sind beschrieben in [Most81, LiWo83, Dunl78, Gree86, King84]. Weitere Kompaktierungsverfahren sind "virtual grid compaction" [EnDa85, West81b, HFL85], "virtual segment compaction" [KoAc86, NDR87], zweidimensionale Kompaktierung [KeWa83, Wong84, SLW83, WMND83, Wolf84, SaPa82], "zone refining compaction" [SSS86], "place and re-route compaction" [Male85]. Andere Ansätze sind hierarchisches Kompaktieren [LeMe83, Ullm84, EnSt85], Kompaktierung durch Simulated Annealing [MlSu86] und regelbasiertes Kompaktieren [Kim84, BrHe86].

Obwohl eine Vielzahl von Kompaktierern bei kleinen Zellen sehr gute Ergebnisse erzielt, gibt es kaum Systeme, die größere komplette Entwürfe bearbeiten können.

Bild 6.24 zeigt die wichtigsten Schritte beim symbolischen Layout. Das Layout wird vom Entwerfer mit Hilfe eines interaktiven Editors oder einer Layout-Sprache "symbolisch" auf ein virtuelles Raster *eingegeben*, die Symbole werden anschließend automatisch in Geometrien *expandiert* und das so entstehende Layout danach *kompaktiert*.

Das symbolische Layout vereinfacht den Entwurf sehr stark, ohne dabei große Flächennachteile in Kauf nehmen zu müssen. Der Entwerfer braucht sich nicht um die

Entwurfsregeln zu kümmern, deren Einhaltung vom System gewährleistet wird. Der Entwerfer ist ferner nicht wie bei anderen Entwurfsstilen (Gate Arrays, Standardzellen) auf vordefinierte Zellen oder Geometrien beschränkt. Es ist jedoch klar, daß ein solches System nur so gut wie der Kompaktierer ist.

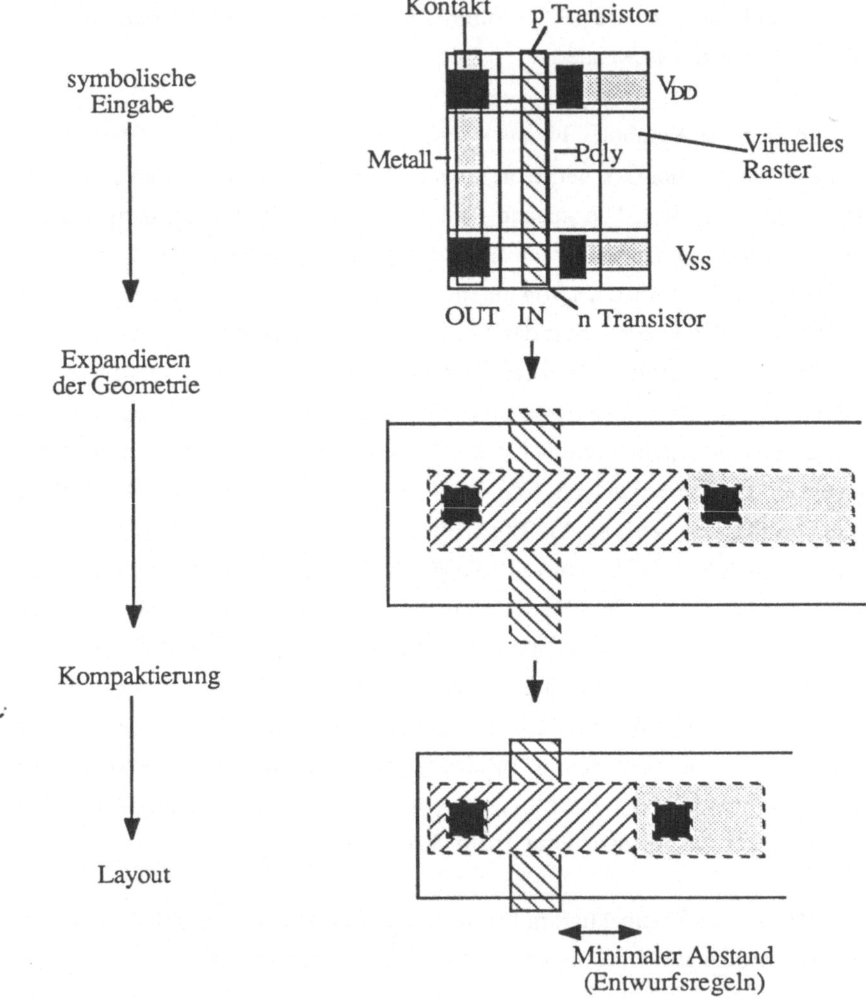


**Bild 6.24.** Symbolisches Layout

Im folgenden sollen hier die Eingabe symbolischer Layouts und deren Kompaktierung näher betrachtet werden. Die Expansion der Symbole in ihre Geometrien ist trivial. Sie entspricht im wesentlichem dem Aufruf einer vordefinierten Zelle (die evtl. parametrisiert sein kann, z.B. die Größe eines Transistors) und soll hier nicht weiter ausgeführt werden.

### 6.5.1 Darstellung symbolischer Layouts

Als symbolische Darstellung eines Layout wird normalerweise eine entwurfsregelfreie Darstellung der Topologie bezeichnet. Dabei ist nur die relative Position der Objekte relevant. Die Objekte selbst werden also durch Symbole (nicht durch ihre Geometrie) dargestellt. Objekte sind etwa Wires, Polygone oder Transistoren, die eins-zu-eins in ihre Geometrie umgesetzt werden können.

Eine bekannte symbolische Darstellung sind die sog. *"stick"-Diagramme (stick diagrams)* [MeCo80]. Die Objekte sind in diesem Fall Stäbe (*sticks*) auf einem bestimmten Layer (Bild 6.25). Eine Kreuzung von Poly und Diffusion bildet einen Transistor. Im Normalfall wird davon ausgegangen, daß alle Objekte minimale Dimensionen haben; ist dies nicht der Fall, so müssen sie zusätzlich angegeben werden, z.B. bei Transistoren das Länge/Breite Verhältnis.

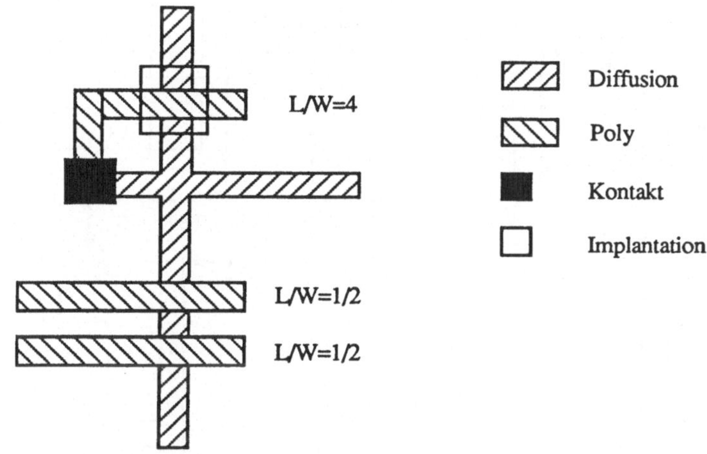


**Bild 6.25.** "Stick" Diagramm eines nMOS-NAND

Alle als symbolisches Layout bezeichneten Ansätze basieren in etwa auf einer solchen Darstellung. Typische Erweiterungen beinhalten explizite Symbole für Transistoren und Kontakte, z.B. *MULGA* [West81a].

### 6.5.2 Kompaktierung

Kompaktierung ist die Generierung eines Layouts aus einer symbolischen Darstellung mit dem Ziel, unter Einhaltung der Entwurfsregeln ein möglichst kompaktes Layout zu erzeugen.

Die Kompaktierung stellt einen Syntheseschritt auf einer unteren Ebene im Layout-Bereich dar, der in dem *Bereich-Ebenen*-Diagramm in Bild 6.26 charakterisiert ist.

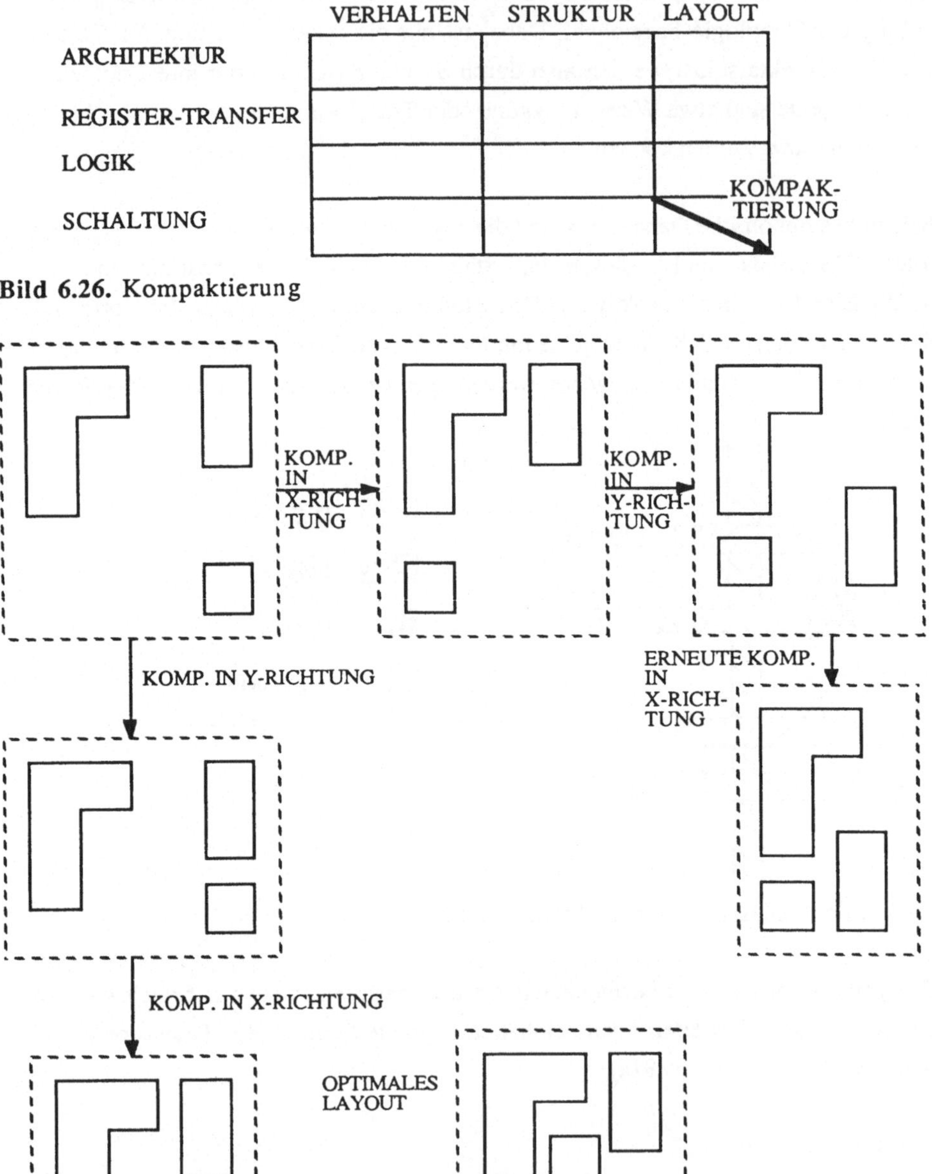


**Bild 6.26.** Kompaktierung

**Bild 6.27.** Kompaktierung in x- und y-Richtung

Der traditionelle Ansatz teilt das Problem in zwei Schritte: Kompaktierung in x-Richtung und Kompaktierung in y-Richtung. Die Objekte werden dabei in jedem Schritt nur in eine Richtung bewegt (sog. *eindimensionale Kompaktierung*). Beide Schritte werden unabhängig voneinander ausgeführt.

Es ist leicht zu ersehen, daß ein solches Vorgehen nicht zu einer optimalen Lösung führt. Ferner ist das Ergebnis von der Reihenfolge der Kompaktierung abhängig (Bild 6.27).

Im Gegensatz zur eindimensionalen Kompaktierung hebt die sog. *zweidimensionale Kompaktierung* die Trennung in x- und y-Richtung auf, um ein optimales Ergebnis zu erzielen.

Es können einige Methoden für die eindimensionale Kompaktierung unterschieden werden. Bei einer Methode werden sogenannte *"compression ridges"*, d.h. ungenutzte Flächen in Form von Bändern, im Layout festgestellt, die anschließend eliminiert werden. Dabei wird das Layout um die Breite des Bandes zusammengeschoben und ggf. an den sogenannten *"rift lines"* aufgebrochen (Bild 6.28).

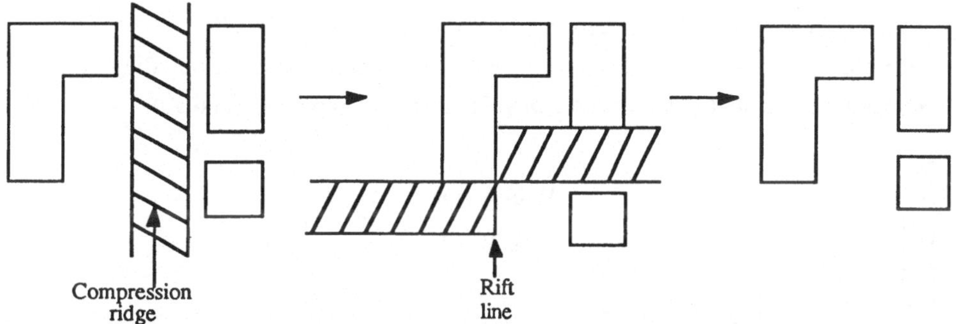


**Bild 6.28.** Die "compression ridge"-Methode

Eine zweite Methode zur eindimensionalen Kompaktierung, die hier näher erklärt werden soll, ist graphentheoretischer Natur. Sie besteht im wesentlichen aus den beiden Schritten:

- Aufstellen eines Systems linearer Ungleichungen, welches die von den Entwurfsregeln geforderten minimalen Abstände widerspiegelt,
- Lösen der Ungleichungen.

Eine Ungleichung $v \geq u + c$ stellt die minimale Entfernung zweier Objekte dar. Hierbei ist c die minimale Entfernung zweier Objekte wie von den Entwurfsregeln vorgegeben. u und v sind die Koordinaten der Objekte (d.h. für x-Kompaktierung die x- Koordinaten). Es muß immer eine konsistente Koordinate für die Objekte gewählt werden, z.B. die Mitte, die linke oder die rechte Seite. Die Ungleichungen können auch als Graph dargestellt werden, in dem die Knoten die Objekte und die gewichteten Kanten die minimalen Entfernungen repräsentieren. Bild 6.29 zeigt ein einfaches Beispiel. Dieser Graph wird als *Restriktions-*Graph bezeichnet.

Die Generierung des Restriktions-Graphen könnte trivialerweise durch Betrachtung aller möglichen Objektpaare und dem Anwenden der entsprechenden Entwurfsregeln geschehen. Dies würde bei n Objekten jedoch $O(n^2)$ Kanten (Ungleichungen) generieren, was in der Praxis ohne Frage unakzeptabel ist. Die meisten Kanten sind dabei nicht relevant, da sie in der transitiven Hülle des Restriktions-Graphen liegen. Das Problem besteht also im Eliminieren der transitiven Hülle. In Bild 6.29 betrifft dies die Kante zwischen $V_1$ und $V_3$ (3 $\lambda$ Minimalabstand).

Um nun die transitive Hülle zu eliminieren, gibt es verschiedene Ansätze. Es werden hier folgende Annahmen zugrunde gelegt:

- Ein Objekt wird als 3-Tupel $O_0=(x_0,yb_0,yt_0)$ dargestellt (Bild 6.30).
- Für die Aufstellung der Ungleichungen in x-Richtung müssen nur diejenigen Objekte berücksichtigt werden, die in y-Richtung überlappen (Bild 6.30).

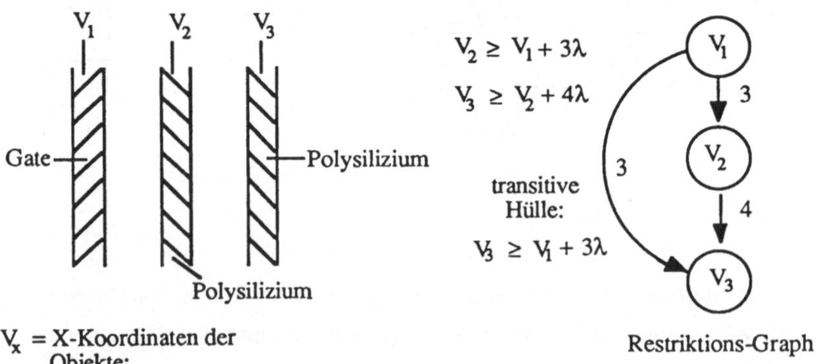


**Bild 6.29.** Der Restriktions-Graph

Sortiert man nun die Objekte nach yt und yb (den Koordinaten der oberen und unteren Kante), so kann leicht festgestellt werden, welche Objekte in y-Richtung überlappen (z.B. durch eine vereinfachte Form des Algorithmus, der später im Abschn. 6.6 (Bild 6.37) eingeführt wird). Überlappen nur 2 Objekte, so wird die entsprechende Entwurfsregel angewendet und eine Kante im Graphen generiert, in Bild 6.30 z.B. bei $O_4$ und $O_5$. Überlappen mehr als 2 Objekte (in Bild 6.30 z.B. $O_1$, $O_2$ und $O_3$), so werden nur Kanten entsprechend der Ordnung in x generiert, das heißt, nur für in x-Richtung benachbarte Objekte.

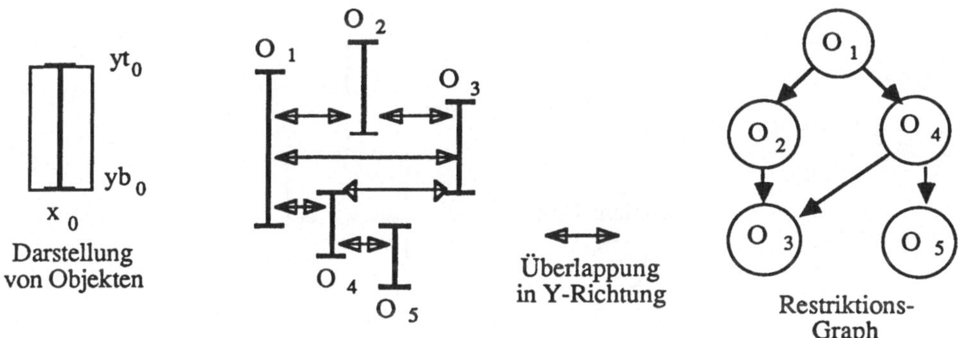


**Bild 6.30.** Objektdarstellung und Überlappung

Die maximale Anzahl von Kanten im Restriktions-Graphen ohne transitive Hülle beträgt bei n Objekten 2n-4 (für n>2, siehe Bild 6.31) [LeMe83].

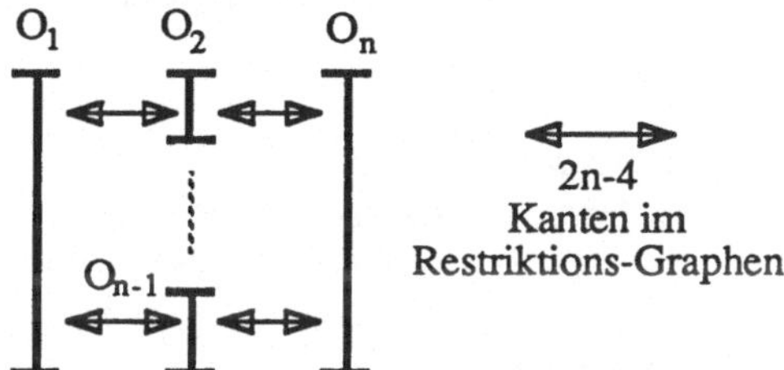


**Bild 6.31.** Maximale Anzahl der Kanten im Restriktions-Graphen ohne transitive Hülle

Das oben angedeutete Verfahren basiert auf [LeMe83], hat eine Zeitkomplexität von O(n log n) und erzeugt nur die notwendigen Kanten. Andere Verfahren erzeugen mehr Kanten, z.B. Cabbage [Hsue79] bis zu $O(n^{1.5})$, typischerweise $O(n^{1.2})$. Ein in [Ullm84] beschriebenes Verfahren basiert dagegen auf Tabellen, die einzelne Layers unterscheiden, den sog. *"fringe tables"*.

Das System der Ungleichungen wird gelöst, indem der Restriktions-Graph topologisch sortiert wird und den einzelnen Knoten konsistente Werte zugeordnet werden. Die Größe des Layouts (in eine Richtung) wird durch den längsten Pfad durch den Graph bestimmt. Es können zwei Fälle unterschieden werden:

- Der Restriktions-Graph ist azyklisch, d.h. alle Ungleichungen haben die Form $u \geq v+c$, $c>0$.
- Der Restriktions-Graph enthält Zyklen. Zyklen entstehen durch Regeln, welche die Ausrichtung von Elementen oder Minimalüberlappungen fordern (Bild 6.32). Damit das System noch lösbar ist, müssen negative Konstanten c vorkommen.

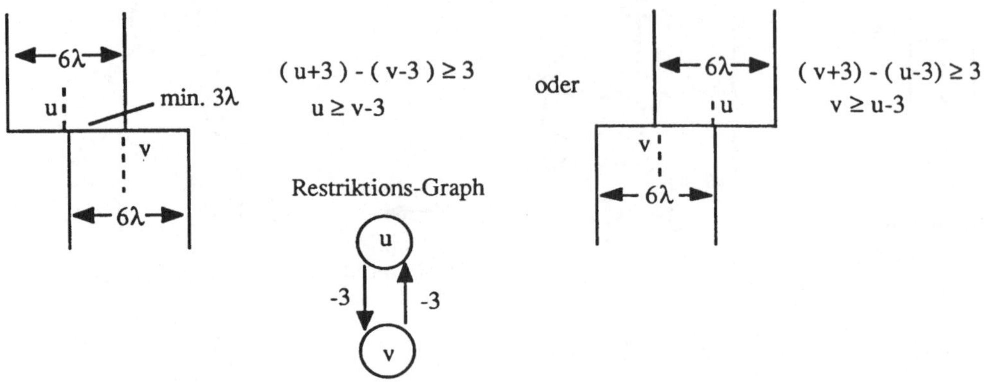


**Bild 6.32.** Zyklen im Restriktions-Graph

Gibt es keine Zyklen, so kann der Restriktions-Graph mit Hilfe eines Tiefensuch-Algorithmus ("depth first search") mit Zeitkomplexität O(n) topologisch sortiert werden [Even79, AHU83] (Bild 6.33).

```
(* v,w are graph nodes
   visitorder is an integer, initialized with 0
   order is an array of size n=number of nodes in the graph *)

   PROCEDURE search(v);
   BEGIN
   mark v;
    FOR each successor w of v DO
      IF w is not marked THEN search(w);
     visitorder:=visitorder+1;
     order[v]:=visitorder;
   END
```

**Bild 6.33.** Tiefensuch-Algorithmus

Dieser rekursive Algorithmus besucht jeden Knoten des Graphen genau einmal. In *order[v]* steht die Ordnungszahl des Knoten. Bild 6.34 zeigt die Arbeitsweise des Algorithmus an einem Beispiel. Es ist die Reihenfolge angegeben, in der die Knoten besucht werden und *order[v]* für jeden Knoten angegeben. Ist der Graph topologisch sortiert, so ist es trivial, jedem Knoten eine Koordinate zuzuordnen. Dies geschieht beginnend mit dem höchsten *order[v]* in absteigender Reihenfolge (siehe Bild 6.34).

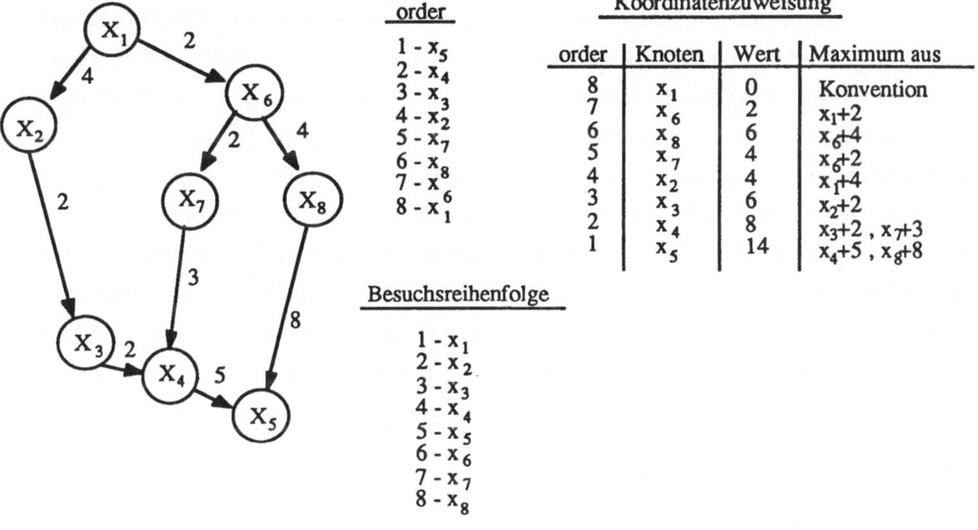


order

1 - $x_5$
2 - $x_4$
3 - $x_3$
4 - $x_2$
5 - $x_7$
6 - $x_8$
7 - $x_6$
8 - $x_1$

Koordinatenzuweisung

| order | Knoten | Wert | Maximum aus |
|---|---|---|---|
| 8 | $x_1$ | 0 | Konvention |
| 7 | $x_6$ | 2 | $x_1$+2 |
| 6 | $x_8$ | 6 | $x_6$+4 |
| 5 | $x_7$ | 4 | $x_6$+2 |
| 4 | $x_2$ | 4 | $x_1$+4 |
| 3 | $x_3$ | 6 | $x_2$+2 |
| 2 | $x_4$ | 8 | $x_3$+2 , $x_7$+3 |
| 1 | $x_5$ | 14 | $x_4$+5 , $x_8$+8 |

Besuchsreihenfolge

1 - $x_1$
2 - $x_2$
3 - $x_3$
4 - $x_4$
5 - $x_5$
6 - $x_6$
7 - $x_7$
8 - $x_8$

**Bild 6.34.** Lösung des Restriktions-Graphen

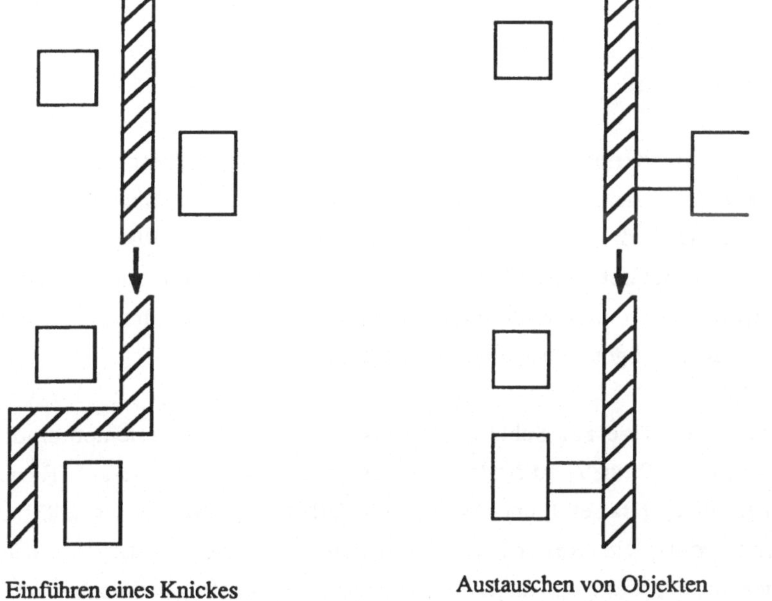


**Bild 6.35.** Topologieänderung bei der Kompaktierung

Sind Zyklen im Restriktions-Graphen, so funktioniert dieser Algorithmus nicht mehr, weil im Zyklus Knoten gleichzeitig Vorgänger und Nachfolger anderer Knoten sind und die

Ordnung nicht existiert. Der längste Pfad kann hier durch den Algorithmus von Bellman und Ford (siehe z.B. [Even79]) gefunden werden. Der Zeitaufwand ist dabei O(n•e), mit n=Knoten im Graph und e=Kanten im Graph, was in diesem Fall also $O(n^2)$ bedeutet (Erinnerung: $e \leq 2n-4=O(n)$). Eine direkte Anwendung ist daher für größere Probleme ausgeschlossen. Da der Tiefensuch-Algorithmus auch in Graphen mit Zyklen jeden Knoten genau einmal besucht, wird in [Ullm84] das Problem der Zyklen auf das Iterieren der Koordinatenzuweisung abgebildet, d.h. es werden gemäß *order[v]* Koordinaten wie oben zugewiesen, dieser Schritt jedoch so oft wiederholt, bis sich keine Koordinate mehr ändert. [LeMe83] dagegen dekomponiert den Graphen zunächst in stark verbundene Komponenten (auch mit Tiefensuche), findet dann mit dem Algorithmus von Bellman und Ford den kritischen Pfad für jede dieser Komponenten und benutzt den oben skizzierten schnellen Algorithmus für den azyklischen Fall zwischen Komponenten. Es gibt auch Programme, wie z. B. *Cabbage* [Hsue79], die den Algorithmus von Bellman und Ford direkt anwenden.

Die oben beschriebenen Verfahren lassen die prinzipielle Anordnung unverändert. In der Praxis sollen jedoch zumindest bestimmte Änderungen möglich sein. Beispiele hierzu sind die Einführung von Knicken ("Jogs") [Hsue81] und das Austauschen von Objekten ("flipping") [LeMe83] (Bild 6.35).

## 6.6 Schaltungsextraktion

Die Schaltungsextraktion extrahiert aus einem Layout die Strukturbeschreibung auf der Schaltkreisebene (Netzliste aus Transistoren). Sinn und Zweck dabei ist es, das Layout zu verifizieren (z.B. durch Netzlistenvergleich), die elektrische Konnektivität zu bestimmen, um sie z.B. bei der Entwurfsregelüberprüfung zu benutzen, und elektrische Parameter wie Kapazitäten und Widerstände zu extrahieren, um diese an einen Schaltungssimulator weiterzugeben (siehe auch Abschn. 6.7).

Es sind verschiedene Ansätze zur Schaltungsextraktion bekannt. Übersichten sind in [Ullm84], [Yosh86] und [Trim87] zu finden. Im wesentlichen basieren sie auf "Raster-Scan"-Methoden [Seil82], [BaTe80] und "Scanline"-Methoden [SzWy83, HoLa83] zur Untersuchung des Layouts. Die "Raster-Scan"-Methoden untersuchen das Layout, indem ein kleines Fenster mit nur wenigen Raster-Punkten über das Layout geschoben wird (in Analogie zu einem "Raster-Scan"-Bildschirm, d.h. in Zeilen von links nach rechts und von oben nach unten). Durch Untersuchen der Punkte im Fenster können die Konnektivität ausgemacht und Transistoren identifiziert werden (Bild 6.36a).

Im einfachsten Falle wird das Layout durch Rasterpunkte dargestellt. Der Hauptvorteil dieser Methode liegt in ihrer Einfachkeit, sie ist jedoch relativ langsam. Die "Scanline"-Methoden schieben konzeptuell eine "Scan"-Linie, z.B. von links nach rechts, über das Layout und untersuchen nur alle relevanten Objekte *auf dieser Linie*, wie beispielsweise Kanten oder Ecken (Bild 6.36b). Der dieser Methode zugrunde liegende Algorithmus ist in [Lauth81] angegeben. In der Praxis wird dies z.B. dadurch implementiert, daß das Layout durch Polygone dargestellt wird, die nach ihren x-Koordinaten geordnet und danach sequentiell untersucht werden. In der Praxis werden fast immer "Scanline"-Methoden eingesetzt, da sie effizienter als "Raster-Scan"-Methoden sind.

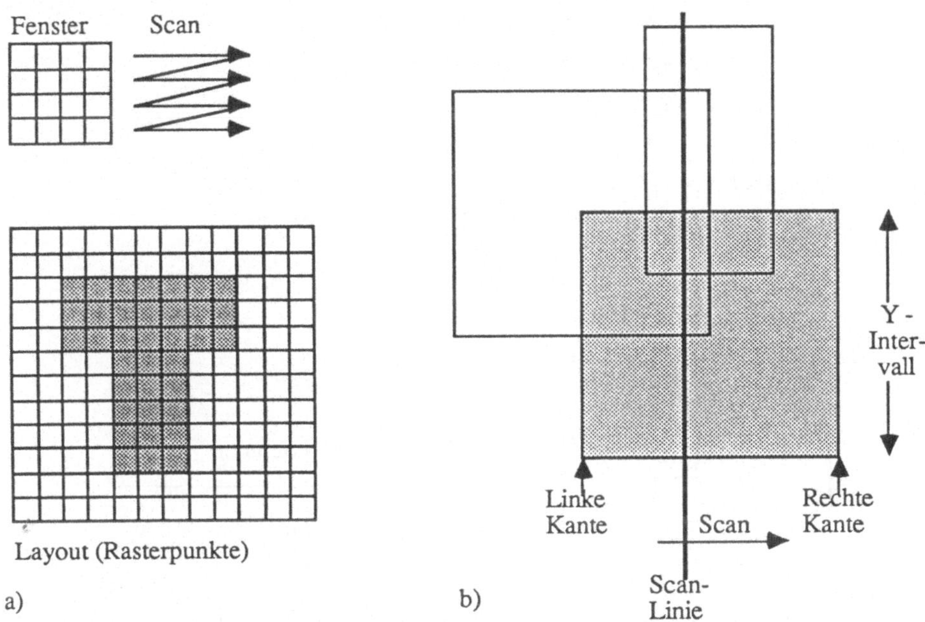


**Bild 6.36.** a) "Raster-Scan"- und b) "Scanline"-Methoden zur Untersuchung des Layouts

Die Extraktion der Schaltung wird in 3 Schritten vorgenommen:

(1) Identifikation der Transistoren,

(2) Bestimmung der elektrischen Konnektivität und

(3) Berechnen von Kapazitäten und Widerständen.

Im folgenden wird beispielhaft eine "Scanline"-Methode dargestellt, die für rechtwinklige Geometrien eingesetzt werden kann. Ein Layout wird dargestellt durch Rechtecke, d.h. durch die Koordinaten der Kanten der Rechtecke. Die "Scan"-Linie soll von links nach rechts die Rechtecke bzw. die Kanten inspizieren. (Bild 6.36b).

Transistoren entstehen immer dort, wo sich Polysilizium und Diffusion schneiden, mit

Ausnahme der "Butting"-Kontakte. Es wird also zunächst die Überlappung von Polysilizium und Diffusion berechnet. Ein Algorithmus dazu ist in Bild 6.37 gegeben.

**SORTIERE** die Rechtecke nach linker und rechter (vertikale) Kante<br>
SCHNITTE := $\emptyset$<br>
AKTIV := $\emptyset$<br>
**FOR** X := erste vertikale Kante **TO** letzte vertikale Kante **DO**<br>
    **IF** X = linke Kante von $Rechteck_x$<br>
     **THEN**<br>
       **FOR** alle $Rechtecke_a$ mit $Y\text{-}Intervall_a \in$ AKTIV und<br>
           $Y\text{-}Intervall_a \cap Y\text{-}Intervall_x \neq \emptyset$ **DO**<br>
              SCHNITTE := SCHNITTE $\cup$ $(Rechteck_x, Rechteck_a)$<br>
         AKTIV := AKTIV $\cup Y\text{-}Intervall_x$<br>
     **ELSE**<br>
         AKTIV := AKTIV - $Y\text{-}Intervall_x$

**Bild 6.37.** Algorithmus zur Bestimmung überlappender Rechtecke

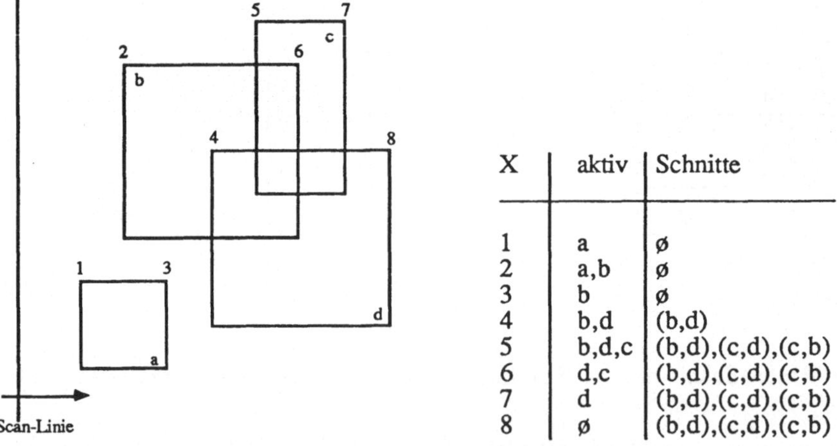


| X | aktiv | Schnitte |
|---|---|---|
| 1 | a | ø |
| 2 | a,b | ø |
| 3 | b | ø |
| 4 | b,d | (b,d) |
| 5 | b,d,c | (b,d),(c,d),(c,b) |
| 6 | d,c | (b,d),(c,d),(c,b) |
| 7 | d | (b,d),(c,d),(c,b) |
| 8 | ø | (b,d),(c,d),(c,b) |

**Bild 6.38.** Beispiel zur Bestimmung überlappender Rechtecke

Bild 6.38 zeigt ein Beispiel zur Bestimmung überlappender Rechtecke. Diejenigen Polysilizium-Diffusion-Überlappungen, die "Butting"-Kontakte sind, können einfach durch Bestimmen der Überlappungen mit Kontakt und Metall gefunden werden. Sie werden von Verarmungslasttransistoren bei nMOS dadurch unterschieden, daß z. B. die Größe der Überlappungen berücksichtigt wird.

Als nächstes wird nun die elektrische Konnektivität bestimmt. Dazu werden zunächst alle

Rechtecke mit eindeutigen Signalnamen versehen ("stamping"). Es wird dann die Schnittmenge aller Rechtecke gebildet (die Kanäle der Transistoren bilden dabei eine neue Ebene "Layer"), und mit Hilfe der folgenden einfachen Regeln werden die Signalnamen ersetzt:

- Schneiden sich zwei Rechtecke im gleichen "Layer", so wird einer der beiden Signalnamen für beide Rechtecke eingesetzt.
- Schneidet ein Kontakt ein Rechteck in irgendeinem anderen "Layer" (ausgenommen Transistor-Kanal bei nMOS-Lastwiderständen), so wird einer der beiden Signalnamen für beide Rechtecke eingesetzt.

Zuletzt werden noch Kapazitäten und Widerstände bestimmt (siehe auch Kapitel 3.4.1). Um Kapazitäten zu bestimmen, müssen im wesentlichen Flächen bestimmt werden und dann mit einer für den Prozeß typischen Konstante multipliziert werden (siehe Tabelle 3.2). Dies geschieht trivialerweise, indem man die Flächen aller Rechtecke, die ein gleiches Signal bilden, addiert (nach "Layers" getrennt, um die korrekte Kapazität pro Flächeneinheit je nach "Layer" zu verwenden, Bild 6.39a). Eine zweite Kapazität ergibt sich an den Kanten der Rechtecke; sie ist proportional dem Umfang der (vereinigten) Rechtecke und ist auch einfach zu berechnen.

Der Widerstand läßt sich für jeden rechteckigen Teil einer Verbindungsfläche entsprechend der Prozeßkonstante bestimmen (Tabelle 3.2). In Serie geschaltete Widerstände werden addiert, bei parallel geschalteten Widerständen werden die Kehrwerte addiert (Bild 6.39b).

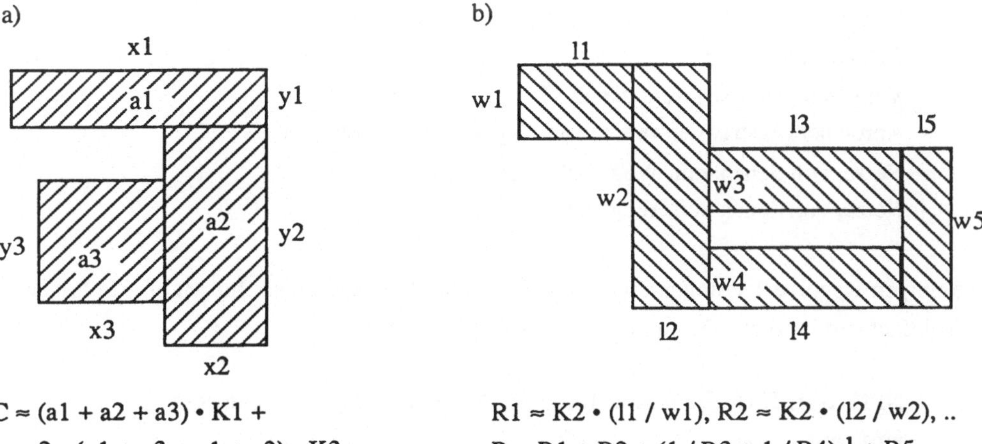


$$C \approx (a1 + a2 + a3) \cdot K1 + 2 \cdot (x1 + x3 + y1 + y2) \cdot K3$$

$$R1 \approx K2 \cdot (l1 / w1),\ R2 \approx K2 \cdot (l2 / w2), ..$$

$$R \approx R1 + R2 + (1 / R3 + 1 / R4)^{-1} + R5$$

K1 in F/$\mu m^2$ (siehe Tab. 3.2), K2 in $\Omega$ pro Flächenquadrat (siehe Tab.3.2), K3 in F/$\mu$m

**Bild 6.39.** a) Kapazitäts- und b) Widerstands-Berechnung

## 6.7 Überprüfung der elektrischen Regeln

Das Layout einer integrierten Schaltung kann zwar geometrisch korrekt sein, d.h. keine Entwurfsregel verletzen, aber trotzdem Fehler enthalten, die von vornherein ihr elektrisches Funktionieren ausschließen. Bedingungen, die solche Fehler ausschließen, werden zu den sogenannten *elektrischen Regeln* ("electrical rules") zusammengefaßt.

Um diese elektrischen Regeln zu überprüfen, ist es notwendig, die elektrische *Konnektivität* zu berechnen, was auch für die Schaltungsextraktion grundlegend ist. Einen Algorithmus zur Berechnung der elektrischen Konnektivität wurde in Kapitel 6.6 gegeben. Unter einem *Netz* versteht man in diesem Zusammenhang eine Menge Schaltungspunkte, die miteinander elektrisch verbunden sind, also auf gleichem elektrischem Potential liegen. Eine *Komponente* ist z.B. ein Transistor, ein Pad usw. Komponenten werden über Netze verbunden.

Beispiele für Regelverletzungen sind:

- Kurzschlüsse zwischen $U_{DD}$ und Masse
- Netze, die an keine Komponente angeschlossen sind
- Netze, die an eine einzige Komponente an einem Punkt angeschlossen sind
- Netze mit mehr als einem Namen (deutet auf einen Kurzschluß zweier Netze hin)
- Mehrere Netze mit gleichem Namen (deutet auf eine fehlende Verbindung hin)
- Kurzschlüsse zwischen Pads
- Kurzschlüsse zwischen Drain und Source eines Transistors
- Offene Anschlüsse
- Verarmungstransistoren, die an Masse angeschlossen sind
- Anreicherungstransistoren, die an $U_{DD}$ angeschlossen sind
- Netze, von denen kein Weg nach Masse führt
- Netze, von denen kein Weg nach $U_{DD}$ führt

Die obigen Regelverletzungen sind teilweise technologiespezifisch für MOS. Sie lassen sich einfach auf bipolare Technologien umformulieren, z.B.

- NPN- oder PNP-Transistor: Basis an Masse oder $U_{CC}$ angeschlossen
- NPN-Transistor: Basis-Emitter-Kurzschluß
- NPN-Transistor: Basis-Kollektor-Kurzschluß

Wegen den Überschneidungen bei der Schaltungsextraktion und der Überprüfung der elektrischen Regeln werden beide Aufgaben oft zusammen gelöst oder etwas anders als hier aufgeteilt. Ein weiterer Verifikationsschritt besteht darin, nicht nur elektrische Regeln, sondern auch elektrische *Parameter* zu überprüfen ("electrical parameter check"). Hierzu müssen die *Transistoreigenschaften* wie das Länge/Breite-Verhältnis des Kanals, die *Kapazitäten* und die *Widerstände* berechnet werden [HoLa83, StSe84]. Hierbei gehen nicht nur das Layout der Schaltung, sondern auch die Daten des *Herstellungsprozesses* mit ein. Die Ausgabe einer solchen Überprüfung kann enthalten:

- Widerstände der Netze
- Lastkapazitäten (Netze und Transistoren)
- Große Kopplungskapazitäten zwischen zwei Netzen
- Ungültige Transistordimensionierung
- Kritisches Treiber/Belastungsverhältnis für ein Netz.
- Kritische $\beta_n/\beta_p$ Verhältnisse für bestimmte Gatter ($\beta$=($\mu\varepsilon/t_{ox}$)

Solche Informationen werden oft an einen elektrischen Simulator weitergegeben (Stichwort: "back annotation"), um so die genauen Zeitverhältnisse der Schaltung unter Berücksichtigung des Layouts simulieren zu können. Vor allem angesichts des zunehmenden Anteils der Leitungsverzögerung an der Gesamtverzögerung wird das Layout einer Schaltung für die Bestimmung ihrer Geschwindigkeit immer ausschlaggebender. Eine weitere Folge der zunehmenden Miniaturisierung ist das Auftreten von induktiven Kopplungseffekten zwischen Leitungen. Bei mehreren Metallagen erfordert dies unter Umständen sogar eine dreidimensionale Analyse [Seid88, CoBu85]. Zusammenfassend ist festzustellen, daß die detaillierte Analyse der elektrischen Parameter des Schaltungslayouts angesichts der enormen Fortschritte der Integration immer wichtiger wird. Das genaue elektrische Verhalten, das über Leitungs- und Schaltverzögerungen insbesondere die Geschwindigkeit einer Schaltung bestimmt, läßt sich immer weniger ohne eine detaillierte Berücksichtigung des Layouts vorhersagen.

Für diese detaillierte Analyse des elektrischen Verhaltens und die Überprüfung elektrischer Regeln sind neben dem Layout und der Prozeßspezifikation oft zusätzliche Angaben über die Namen von Verbindungsnetzen, die maximal akzeptierbaren Kapazitäten, Treiber-/Belastungsverhältnisse, $\beta_n/\beta_p$ usw. erforderlich. Die detaillierte Berechnung der Parameter erfordert die genaue Kenntnis des Herstellungsprozesses. Die zugrunde liegenden Modelle sind nicht Gegenstand dieses Buchs und können hier nicht näher erläutert werden. Die hier angegebenen elektrischen Regeln dagegen lassen sich zusammen mit der vorn beschriebenen Schaltungsextraktion ohne extrem tiefe Technologiekenntnisse implementieren.

## 6.8 Layout-Synthese

Die automatische Layout-Synthese generiert aus einer Strukturbeschreibung das vollständige Layout einer Schaltung. Die genaue Zielsetzung bei der Layout-Synthese läßt sich mathematisch schwer definieren. Das Layout soll die kleinstmögliche Fläche besitzen und dabei eine Reihe technologischer und Leistungs-Randbedingungen erfüllen. Technologische Randbedingungen sind z.B. die Entwurfsregeln, die maximale Wärmeableitung pro Flächeneinheit, die erlaubten Zellpositionen bei Standardzellentwürfen usw. Leistungsrandbedingungen sind im wesentlichen die maximalen Verzögerungen einzelner Signale. Viele Probleme bei der Layout-Synthese sind NP-harte Optimierungen kombinatorischer Natur. Heuristiken sind an dieser Stelle notwendig, auch wenn sie nicht eine optimale Lösung garantieren. Um die Layout-Synthese zu vereinfachen, wird sie in verschiedene Schritte unterteilt. Im wesentlichen sind dies:

- *Zellgenerierung*
  Zellen sind die grundlegenden Blöcke, aus denen das Layout aufgebaut ist. Im einfachsten Fall sind Zellen in einer Zellbibliothek enthalten, z.B. in einem Standardzellen-Katalog. Sie können jedoch auch mit Hilfe sog. Zellgeneratoren generiert werden, wobei es sich hier meist um komplexere Zellen wie Speicher, Addierer, Multiplexer usw. handelt.

- *Floorplanning/Plazierung*
  Es wird die Position der einzelnen Zellen bestimmt. Der gesamte Chip muß dabei partitioniert werden. Die eigentliche Plazierung ordnet Zellen gegebener Größe genaue Positionen zu. Die Verallgemeinerung dieses Problems ist das Floorplanning. Man spricht von Floorplanning, wenn die Zellen eine variable Höhe/Breite-Relation haben können, was z.B. bei Makro-Zellen der Fall ist.

- *Verdrahtung*
  Die Anschlüsse der Zellen werden verbunden. Die Verdrahtung wird normalerweise zweistufig vorgenommen. Zunächst erfolgt eine sog. globale Verdrahtung, wobei der ungefähre Weg langer Leitungen festgelegt wird, danach eine lokale Verdrahtung, welche die genauen Verbindungsleitungen innerhalb kleinerer Regionen (typischerweise rechteckige *Kanäle*) bestimmt.

Layout-Synthese wird standardmäßig beim Entwurf integrierter Schaltungen eingesetzt. Die Komplexität hochintegrierter Schaltungen macht einen Layout-Handentwurf bis auf wenige Ausnahmen (hochreguläre Schaltungen wie Speicher) unmöglich. Software zur

Layout-Synthese ist auch kommerziell verfügbar. Allerdings sind die meisten Systeme auf Gate-Array- und Standardzellen-Entwürfe begrenzt. Makrozellen-Layout-Synthese ist dadurch, daß es sich nicht um reguläre Layouts handelt, weitaus schwieriger. Es sind jedoch in der letzten Zeit auch hierfür Systeme entwickelt worden. Eine vollständige Übersicht über Arbeiten auf diesem Gebiet geben zu wollen, ist, bedingt durch die Menge der Arbeiten, unrealistisch. Etliche Bücher zur Layout-Synthese sind verfügbar, gute Übersichten sind u.a. in [Breu72], [Oht86], [DSA87] und [Pre88] enthalten. Dieses Kapitel vermittelt die Grundlagen der Layout-Synthese, ohne dabei neuere Entwicklungen zu vernachlässigen.

### 6.8.1 Zellgenerierung

Bei Gate-Arrays und Standardzellen werden Zellen üblicherweise in Bibliotheken gespeichert. Sie sind verhältnismäßig klein, typischerweise logische Gatter und Flip-Flops. Solche Zellen haben eine feste Geometrie, können beim Plazieren nicht gedreht werden und haben ähnliche Größen. Sie können, dem Zellenraster entsprechend, nur in bestimmte gegebene Positionen mit einer vorgegebenen Orientierung plaziert werden. Diese Einschränkungen vereinfachen die Plazierung ungemein. Daher ist zuerst die Layout-Synthese für Standardzellen und Gate-Arrays mit festen Bibliotheken entwickelt worden. Die Zellkataloge selbst werden meist von Experten von Hand entworfen, was durch die beschränkte Größe und Anzahl der Zellen wirtschaftlich möglich ist. Das Zellenlayout hat einen großen Einfluß auf alle Entwürfe. Zellen werden daher mit relativ großem Aufwand optimiert.

Andere Entwurfsstile, z.B. Makrozellen-Entwurf, arbeiten mit Zellen, die stark variierende Größen haben und in beliebige Positionen auf dem Chip plaziert werden können. Darüber hinaus sind verschiedene geometrische Ausführungen derselben Zelle denkbar (je größer die Zelle, desto größer ist auch die Flexibilität bei ihrem Layout). Um diese Flexibilität zumindest teilweise nutzen zu können, werden diese Zellen von sog. Zellgeneratoren erzeugt. Ein Zellgenerator erzeugt in Abhängigkeit gegebener Parameter das Layout einer Zelle. Typische Parameter sind die Datenbreite (z. B. n für einen n-Bit-Addierer) und das Länge/Breite-Verhältnis (die Gestalt) des Layouts. In der Praxis beschränkt man sich dabei auf rechteckige Zellen. Alle möglichen Länge/Breite-Verhältnisse werden als sog. Gestaltsgrenzen-Relation ("sizing model") dargestellt (Bild 6.40). Es ist zu bemerken, daß im einfachsten Fall durch Drehen einer Zelle um 90° ein neues Länge/Breite-Verhältnis generiert wird (Bild 6.40). Die Gestaltsgrenzen sind im allgemeinen nicht kontinuierlich, sondern "Treppenfunktionen", d.h., es sind für x und y jeweils diskrete kleinste Werte möglich.

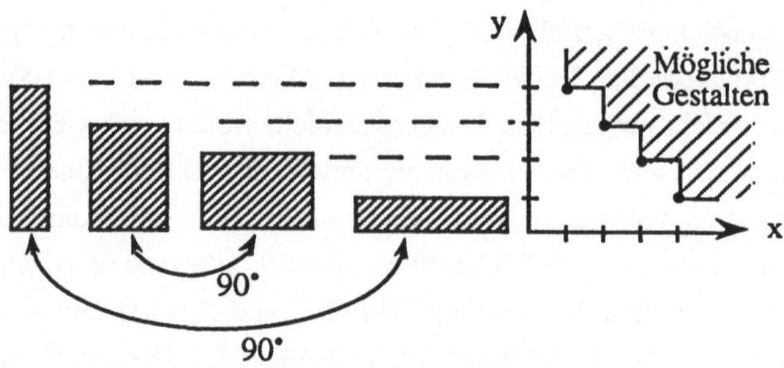


Bild 6.40. Zellen mit variablem Länge/Breite-Verhältnis

Setzt man Zellen mit variablem Länge/Breite-Verhältnis zusammen, so können die Gestaltsgrenzen-Relationen einfach zusammengesetzt werden, indem die x- bzw. y-Koordinaten addiert werden (Bild 6.41) [Ott82]. Damit lassen sich Gestaltsgrenzen von Chips bestimmen, die aus beliebig zusammengesetzten Zellen bestehen, sofern die Nachbarschaftsrelation der Zusammensetzung bekannt ist, d.h., ob eine Zelle oben, unten, rechts oder links von einer anderen Zelle zu plazieren ist.

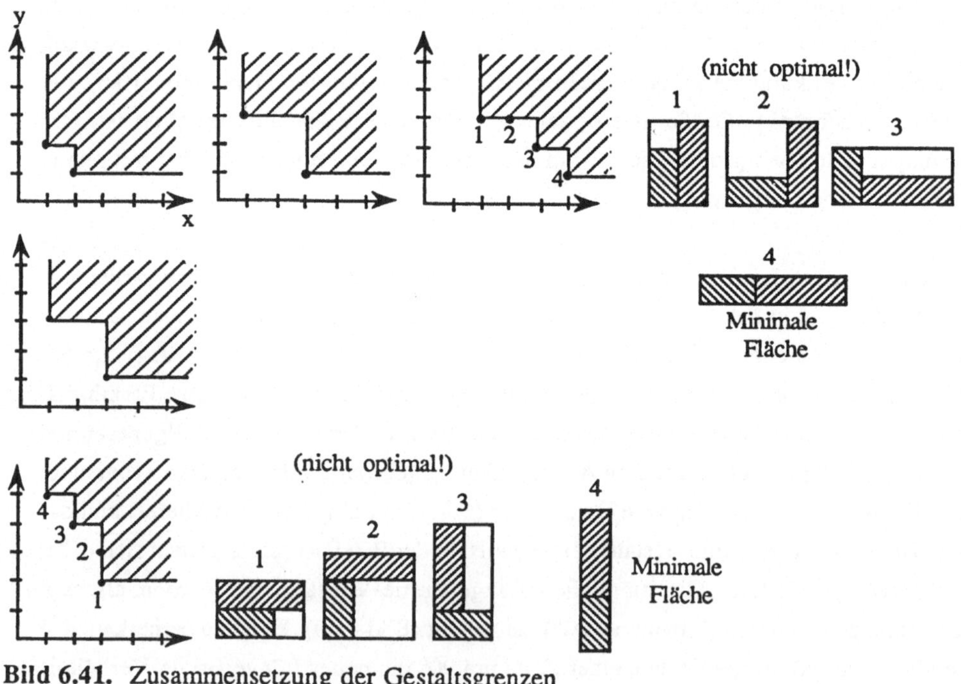


Bild 6.41. Zusammensetzung der Gestaltsgrenzen

Zellgeneratoren ermöglichen mehr Flexibilität und letztlich kleinere Layouts als feste Zellbibliotheken, sie komplizieren jedoch das weitere Layout. Floorplanning ist die Verallgemeinerung der Plazierung für flexible Zellen. Zellgeneratoren sind Programme, welche einen bestimmten Zelltyp erzeugen. Ein solches Programm muß auf die Entwurfsregeln zugreifen (geometrische und elektrische Entwurfsregeln, Testbarkeitsregeln usw.). Die zugrunde liegenden Algorithmen hängen stark von der zu realisierenden Funktion ab. So lassen sich arithmetische Funktionen oft in Arrays dekomponieren, z.B. kann ein n-Bit-Addierer aus n 1-Bit-Volladdierern zusammengesetzt werden. Beliebige logische Funktionen können z.B. durch einen PLA-Generator erzeugt werden, welcher auf zweistufiger logischer Minimierung und einem regulären Layout basieren kann. Ein Speicher-Generator wird im wesentlichen 1-Bit-Speicherzellen matrixförmig zusammensetzen und die dazugehörigen Dekoder erzeugen.

### 6.8.2 Floorplanning und Plazierung

Floorplaning und Plazierung bestimmen die Position der Zellen im Layout. Von Plazierung wird gesprochen, wenn feste Zellen (gegebener Größe und Gestalt) verwendet werden. Floorplaning ist die Verallgemeinerung der Plazierung auf Zellen variabler Gestalt. Als Floorplan wird die Nachbarschaftsrelation (d.h., ob Zellen übereinander oder seitlich voneinander plaziert sind) bezeichnet. Sowohl Plazierung als auch Floorplanning sind im wesentlichen Partitionierungsprobleme, wobei streng genommen Partitionierung und Plazierung auch als zwei verschiedene Phasen beim Layout-Entwurf gesehen werden können. Die Chipfläche muß so aufgeteilt werden, daß jede Zelle einer der dabei entstehenden Partitionen zugeordnet werden kann. Man beschränkt sich dabei meist auf rechteckige Geometrien. Partitionierung ist in diesem Fall die Zerlegung eines Rechtecks in kleinere Rechtecke. Ein Spezialfall bei der Rechteck-Zerlegung, der viele Vereinfachungen erlaubt, sind die *Schnitt-Partitionen* ("slicing structures").

Das eigentliche Ziel von Floorplanning und Plazierung ist es, eine vollständige Verdrahtung bei kleinster Fläche und unter Berücksichtigung verschiedener Randbedingungen zu ermöglichen. Ein solches Ziel ist jedoch mathematisch nicht direkt formulierbar. Statt dessen wird daher eine Kostenfunktion definiert, die minimiert wird. In den meisten Fällen ist die Kostenfunktion die totale Netzlänge. In manchen Fällen wird auch die Anzahl der Netze verwendet, die eine Linie (Schnitt) überqueren. Solche Kostenfunktionen können eigentlich nur dann genau berechnet werden, wenn die Verdrahtung schon vorgenommen wurde. Dies würde jedoch einen zu hohen Aufwand erfordern, weshalb man sich mit Näherungen begnügt.

Kapitel 6.8.2 beschäftigt sich zunächst mit der Darstellung von Rechteck-Zerlegungen. Danach werden Näherungen für die Länge von Netzen vorgestellt. Zuletzt werden verschiedene Partitionierungsalgorithmen für Floorplanning und Plazierung studiert.

### 6.8.2.1 Rechteck-Zerlegung

In einfachen Fällen kann die Zerlegung eines Rechtecks geometrisch dargestellt werden, z.B. bei Gate-Arrays und Standardzellen. Die möglichen Positionen stehen fest und sind regelmäßig verteilt. Die Darstellung wird daher sehr vereinfacht, es genügen einige wenige Koordinaten.

Dagegen sind topologische Modelle notwendig, wenn beliebige Rechteck-Zerlegungen dargestellt werden sollen. Eine Rechteck-Zerlegung wird topologisch durch ihren polaren Graphen dargestellt (auch Floorplan-Graph oder "channel-intersection"-Graph genannt). Der polare Graph ist ein gerichteter, planarer, azyklischer Graph, der drei bijektive Relationen mit der Rechteck-Zerlegung aufweist (Bild 6.42):

- Die Knoten des polaren Graphen entsprechen den vertikalen (oder horizontalen) Linien in der Rechteck-Zerlegung.
- Die Kanten des polaren Graphen entsprechen den nicht geteilten Rechtecken, d.h. den Zellen.
- Die inneren Flächen des polaren Graphen entsprechen den horizontalen (oder vertikalen) Linien in der Rechteck-Zerlegung.

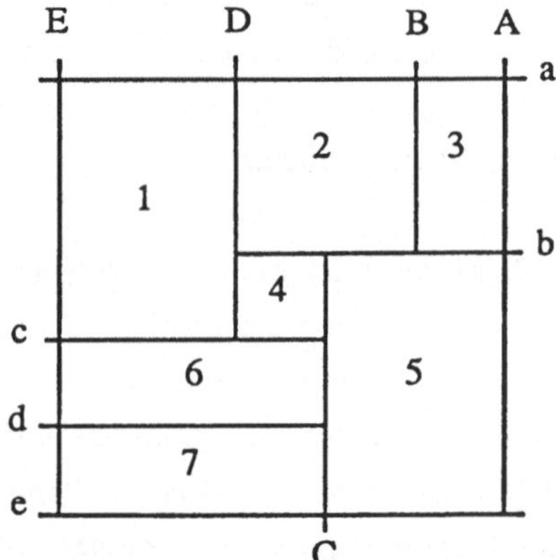


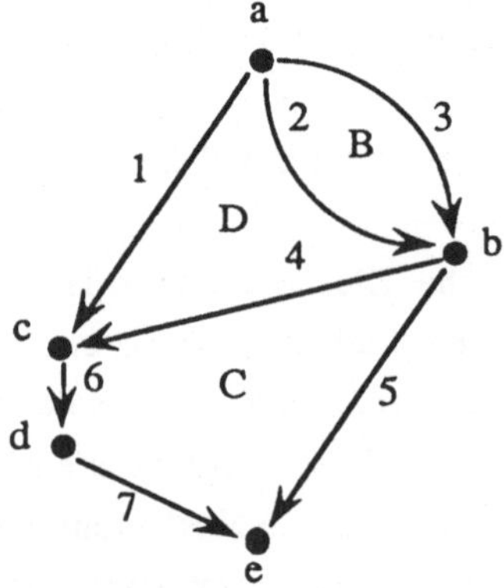


**Bild 6.42.** Rechteck-Zerlegung und polarer Graph (Bemerkung: A und E haben keine direkte Entsprechung im polaren Graphen; sie entsprechen der gesamten Fläche des Graphen (3-5-7-6-1)).

Der polare Graph stellt den eigentlichen Floorplan dar. Er beinhaltet nur die Nachbarschafts-Relation der Zellen.

Der bereits oben erwähnte wichtige Spezialfall einer Schnitt-Partition ergibt sich, wenn der polare Graph ein Serien-Parallel-Graph ist [Ott82]. In diesem Falle kann die Rechteck-Zerlegung einfacher durch einen geordneten Baum dargestellt werden, den sogenannten *binären Flächen-Baum* ("slicing-tree") (Bild 6.43). Die Blätter des Baumes entsprechen in diesem Falle den Zellen (Kanten im polaren Graphen). Die internen Knoten entsprechen einem Serien-Parallel-Subgraphen mit zwei Terminalen. Jeder dieser Knoten stellt ein Rechteck dar, das nur durch horizontale oder nur durch vertikale Schnitte zerlegt wurde (Bild 6.43). Die Wurzel des Baumes stellt die gesamte Fläche des Chips dar.

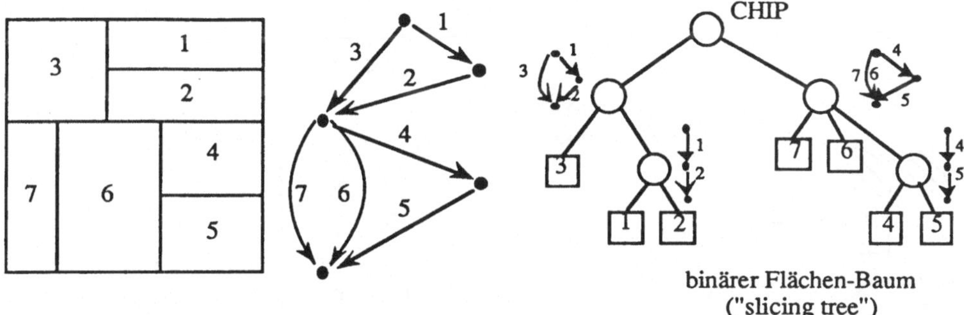


**Bild 6.43.** Rechteck-Zerlegung und binärer Flächen-Baum

Der binäre Flächen-Baum stellt gewissermaßen ein hierarchisches Layout dar. Er gibt an, wie die gesamte Chipfläche sukzessiv durch abwechselnd vertikale und horizontale Schnitte in kleinere Flächen zerlegt wird. In der Praxis kann man sich bei der Layout-Synthese meistens auf Schnitt-Partitionen beschränken. Sie weisen bezüglich einer allgemeinen Rechteck-Zerlegung entscheidende Vorteile auf:

- Sie sind einfacher und benötigen weniger Speicher.
- Sie stellen Hierarchien auf natürliche Art und Weise dar.
- Wie später erläutert werden wird, gibt es gute Partitionierungsalgorithmen, die Schnitt-Partitionen liefern.
- Sind der binäre Flächen-Baum und die Gestaltsgrenze der einzelnen Zellen gegeben, so kann die kleinste Fläche für diesen Floorplan folgendermaßen gefunden werden [Ott82]: Die Gestaltsgrenzen werden "bottom-up", wie in 6.8.1 erklärt wurde, zusammengesetzt. Danach wird die kleinste Fläche für den Gesamtchip bestimmt (oder eine bestimmte Gestalt, d.h. Länge/Breite-Verhältnis,

ausgewählt), und zuletzt wird die Gestalt der Zellen daraus top-down abgeleitet, indem jeweils die vertikale bzw. horizontale Dimension an die Nachfolger eines Knotens weitergegeben wird (Bild 6.44). Für beliebige Rechteck-Zerteilungen ist dieses Problem NP-vollständig [Sto83].

- Die Verdrahtung ist einfacher, da der binäre Flächen-Baum darüber Auskunft gibt, welche Flächen bzw. Flächengrenzen zur Verbindung zweier Zellen überquert werden müssen.

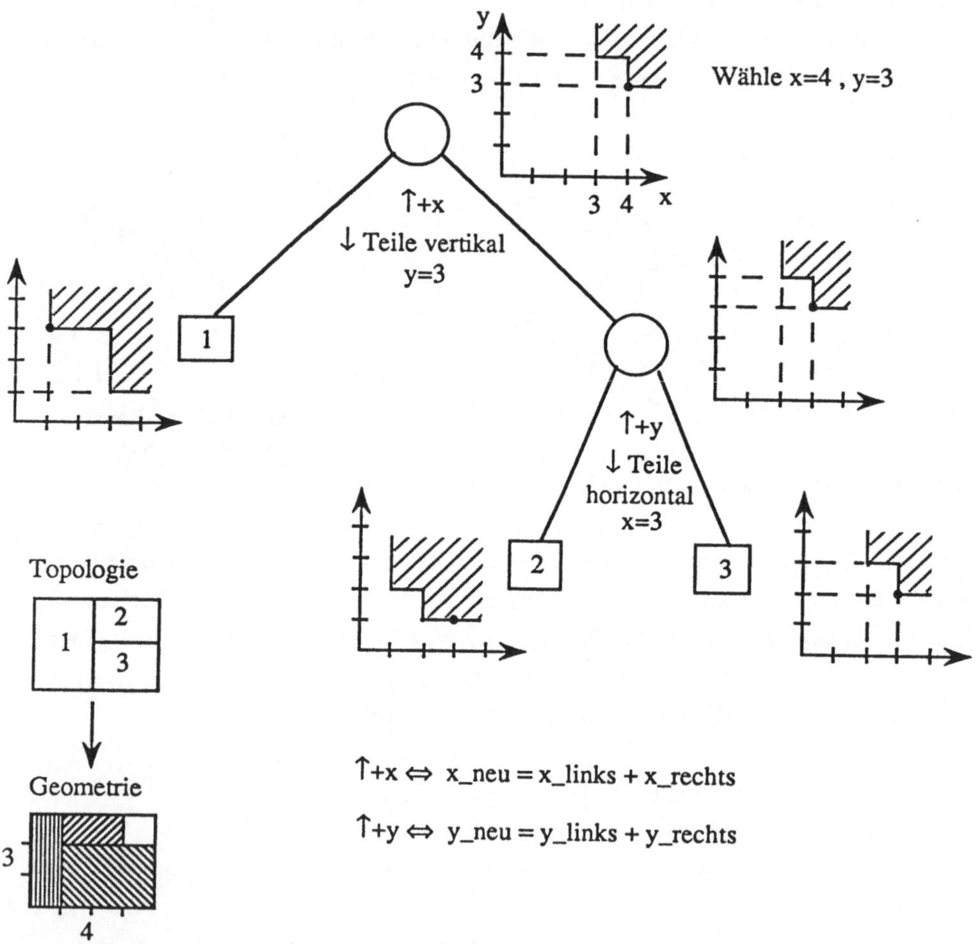


**Bild 6.44.** Kleinste Fläche für eine Schnitt-Partition

### 6.8.2.2 Netzlänge

Bei vielen Partitionierungsalgorithmen ist die zu minimierende Kostenfunktion die gesamte Netzlänge. Die Netzlänge kann jedoch nur nach der Verdrahtung bestimmt werden. Daher wird bei der Plazierung die Netzlänge nur geschätzt.

Die Länge eines Netzes hängt von der Form der Verbindungen ab. Fast immer beschränkt man sich auf rechtwinklige sog. Manhattan-Geometrien. Die kürzeste Verbindung mehrerer Punkte ist durch den *minimalen Steiner-Baum* gegeben [Cha72] (Bild 6.45a). Die Berechnung eines minimalen Steiner-Baumes ist jedoch NP-vollständig. Läßt man als Knoten nur zu verbindende Punkte zu, so spricht man von einem *aufspannenden Baum* ("spanning tree") (Bild 6.45b). Eine weitere Vereinfachung ist die *Kette*, bei der jeder Knoten nur eine oder zwei Kanten haben darf (Bild 6.45c).

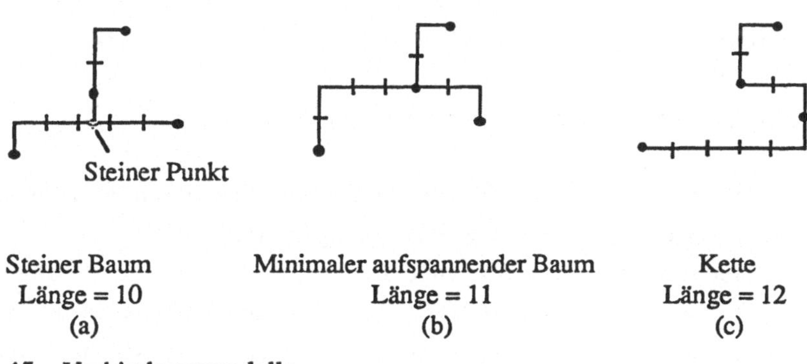


**Bild 6.45.** Verbindungsmodelle

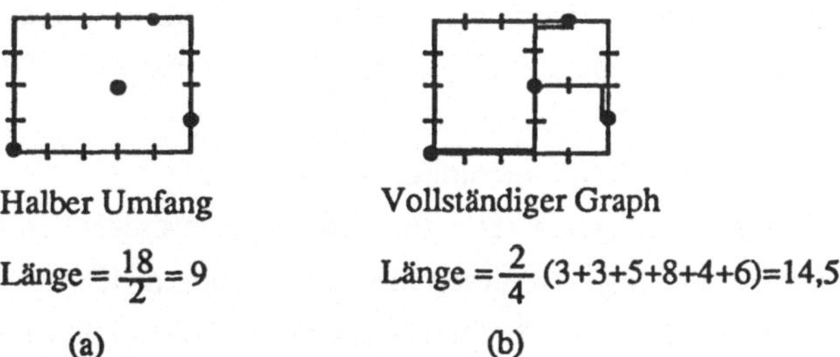


**Bild 6.46.** Näherungen für Verbindungslängen

Obwohl die letzten beiden Verbindungstypen mit deterministisch-polynomialen Algorithmen zu berechnen sind, verwendet man noch gröbere Näherungen. Die *Halber-Umfang-*

*Methode* verwendet den halben Umfang des kleinsten, alle zu verbindenden Punkte einschließenden Rechtecks (Bild 6.46a). Sie ist die einfachste Methode und liefert bei zwei und drei zu verbindenden Punkten genau die Länge des minimalen Steiner-Baumes. Bei mehr als drei Punkten ist die so berechnete Länge kleiner als der minimale Steiner-Baum.

Häufig angewendet wird auch die *Vollständiger-Graph-Methode* (Bild 6.46b). Hierbei wird die Länge des vollständigen Graphen berechnet und mit 2/n, n=Anzahl der zu verbindenden Punkte, multipliziert. (Bemerkung: Die totale Anzahl der Verbindungen bei einem vollständigen Graph mit n Knoten ist n(n-1)/2, mit 2/n multipliziert ergibt sich n-1, d.h. die Anzahl der notwendigen Verbindungen.) Die sich dabei ergebende Schätzung ist im allgemeinen größer als beim Steiner-Baum, beim aufspannenden Baum und bei der Kette. Da aber bei der Verdrahtung Netze oft Umwege machen müssen, weil sie durch andere Netze oder Zellen blockiert werden, können die Ergebnisse recht realistisch sein.

#### 6.8.2.3 Partitionierungsalgorithmen für Floorplanning und Plazierung

Partitionierungsalgorithmen lassen sich folgendermaßen klassifizieren:

- Algorithmen, die eine Schnitt-Partition liefern (im wesentlichen "Min-Cut"), und solche, die eine allgemeine Rechteck-Zerlegung liefern:
  Es ist hier zu bemerken, daß sowohl "Clustering", kräftegesteuerte Methoden und "Simulated-Annealing" [Lau86, Won86] leicht so eingeschränkt werden können, daß sie Schnitt-Partitionen liefern. Ergibt sich wie im Falle der Eigenwert-Methode nur eine Plazierung von Zellen, so kann z.B. durch die in [Ott82], [Ott87] gegebene Methode des Schrumpfens und Erweiterns von Zellen eine allgemeine Plazierung in eine Schnitt-Partition umgeformt werden. (Auf alle diese erwähnten Verfahren wird im folgenden näher eingegangen.)

- Konstruktive oder iterative Partitionierungsalgorithmen:
  Konstruktive Algorithmen generieren eine Lösung aus einer Teillösung (im Extremfall aus keiner Lösung). Zu diesen Methoden gehören "Clustering", "Min-Cut" und die Eigenwert-Methode. Kräftegesteuerte Methoden können sowohl als konstruktiver als auch als iterativer Algorithmus angewendet werden. Iterative Algorithmen verbessern eine existierende Partitionierung dadurch, daß Zellen ausgetauscht werden. Die Kriterien, nach denen die Zellen zum Austauschen ausgewählt werden, sind sehr verschieden, z.B. zufallsgesteuert oder kräftegesteuert.

Die Zahl der Arbeiten zur Partitionierung/Plazierung ist überwältigend. Im folgenden werden nur die bekanntesten Partitionierungsalgorithmen vorgestellt. Für mehr Details sei der interessierte Leser insbesondere auf die Zusammenstellungen in [Pre88] hingewiesen. Es ist an dieser Stelle zu bemerken, daß diese Algorithmen oft als Plazierungsalgorithmen bekannt sind. Sind die Größen der Zellen und die möglichen Positionen bekannt (z.B. ein Zellraster), so sind beide Probleme sehr ähnlich. Der Unterschied zwischen topologischer und geometrischer Partitionierung (d.h. Plazierung) wurde vorher erläutert.

*"Clustering"*

Beim "Clustering", auch "direct partitioning" genannt, werden Zellen "bottom-up" zu Partitionen zusammengefaßt. Die Zellen sollten viel kleiner als die zu generierenden Partitionen sein. Ein einfaches Modell ist ein Graph, bei dem die Knoten die Zellen darstellen und die Kanten die Verbindungen zwischen diesen Zellen. Jedem Knoten ist eine Größe zugeordnet. Um die Vorgehensweise zu verdeutlichen, wird hier ein Beispiel nach der in [Schu72] veröffentlichten Methode gegeben. Dabei wird für jedes Paar Zellen ein "Cluster"-Wert CV berechnet. Das Paar mit dem höchsten CV wird dann zu einem "Cluster" zusammengefaßt und die CV-Werte neu berechnet. CV ist für die Knoten $i \neq j$ wie folgt definiert:

$$CV_{ij} = f(S_i)\,\frac{C_{ij}}{T_i - C_{ij}} + f(S_j)\,\frac{C_{ij}}{T_j - C_{ij}}$$

mit

$C_{ij}$ Anzahl der Kanten zwischen i und j

$T_i$ Gesamtanzahl der Kanten an i

$T_j$ Gesamtanzahl der Kanten an j

$f(S_i)$ eine Funktion der Größe $S_i$ von i, z.B. $1/S_i$

$f(S_j)$ eine Funktion der Größe $S_j$ von j, z.B. $1/S_j$

Bild 6.47 zeigt ein kleines Beispiel. Der "Clustering"-Prozeß wird durch den "Clustering"- Baum dargestellt. Es ist zu bemerken, daß jeder Knoten die gleiche Größe (=1) hat. Die Größe S eines "Clusters" ist also die Anzahl der Knoten und $f(S) = 1/S$ (Bild 6.47a). Wird die Größe nicht in den "Cluster"-Wert aufgenommen (d. h. $f(S) = 1$), so entsteht ein nicht-balancierter "Clustering"-Baum, der zur Partitionierung weniger geeignet ist (Bild 6.47b). Partitioniert wird, indem der "Clustering"-Baum geteilt wird.

Es sei nochmals ausdrücklich betont, daß eine Vielfalt von "Clustering"-Methoden existiert, und daß oben nur ein allgemeines Beispiel gegeben wurde. Eine neuere

Übersicht ist in [Pre88] zu finden. "Clustering" ist eine der ältesten Partitionierungsmethoden, einfach zu implementieren und wird daher sehr häufig verwendet. Sie liefert aber nicht so gute Ergebnisse wie die "Min-Cut"-Methoden (vergleiche mit dem Beispiel in Bild 6.49), die "top-down" arbeiten und in gewissem Sinne "globaler" sind.

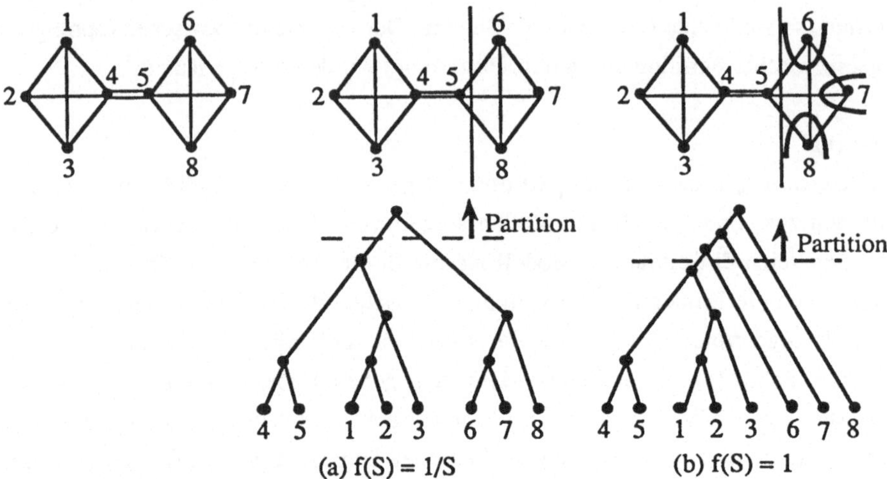


**Bild 6.47.** "Clustering"-Beispiel

*Methoden der minimalen Schnitte ("Min-Cut")*

"Min-Cut"-Methoden basieren auf der sukzessiven "top-down"-Aufteilung der Fläche, so daß jedesmal die Anzahl der Verbindungen, die den Schnitt überqueren, minimiert wird. Der bekannteste Algorithmus dafür wurde von Kernighan und Lin entwickelt [Ker70]. Der Algorithmus basiert auf Gruppenmigration, d.h., Gruppen von Zellen werden zwischen Partitionen bewegt. Der ursprüngliche Algorithmus teilt einen Graphen in zwei Teile, so daß beide Teile die gleiche Anzahl Knoten enthalten (bei ungerader Anzahl Knoten wird ein "dummy"-Knoten ohne Kanten hinzugefügt) und die Anzahl der Kanten zwischen den zwei Teilen möglichst gering ist. Die Knoten im Graph entsprechen den Zellen, die Kanten den Verbindungen zwischen den Zellen.

Es ist zu bemerken, daß bei einem Graphen mit n Knoten die Anzahl der möglichen Aufteilungen mit gleich vielen Knoten in beiden Teilen

$$\binom{n}{\frac{n}{2}} = \frac{n!}{(\frac{n}{2})!\,(\frac{n}{2})!}$$

beträgt (die Hälfte, wenn beide Partitionen äquivalent sind). Das Durchprobieren aller Möglichkeiten kommt also nicht in Frage, z.B. ergeben sich bei n=16 schon 12870 Möglichkeiten.

Der Kernighan-Lin-Algorithmus geht von einer beliebigen, z.B. zufallsgenerierten Aufteilung aus. Es werden iterativ Gruppen ausgetauscht, bis keine Verbesserung mehr möglich ist. Der Algorithmus ist in Bild 6.48 gegeben, Bild 6.49 enthält zwei Beispiele zur Erläuterung der Funktionsweise.

```
Gegeben
(1) ein Graph mit n (gerade) Knoten und
(2) eine Anfangsaufteilung der Knoten in die Mengen S und T,
so wird die Anzahl der Kanten im Schnitt zwischen S und T wie folgt minimiert:
DO
   select := ø
       FOR i := 1 TO n/2
      DO
      finde si ∈ S, ti ∈ T, (si, ti) ∉ select,
      deren Austausch die Anzahl der Kanten, die die Schnittlinie überqueren,
      am meisten reduziert, bzw. am wenigsten erhöht
      select := select ∪ (si, ti)
      ki := Änderung der Anzahl der Kanten, die die Schnittlinie überqueren
      OD
   Finde l, 0 ≤ l ≤ n/2, so daß Σkj minimiert wird, für 0 ≤ j ≤ l
    Vertausche (s1, t1), ..., (sl, tl)
UNTIL l = 0
```

**Bild 6.48.** Kernighan-Lin-Algorithmus

Der Kernighan-Lin-Algorithmus ist insofern deterministisch, als bei einer gegebenen Anfangsaufteilung immer die gleiche Zweiteilung berechnet wird. Die Verallgemeinerung auf mehr als zwei Teile ist einfach.

Der Algorithmus ist verhältnismäßig komplex. Die Anzahl der Schritte pro Iteration kann proportional zu $n^2$ werden. In der Praxis konvergiert der Algorithmus aber meist nach wenigen Iterationen. Eine in [Fid82] beschriebene Modifikation des Kernighan-Lin-Algorithmus tauscht im wesentlichen nicht Paare aus, sondern bewegt Gruppen von einer Partition in die andere, wodurch die Komplexität der inneren Schleife bei n Knoten auf n•log(n) reduziert wird. [Kri84] hat später Vorausschau ("look-ahead") in diesen Algorithmus eingebaut.

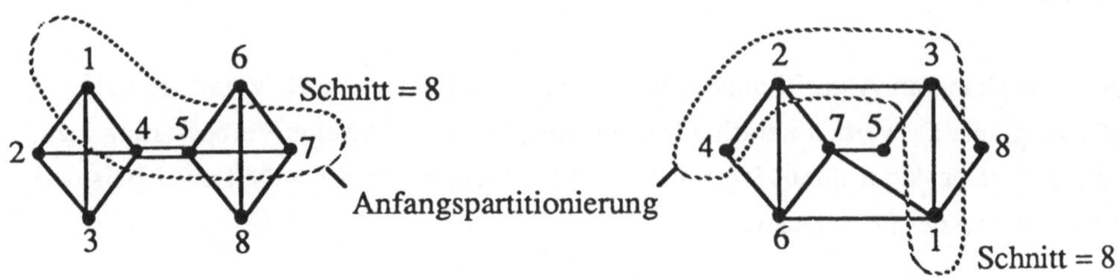


| i | $select_i$ | $k_i$ | $\Sigma k_i$ |
|---|---|---|---|
| 1 | (1,6) | -2 | -2 |
| 2 | (4,8) | -4 | -6 |
| 3 | (5,2) | 4 | -2 |
| 4 | (7,3) | 2 | 0 |

• vertauscht (1,6) und (4,8)

| i | $select_i$ | $k_i$ | $\Sigma k_i$ |
|---|---|---|---|
| 1 | (1,5) | -2 | -2 |
| 2 | (2,8) | 0 | -2 |
| 3 | (4,7) | 0 | -2 |
| 4 | (3,6) | 2 | 0 |

• vertauscht (1,5)

| i | $select_i$ | $k_i$ | $\Sigma k_i$ |
|---|---|---|---|
| 1 | (2,8) | 0 | 0 |
| 2 | (4,1) | -2 | -2 |
| 3 | (3,7) | 2 | 0 |
| 4 | (5,6) | 0 | 0 |

• vertauscht (2,8) und (4,1)

Schnitt = 2, Optimum: Nächste Iteration: Alle $\Sigma K > 0$ Schnitt = 4

**Bild 6.49.** Beispiele zum Kernighan-Lin-Algorithmus

"Min-Cut"-Methoden teilen rekursiv die Fläche, z.B. durch sukzessive Anwendung des Kernighan-Lin-Algorithmus auf, bis jede Partition eine Zelle enthält (Bild 6.50). Dieser Ansatz wird in [Bre77] für Gate-Arrays und Standardzellen beschrieben und in [Lau79] auf allgemeine Zellen erweitert.

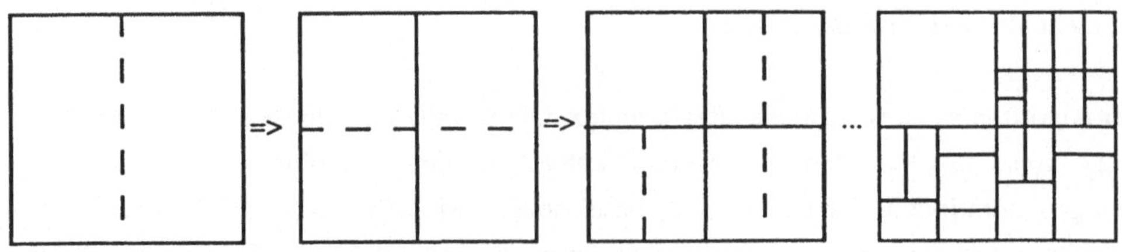

**Bild 6.50.** "Min-Cut"-Partitionierung

Ein Problem bei "Min-Cut"-Methoden ist, daß bei der Aufteilung einer Fläche nicht bekannt ist, woher die externen Verbindungen genau kommen. Daher können unerwünschte Partitionierungen zustande kommen. Statt der in Bild 6.51 dargestellten möglichen Lösung hätte bei einer gewünschten Lösung beim Partitionieren in $z_j$ und $z_k$, $z_k$ oben plaziert werden sollen, da zahlreiche Verbindungen zu $z_i$ bestehen. Erweiterungen zu "Min-Cut", die dieses Problem berücksichtigen, wurden unabhängig in [Dun85] ("terminal-propagation"-Methode) und [LaP86] ("in-place-partitioning"-Methode) entwickelt.

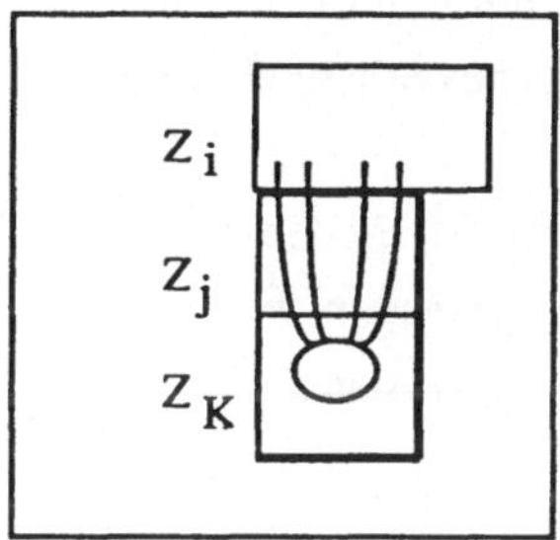


**Bild 6.51.** Mögliche aber ungünstige "Min-Cut"-Partitionierung

"Min-Cut"-Methoden gehören zu den erfolgreichsten Partitionierungsansätzen für Floorplanning und Plazierung. Sie liefern direkt Schnitt-Partitionen und produzieren gute Layouts.

*Kräftegesteuerte Methoden*

Kräftegesteuerte Methoden basieren auf einer physikalischen Analogie. Ebenso wie die durch eine Feder ausgeübte Kraft zunimmt, je stärker die Feder auseinandergezogen wird, so sollte die Tendenz zweier verbundener Zellen, sich anzunähern, mit steigender Entfernung wachsen. Wird die Anzahl der Verbindungen der Federkonstante gleichgesetzt, so ergibt sich folgende Gleichung:

$$\vec{F}_k = \sum_i c_{ki} \vec{d}_{ki}$$

mit

$\vec{F}_k$ die auf Zelle k wirkende Kraft

$c_{ki}$ die (evtl. gewichtete) Anzahl der Verbindungen zwischen Zellen i und k

$\vec{d}_{ki}$ der Entfernungsvektor von Zelle k nach Zelle i

Diese Kraft ist also ein Vektor, der angibt, in welche Richtung die Zelle bewegt werden muß, um die Kraft zu verringern. Minimiert wird also die Summe aller Kräfte, d.h.

$$\vec{F} = \sum_{ij} c_{ij} \vec{d}_{ij} \quad .$$

Man bemerke, daß hier nur die Verbindungslänge zwischen Zellpaaren, an Stelle von wirklichen Netzen, die beliebig viele Zellen umfassen können (siehe 6.8.2.1), berücksichtigt wird. Diese Vereinfachung führt zu dem sog. quadratischen Zuordnungs-Problem (quadratic assignment), welches erheblich einfacher als das allgemeine Plazierungsproblem zu lösen ist.
Es sind verschiedene kräftegesteuerte Methoden bekannt. Konstruktiv können Zellen plaziert werden, indem das Gleichungssystem $\vec{F} = 0$ gelöst wird. Da als Entfernung normalerweise entweder der Euklid'sche Abstand

$$d_{ij} = \sqrt{(x_j - x_i)^2 + (y_j - y_i)^2}$$

oder der rechtwinklige ("Manhattan"-) Abstand $d_{ij} = |x_j - x_i| + |y_j - y_i|$ verwendet wird, ist das Gleichungssystem nicht linear und die Gleichungen sind nicht kontinuierlich ableitbar. Im allgemeinen wird die Newton-Raphson-Methode zur Lösung eingesetzt, es können jedoch Probleme bei der Konvergenz auftreten. Die triviale Lösung, bei der alle Zellen die gleiche Position einnehmen ($d_{ij} = 0$), wird dadurch verhindert, daß die Positionen einiger Zellen vorgegeben werden, typischerweise die Positionen der externen Anschlüsse (Pins). Eine weitere Möglichkeit besteht darin, abstoßende Kräfte, die über kurze Entfernungen wirken, einzuführen.

Bei iterativen Methoden werden alle Zellen nacheinander in einem Zyklus betrachtet. Falls dies einen Gewinn bringt, wird die Zelle bewegt oder gegen eine andere ausgetauscht. Dieser Zyklus wird wiederholt, bis keine Verbesserung mehr möglich ist.

Es können im wesentlichen zwei kräftegesteuerte iterative Ansätze unterschieden werden: Austausch- und Relaxationsverfahren.

- Beim kräftegesteuerten Austausch wird die auf eine Zelle ausgeübte Kraft berechnet. Die Zelle wird dann mit der in dieser Richtung liegenden Nachbarzelle ausgetauscht, falls dies einen Gewinn bringt.
- Bei Relaxationsverfahren wird dagegen der Punkt berechnet, bei dem die auf eine Zelle ausgeübte Kraft gleich 0 ist. Die Zelle wird dann in diese Position gebracht.

Ist diese Position besetzt, so wird als nächstes die in dieser Position befindliche Zelle bewegt. Dies initiiert einen sog. "string", d.h., es werden so lange Zellen bewegt bis entweder eine freie Position gefunden wird oder auf eine Zelle gestoßen wird, die im "string" schon bewegt wurde. Alle Zellen im "string" werden nur dann bewegt, wenn sich ein Gewinn ergibt. Bild 6.52 erläutert Austausch und Relaxation.

Es sind zahlreiche weitere Varianten kräftegesteuerter Methoden bekannt, z.B. können für den Austausch alle Zellen innerhalb einer gegebenen Entfernung ε vom Punkt, an dem $F = 0$ gilt, in Betracht gezogen werden. Eine gute Zusammenstellung ist in [Han76] zu finden. Übersichten sind in [Pre88] und [San87] gegeben.

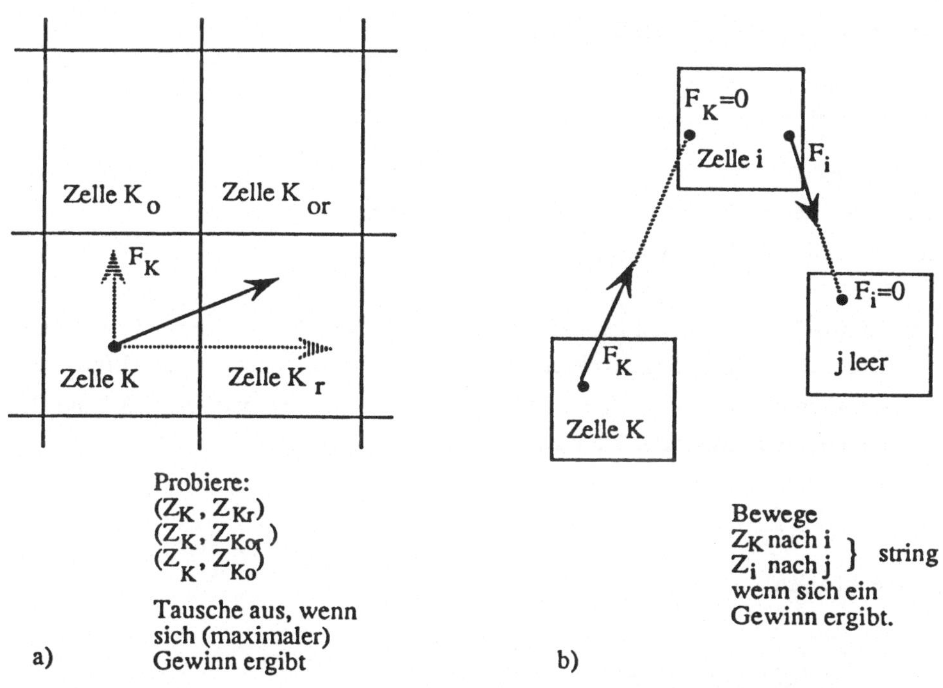


**Bild 6.52.** Iterative kräftegesteuerte Methoden: a)Austausch, b) Relaxation

*Eigenwert-Methode*

Minimiert wird ein quadratisches Zuordnungs-Problem mit den Quadraten der Entfernungen an Stelle der Entfernungen, also

$$K = \frac{1}{2}\sum_{ij} c_{ij} d_{ij}^2 = \frac{1}{2}\sum_{ij} c_{ij}((x_j - x_i)^2 + (y_j - y_i)^2)$$

mit

$c_{ij}$ die (evtl. gewichtete) Anzahl der Verbindungen zwischen Zellen i und j

$d_{ij}$ die Euklid'sche Entfernung zwischen Zellen i und j

K die zu minimierenden Kosten.

Diese Gleichung läßt sich wie folgt umformen:

$$K = K_x + K_y = \frac{1}{2}\sum_{ij} c_{ij}(x_j - x_i)^2 + \frac{1}{2}\sum_{ij} c_{ij}(y_j - y_i)^2$$

In Vektorform

$$K_x = X^T BX, \ K_y = Y^T BY$$

mit

$B = D - C$, $C = c_{ij}$, D eine n x n Diagonalmatrix mit

$$\sum_j c_{kj}$$

in Position kk,

X der Vektor der n x-Koordinaten, $X^T$ = X transponiert,

Y der Vektor der n y-Koordinaten, $Y^T$ = Y transponiert.

Da die Matrix B symmetrisch ist, hat sie n Eigenvektoren, die orthonormal zueinander sind. (Bemerkung: Ein Eigenvektor $U_r$ erfüllt $BU_r = \lambda_r U_r$, mit $\lambda_r$ als Eigenwert. Orthonormal bedeutet, daß $U_r^T U_r = 1$ und $U_r^T U_s = O$ für $r \neq s$.) Jeder Vektor X kann also in der Basis der Eigenvektoren durch Koordinaten $\alpha_i(X)$ ausgedrückt werden:

$$X = \sum_r \alpha_r(X) U_r$$

Daraus ergibt sich

$$X^T BX = \sum_r \alpha_r^2 (X) \lambda_r \quad .$$

Da zusätzlich gefordert werden muß, daß gilt

$$\sum_i x_i^2 = X^T X = 1 \quad ,$$

um beliebig "kleine" Lösungen zu verhindern, und

$$\sum_i x_i^2 = \sum_r \alpha_r^2 (X)$$

ist, ergibt sich, daß die Eigenvektoren mit den kleinsten Eigenwerten die Kosten minimieren.

$$K_{min} = K_{x\ min} + K_{y\ min} = U_1^T B U_1 + U_2^T B U_2 = \lambda_1 + \lambda_2$$

Ein einfaches Beispiel ist in Bild 6.53 gegeben. Es ist zu beachten, daß sich, da der Rang von $B = n - 1$ ist (die Summe jeder Reihe in B ist 0), trivialerweise ein Eigenvektor mit gleichen Komponenten ergibt. Dies entspricht der Lösung, bei der alle Zellen die gleiche Position einnehmen, und ist daher uninteressant. Die Formulierung der Plazierung als Eigenwert-Problem kann effizient gelöst werden, da die Matrix B symmetrisch ist. Eigenwerte wurden oft zur Plazierung und Partitionierung eingesetzt, z.B. in [Hal70] (erläutert die Methode gut), sowie in [Don73, Don75, Ott82, Bla85, Fra86].

Wie beim Kräfteverfahren liefert das Ergebnis Zellpositionen, die jedoch nicht gültigen Positionen entsprechen müssen. Gültige Positionen sind z.B. ein Zellraster oder Positionen, die von der Größe der Zellen abhängen (Bild 6.53).

Verschiedene Verfahren, um gültige Positionen zu erhalten, sind vorgeschlagen worden. In [Ott82] wird durch einen sog. "Schrumpfprozeß" (eng. shrinking), der die Größe und Gestalt variabler Zellen mit einbezieht, eine Schnitt-Partition gewonnen. [Bla85] benutzt $K_x + K_y = \lambda_1 + \lambda_2$ als untere Grenze für die Kosten und stellt fest, daß dieser Wert, wenn die Anzahl der Zellen hoch ist, durch paarweises Austauschen der Zellen nahezu erreicht werden kann. Die Anfangsplazierung wird dabei u.a. aus der Eigenvektor-Lösung konstruiert, indem $(X - U_1)^T (X - U_1) + (Y - U_2)^T (Y - U_2)$ minimiert wird. In [Fra86] wird nicht nur der Eigenvektor mit dem kleinsten Eigenwert untersucht, sondern nach und nach Eigenvektoren mit größeren Eigenwerten ("probing").

Durch die Verwendung der Quadrate der jeweiligen x- bzw. y-Koordinatendifferenzen minimiert die Eigenwert-Methode nicht unmittelbar die Länge der Netze. Da die Größe der Zellen nicht in das Verfahren eingeht, ist ein weiterer Nachteil der Eigenwert-Methode, daß Positionen, die nicht unbedingt gültige Positionen sind, berechnet werden. Außerdem werden Verbindungen zwischen Zellpaaren berücksichtigt ("quadratic assignment"). Da aufgrund dieser Einschränkungen die Eigenwert-Methode nicht immer gute Ergebnisse liefert, wird diese Methode oft dazu benutzt, eine Anfangs-Plazierung/Partititionierung zu berechnen, die danach iterativ verbessert wird.

*"Simulated-Annealing"*

"Simulated-Annealing" ist eine Technik zur Lösung kombinatorischer Optimierungsprobleme. [Kir83] entwickelte den ursprünglichen Algorithmus, der auf einer Monte-Carlo-Methode zur Berechnung des minimalen Energie-Zustandes einer Gruppe Moleküle basiert [Met53]. Angenommen wird hierbei, daß die Partitionierung analog dem "Annealing" ist, d.h. dem langsamen Abkühlen eines geschmolzenen Stoffes, so daß ein Kristall resultiert. Die Energie im Stoff entspricht der zu minimierenden Kostenfunktion K, typischerweise der nach der Halben-Umfang-Methode berechneten Gesamtlänge der Netze (siehe 6.8.2.2).

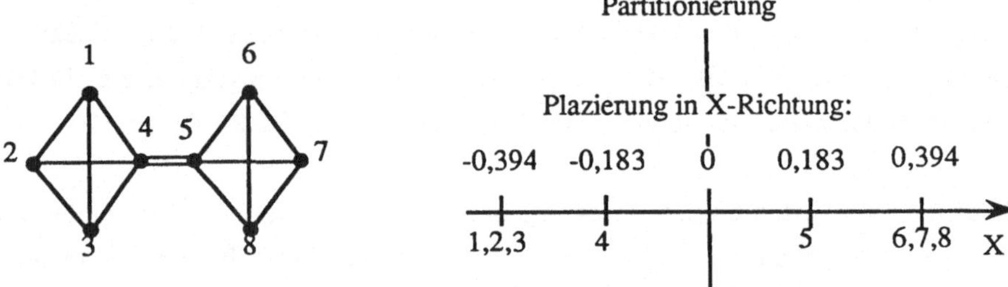


$$B = \begin{pmatrix} 3 & -1 & -1 & -1 & 0 & 0 & 0 & 0 \\ -1 & 3 & -1 & -1 & 0 & 0 & 0 & 0 \\ -1 & -1 & 3 & -1 & 0 & 0 & 0 & 0 \\ -1 & -1 & -1 & 5 & -2 & 0 & 0 & 0 \\ 0 & 0 & 0 & -2 & 5 & -1 & -1 & -1 \\ 0 & 0 & 0 & 0 & -1 & 3 & -1 & -1 \\ 0 & 0 & 0 & 0 & -1 & -1 & 3 & -1 \\ 0 & 0 & 0 & 0 & -1 & -1 & -1 & 3 \end{pmatrix}$$

Kleinster Eigenvektor

$$U_1 = \begin{pmatrix} -0,394 \\ -0,394 \\ -0,394 \\ -0,183 \\ 0,183 \\ 0,394 \\ 0,394 \\ 0,394 \end{pmatrix}$$

$$\longrightarrow \lambda_1 = 0{,}536 \qquad U_1^T U_1 = 1 \qquad U_1^T B U_1 = 0{,}536$$

**Bild 6.53.** Beispiel zur Eigenwert-Methode

Das Annealing wird nun wie folgt simuliert (Bild 6.54). Zunächst müssen gültige Bewegungen definiert werden (engl. "move set"), um Zellen zufallsgesteuert zu bewegen. Nach jeder Bewegung wird die Kostenfunktion neu berechnet. Ergibt sich ein Vorteil, so wird die Bewegung akzeptiert. Ergibt sich ein Nachteil, so wird die Bewegung mit Wahrscheinlichkeit

$$e^{-\Delta K/t}$$

akzeptiert, wobei t die Temperatur und $\Delta K$ die durch die Bewegung sich ergebende Zunahme der Kosten sind. Die Temperatur muß anfangs hoch gewählt werden und gemäß einem Abkühlungsplan reduziert werden, der typischerweise exponentiell ist, d.h.

$$t_{neu} = \alpha t_{alt}, \quad 0 < \alpha < 1 \quad .$$

Typische Werte sind um $\alpha \sim 0{,}95$. Bei jeder Temperatur werden so viele Bewegungen generiert, bis ein Gleichgewicht erreicht ist. Die Anzahl dieser Bewegungen ist eine Funktion der Temperatur. Z.B. kann immer dann zur nächsten Temperatur übergegangen werden, wenn die Durchschnittskosten bei einer bestimmten Anzahl Bewegungen konstant bleiben.

```
t := Anfangstemperatur
Plazierung := Zufallsplazierung
DO
   DO
       Neue_Plazierung := MOVE(Plazierung)
       ΔK := K(Neue_Plazierung) - K(Plazierung)
      IF ΔK < 0 OR random(0,1) < e^(-ΔK/t)
      THEN Plazierung := Neue_Plazierung
      FI
   UNTIL Gleichgewicht für t
  t := αt
UNTIL t ≈ 0
```

**Bild 6.54.** Der grundlegende "Simulated-Annealing"-Algorithmus

"Simulated-Annealing" erlaubt es, über lokale Minima hinwegzukommen, da vor allem bei hohen Temperaturen auch Bewegungen akzeptiert werden, die die Kosten erhöhen. Die Ergebnisse dieser Methode für Plazierung/Partitionierung können sehr gut sein, allerdings muß dafür eine lange Laufzeit in Kauf genommen werden. Des weiteren ist der Algorithmus stark von den gültigen Bedingungen, der Kostenfunktion und dem Abkühlungsplan (engl. "annealing schedule", d.h. Reduzierung der Temperatur und Berechnung des Gleichgewichts bei jeder Temperatur) abhängig. "Simulated-Annealing" wird in der Praxis oft eingesetzt.

Es sind zahlreiche Arbeiten auf diesem Gebiet publiziert worden. In [Haj85, Rom85, Lun86] wird gezeigt, daß unter gewissen Bedingungen "Simulated-Annealing" die optimale Lösung findet. Solche Ergebnisse sind jedoch nur theoretisch relevant. Heuristiken, welche verschiedene Kriterien für Parameter wie Anfangstemperatur, Annealing Schedule usw. angeben, sind z.B. gegeben in [Whi84, Ott84, Aar85 und Hua86]. In [Won86] wird "Simulated-Annealing" benutzt , um Schnitt-Partitionen zu generieren.

### 6.8.3 Verdrahtung

Nachdem die Zellen plaziert sind, müssen die Verbindungen zwischen den Zellen hergestellt werden. Ein *Netz* verbindet eine Menge von Punkten, die Anschlüssen ("Pins") der Zellen entsprechen. Die Verbindung kann in mehreren Ebenen ("Layers") geführt werden, z.B. in Polysilizium und mehreren Metallagen. Gewöhnlich wird dabei in mehreren Schritten vorgegangen (Bild 6.55):

- Die Fläche wird so aufgeteilt, daß spezialisierte "Router" eingesetzt werden können. Üblicherweise ist das Ziel, rechteckige Verbindungsflächen zu definieren. Rechteckige Flächen mit Anschlüssen an zwei gegenüberliegenden Seiten werden als *Kanäle* bezeichnet, rechteckige Flächen mit Anschlüssen an allen vier Seiten als *"Switchboxes"*.

- Danach wird ein *globaler Verdrahter* ("global router") eingesetzt, um jedes Netz einer Menge von Verbindungsflächen zuzuordnen.

- In einem letzten Schritt wird ein *lokaler Verdrahter* ("local router") eingesetzt, um die genaue Verdrahtung innerhalb jeder Verdrahtungsfläche zu bestimmen.

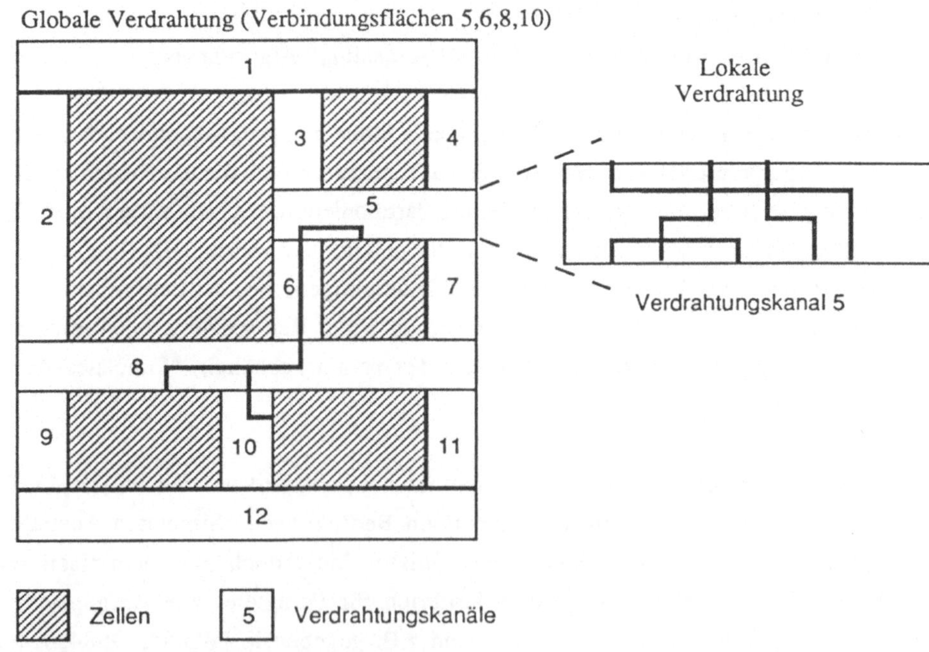


Bild 6.55. Hauptschritte bei der Verdrahtung

**Bild 6.55.** Hauptschritte bei der Verdrahtung

Besondere Netze wie Spannungsversorgung, Masse und Takt, werden meist gesondert und vor den anderen Netzen verdrahtet. Die Techniken dazu sind spezialisiert und hängen stark von der Technologie ab.

Verdrahtungsalgorithmen wurden zuerst für Leiterplatten entwickelt und teilweise für integrierte Schaltungen übernommen. Die Anzahl der Arbeiten hierzu ist enorm und kann in diesem Rahmen nicht detailliert zitiert werden. Der Leser sei insbesondere auf die hervorragende Zusammenstellung in verschiedenen Kapiteln von [Oht86] verwiesen. Im folgenden werden nur die wichtigsten Verdrahtungsalgorithmen vorgestellt.

#### 6.8.3.1 Globale Verdrahtung

Es hat sich noch keine Standardformulierung für das Problem der globalen Verdrahtung durchgesetzt. Zwei Modelle sollen an dieser Stelle die verschiedenen Möglichkeiten veranschaulichen.

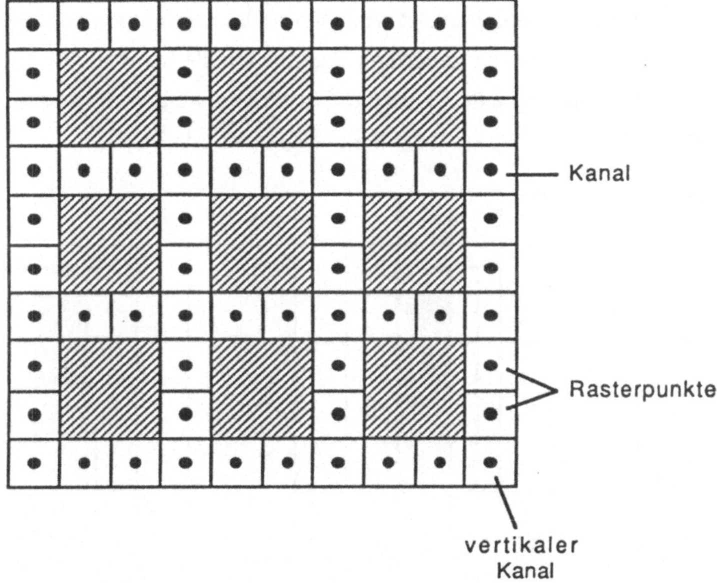


**Bild 6.56.** Grobes Raster zur globalen Verdrahtung

*Das Grobes-Raster-Modell*

Viele Ansätze benutzen als Modell ein ***grobes Raster*** ("coarse grid"). Jeder Punkt im Raster entspricht einer Verdrahtungsfläche mit gegebener Kapazität, d.h. einer maximalen Anzahl von Verbindungen, die über diese Fläche geführt werden können. Solche Raster sind besonders bei regelmäßigen Layouts wie Gate-Arrays und Standardzellen einfach zu definieren. Das heißt, jeder Zelle und der sie umgebenden Verdrahtungsfläche wird eine feste Anzahl Rasterpunkte zugeordnet (Bild 6.56).

Es gilt nun, für jedes Netz (ein Netz ist eine Menge zu verbindender Rasterpunkte) die kürzeste Verbindung zu finden. Dies ist das Steiner-Baum-Problem (siehe 6.8.2.2), was NP-vollständig ist. Verschiedene Heuristiken sind bekannt [Han66], [Hwa78]. Für den einfacheren Fall, bei dem nur die kürzeste Verbindung zwischen zwei Punkten gefunden werden muß, liefert Dijkstras Algorithmus [Dij59] die genaue Lösung. Jede Kante wird dabei nur einmal besucht.

In der Praxis werden oft sog. "Maze-Running"-Algorithmen verwendet. Diese Algorithmen basieren auf dem Lee-Algorithmus [Lee61], der im wesentlichen eine Modifizierung des älteren Moore-Algorithmus [Moor59] ist (Bild 6.57). Dabei breitet sich eine Wellenfront, welche die Entfernung von einem Quellpunkt angibt, so lange aus, bis ein Zielpunkt erreicht wird. Danach wird ein Pfad ausgewählt, indem vom Zielpunkt die Wellenfront in umgekehrter Richtung verfolgt wird. Verbindet man mehr als zwei Punkte, so wird in den folgenden Schritten der generierte Pfad als Quelle benutzt. Die Kapazität aller Rasterpunkte auf dem Pfad muß dabei um eins vermindert werden. Rasterpunkte mit Kapazität null werden als Hindernisse (verbotene Punkte) markiert.

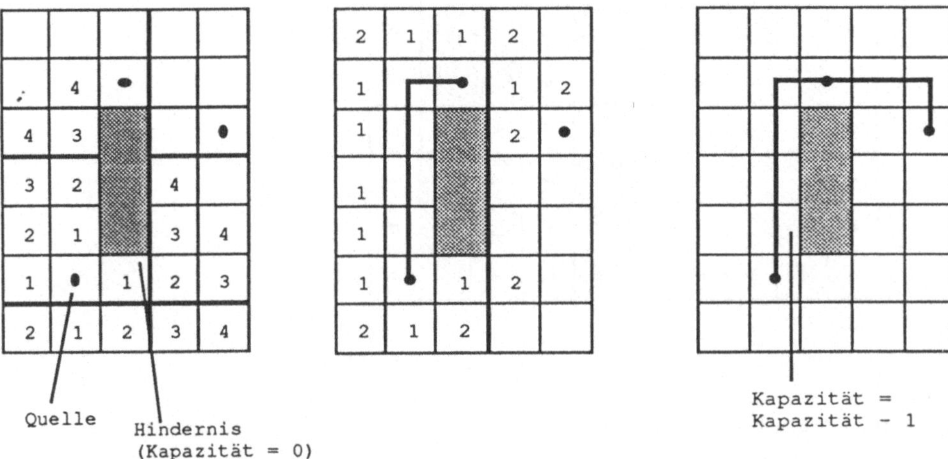


**Bild 6.57.** Der Lee-Algorithmus

Der Lee-Algorithmus findet immer den kürzesten Pfad zwischen zwei Punkten, ist jedoch relativ aufwendig. Da das grobe Raster allerdings verhältnismäßig wenig Punkte hat, kann er in der Praxis angewendet werden. Verschiedene Verbesserungen sind vorgeschlagen worden, z.B. in [Had77] und [Sou78].

*Der Kanal-Durchschnitts-Graph*

Eine anschauliche Formulierung für den Fall, in dem ein grobes Raster nur schwer definiert werden kann (z.B. bei Makrozellen verschiedener Größe[Pre79]), ist durch den Kanal-Durchschnitts-Graphen gegeben. Die Kanten stellen die Verdrahtungsflächen (Kanäle) dar, die Knoten stellen die Durchschnitte (Berührungen) dieser Flächen dar (Bild 6.58). Jeder Kante ist ein Gewicht w zugeordnet, welches von der Länge L und der noch freien Kapazität F im Kanal (Anzahl der noch verfügbaren Leitungen) abhängt, z.B. $w = aL + bc^{-(F+1)}$, a, b, c Konstanten. Ein ähnliches Modell ergibt sich, wenn die Knoten die Verdrahtungsflächen und die Kanten die Kanal-Durchschnitte darstellen [Hig80].

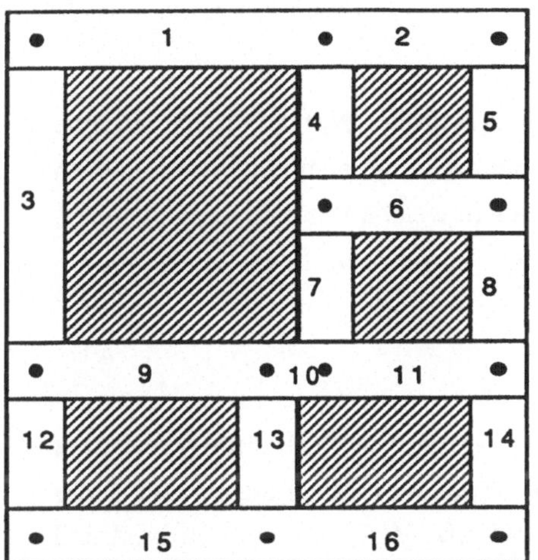


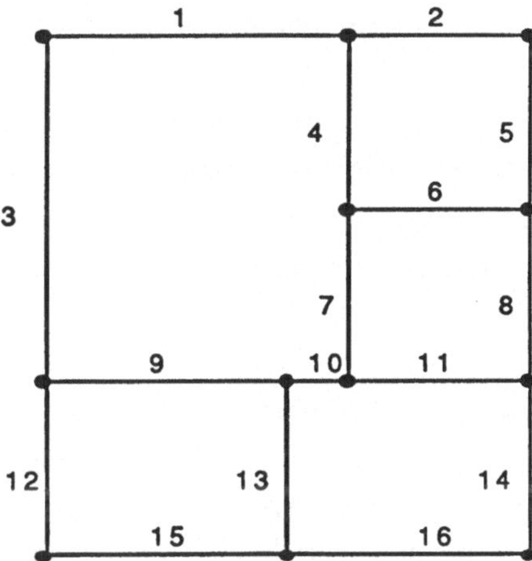


**Bild 6.58.** Der Kanal-Durchschnitts-Graph

Die Länge eines Pfades im Graph ist die Summe der Kantengewichte. Man bemerke, daß eine Kante "länger" wird, je weniger freie Kapazität übrig bleibt. Wiederum kommt es darauf an, die Steiner-Bäume für die Netze zu finden. Wie schon angedeutet, können zur Berechnung [Dij59, Han66 oder Hwa78] verwendet werden.

*Parallele Verlegung aller Netze*

Den bisher vorgestellten Ansätzen ist gemeinsam, daß die Netze nacheinander verlegt werden. Das Ergebnis hängt dabei stark von der Reihenfolge, in der die Netze verdrahtet werden, ab. Es sind noch keine genauen Kriterien bekannt, wie diese Ordnung im allgemeinen festgelegt werden kann. Kritische Netze, die möglichst kurz sein sollten, um eine kleine Verzögerung zu verursachen, sollten dabei möglichst am Anfang verlegt werden.

Ein anderer Ansatz verlegt zunächst alle Netze, ohne deren gegenseitige Einflüsse zu berücksichtigen (d.h. "parallel"). Danach werden die sich ergebenden Verdrahtungsdichten mit den Kapazitäten der einzelnen Verdrahtungsflächen verglichen. Von den Flächen, die zu viele Leitungen führen, werden Netze entfernt und diese nun unter Berücksichtigung der verlegten Leitungen neu verdrahtet ("rerouting").

Weitere Ansätze zur globalen Verdrahtung sind "Simulated-Annealing" [Vec83], ganzzahlige Optimierung [Kar83] und hierarchische "top-down"- [Bur83] und "bottom-up"-Dekomposition [Mar84].

#### 6.8.3.2 Lokale genaue Verdrahtung

Die globale Verdrahtung liefert als Ergebnis, welche Netze durch welche Verdrahtungsflächen zu führen sind. Die detaillierte Verdrahtung innerhalb dieser Flächen wird in einem weiteren Schritt vorgenommen. Je nachdem welche Beschränkungen gelten, spricht man von allgemeinem Verdrahten, Kanal-Verdrahten oder "Switchbox"-Verdrahten.

*Allgemeines Verdrahten*

Gibt es keine besonderen Beschränkungen, so ist ein allgemeines Verdrahtungsverfahren notwendig. Hierfür wird meist der Algorithmus auf ein genaues Raster angewandt. Jeder Rasterpunkt entspricht hier genau einer Leitung. Sind z.B. Metalleitungen 2µ breit und mindestens 3µ voneinander entfernt, so wird man ein 5µ-Raster definieren. Hinzukommende Schwierigkeiten ergeben sich dadurch, daß zumindest zwei Ebenen ("Layers") berücksichtigt werden müssen. Oft werden z.B. vertikale Leitungen in eine Ebene und horizontale Leitungen in eine andere Ebene gelegt. Des weiteren sind Kontakte ("vias") zwischen den Ebenen notwendig, um Leitungen zu verbinden. Kontakte sind meist breiter als Leitungen, entsprechen also nicht dem Raster (die einfachste aber ineffiziente Lösung ist, das Raster den Kontakten entsprechend zu dimensionieren). Eine Alternative zu den sog. "maze-running"-Algorithmen sind die sog. "line-search"-Algorithmen. Der ursprüngliche Algorithmus wurde unabhängig in [Hig69] und [Mik68] veröffentlicht. Die Idee dabei ist es, eine Verbindung durch Liniensegmente und nicht durch Rasterpunkte darzustellen. Es werden Liniensegmente von beiden zu verbindenden Punkten generiert, bis diese sich schneiden (Bild 6.59). Diese Sorte Algorithmen benötigt weniger Speicher als der Lee-Algorithmus, und ist, wenn es wenige Hindernisse gibt, schneller. Wenn genügend Liniensegmente generiert werden, findet ein "line-search"-Algorithmus immer eine Verbindung, wenn diese existiert [Mik68] (bei [Hig69] nicht der Fall). Allgemeine Verdrahtungsverfahren liefern für die lokale Verdrahtung keine besonders guten Ergebnisse. Daher werden in der Praxis meist beschränkte Verdrahtungsflächen definiert, insbesondere die sog. *Kanäle (Channels).*

*Kanal-Verdrahten ("Channel-Routing")*

"Channel-Routing" ist ein besonderer Fall des Verdrahtungsproblems, bei dem Verbindungen in einer rechteckigen Fläche ohne Hindernisse, mit Anschlüssen auf nur zwei gegenüberliegenden Seiten hergestellt werden müssen (Bild 6.60). Es wurde ursprünglich in [Has71] erwähnt.

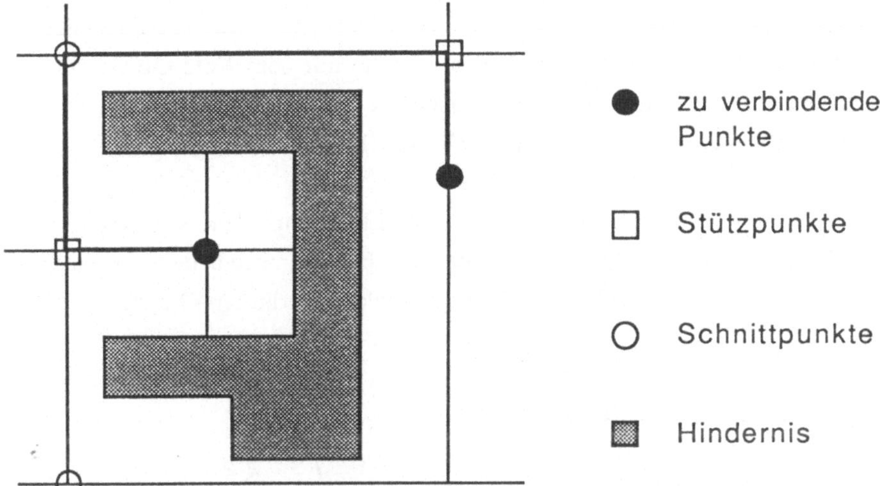


**Bild 6.59.** Line-search-Algorithmus

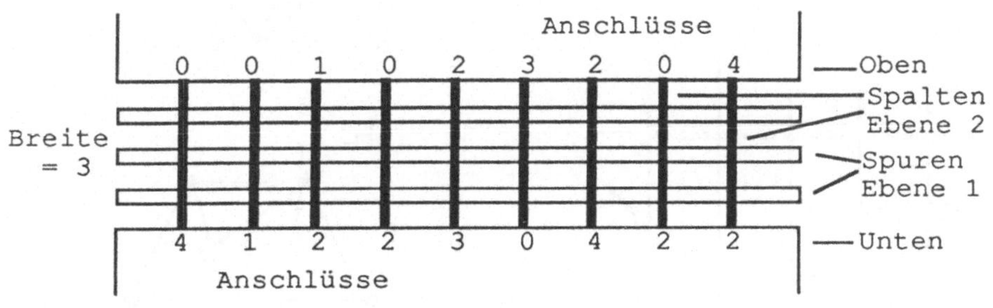


**Bild 6.60.** Das Kanal-Verdrahtungs-Problem

Die Anschlüsse werden mit einer Netznummer versehen (Anschlüsse mit gleicher Netznummer sind zu verbinden). Der Kanal hat Spuren, d.h. horizontal zu verlegende Leitungen, und Spalten, d.h. vertikal zu verlegende Leitungen. Jede Spalte kann oben und unten einen Anschluß haben. Das Problem kann also durch zwei Vektoren OBEN und UNTEN angegeben werden, wobei eine 0 keinen Anschluß bedeutet. Dies legt gleichzeitig die Länge des Kanals fest. Die Breite wird durch die Verdrahtung bestimmt. Das klassische Kanal-Verdrahtungs-Problem geht von zwei Verbindungsebenen aus.

Zwei Graphen sind für "Channel-Routing" wichtig. Im sog. *vertikalen Restriktions-Graph ("vertical constraint graph")* entsprechen die Knoten den Netzen. Für jede Spalte, die Anschlüsse oben und unten hat, gibt es eine entsprechende gerichtete Kante (Bild 6.61). Der *horizontale Restriktions-Graph ("horizontal constraint graph")* ist ein Intervall-Graph, der angibt, welche Spaltenintervalle überlappen. Wiederum entsprechen die Knoten den Netzen. Jedem Netz ist ein Intervall, d.h. kleinste Spalte mit dem Netz OBEN oder UNTEN bis größte Spalte mit dem Netz OBEN oder UNTEN, zugeordnet. Überlappen zwei Intervalle, so gibt es eine Kante im Graphen (Bild 6.61).

Die maximale Anzahl der Intervalle, die eine vertikale Linie schneiden, ist eine untere Grenze für die Anzahl der Spuren; dies entspricht der Anzahl der Knoten in der maximalen Clique (vollkommen verbundener Subgraph) des horizontalen Restriktions-Graph.

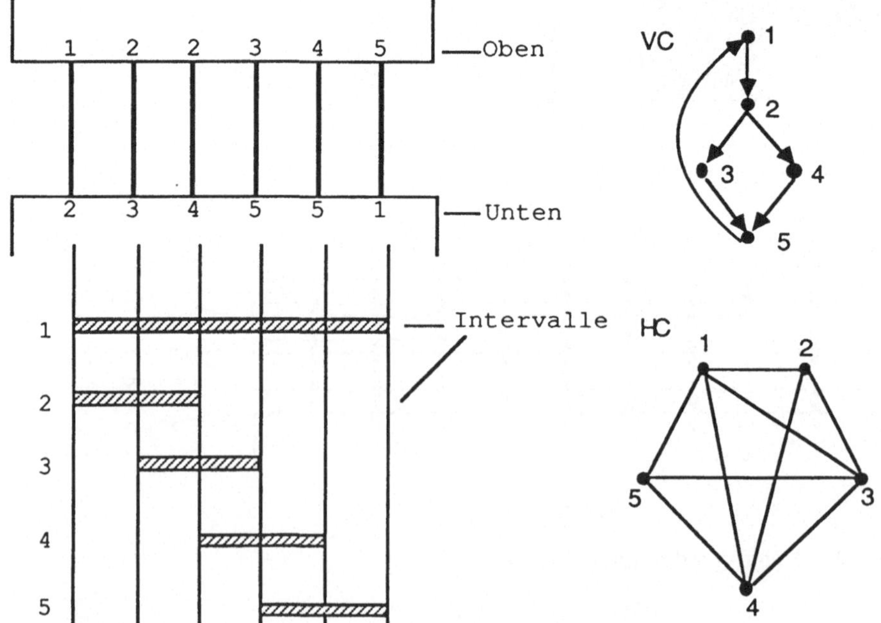


**Bild 6.61.** Horizontale und vertikale Restriktions-Graphen

*Restriktives Verdrahten und der "Left-Edge"-Algorithmus*
Eine als *restriktives Verdrahten* bekannte Vereinfachung des Kanal-Verdrahtungs-Problems besteht darin, jedes Netz über maximal eine Spur zu führen [Has71, Ker73]. In diesem Fall gibt es keine Lösung, wenn der vertikale Restriktions-Graph Zyklen enthält. Am einfachsten läßt sich dies durch das Beispiel OBEN=1,2 und UNTEN=2,1 veranschaulichen: Netz 1 muß über Netz 2 und Netz 2 muß über Netz 1 sein. Im Beispiel in Bild 6.61 gibt es Zyklen, z. B. 1-2-3-5-1, so daß keine Lösung möglich ist. Fügt man aber leere Spalten zwischen den Anschlüssen ein, so können vertikale Restriktionen vollständig vermieden werden. In diesem Fall ist also immer eine Lösung möglich, der einfache *"Left-Edge"-Algorithmus* findet die optimale Lösung (Bild 6.62).

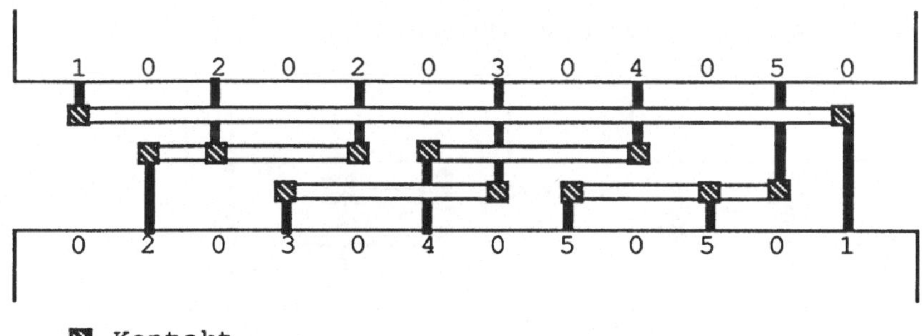


**Bild 6.62.** "Left-Edge"-Algorithmus

Dabei werden die Intervalle nach der linken Kante geordnet (daher der Name), und danach einzeln den Spuren zugeordnet. Es wird mit einer Spur begonnen. Gibt es keine Spur, in der das Intervall untergebracht werden kann, so wird die Anzahl der Spuren um eins erhöht. Das Beispiel in Bild 6.62 entspricht dem Beispiel in Bild 6.61 ohne vertikale Restriktionen. Es läßt sich in 3 Spuren verdrahten.

Gibt es vertikale Restriktionen und keine Zyklen im vertikalen Restriktions-Graphen, so ist restriktives Verdrahten NP-vollständig [LaP80]. Vollständiges Ausprobieren aller Möglichkeiten ("branch-and-bound") [Ker73] und Netzverschmelzung (merging-of-nets) [Yos82] sind hierfür vorgeschlagen worden. Eine untere Grenze für die benötigte Anzahl Spuren ist dann die Länge des längsten Pfades im vertikalen Restriktions-Graph.

*"Dogleg-Routing"*
Wird die Einschränkung, nur eine Spur pro Netz zu erlauben, aufgehoben, so müssen die verschiedenen vertikalen Teile eines Netzes miteinander über eine Spalte verbunden werden. Diese horizontalen Verbindungen werden *"Doglegs"* genannt (Bild 6.63a).

"Doglegs" erlauben es, Kanäle mit zyklischen vertikalen Restriktionen zu verdrahten und sparen oft viele Spuren (Bild 6.63b).

Ein "Dogleg-Router" wurde erstmals in [Deu76] vorgestellt. Er basiert auf der Beobachtung, daß bei restriktivem Verdrahten lange Netze, die nicht mit anderen Netzen Spuren teilen können, meist viele Anschlüsse haben. Daher werden "Doglegs" nur in Spalten eingeführt, die Anschlüsse für das Netz haben, ausgenommen sind die beiden äußersten Anschlüsse. So kann ein Netz mit nur zwei Anschlüssen kein "Dogleg" besitzen, ein Netz mit drei Terminalen höchstens ein "Dogleg" usw. Auch wird dadurch pro "Dogleg" nur ein zusätzlicher Kontakt zwischen den Verdrahtungsebenen eingeführt (anstatt zwei Kontakte wie dies bei einem "Dogleg" in einer Spalte ohne Anschlüsse der Fall sein würde). Dies reduziert die Verzögerung in dem Netz.

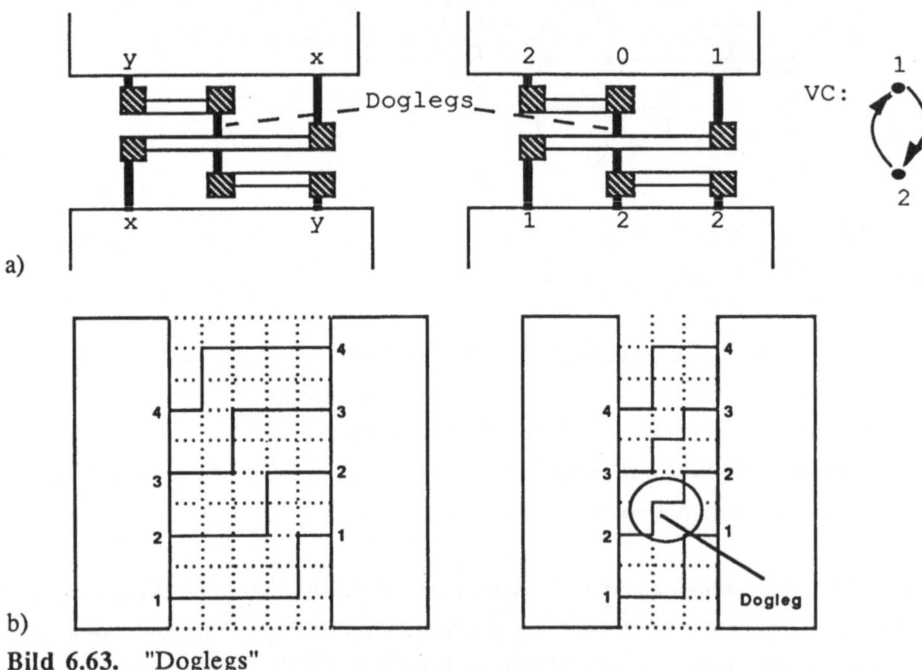


**Bild 6.63.** "Doglegs"

Der Algorithmus arbeitet dann wie folgt: Jedes Netz mit m Anschlüssen $a_1, a_2, ..., a_m$, bei denen die Anschlüsse nach ihrer Position von links nach rechts geordnet sind, wird in m-1 Subnetze $(a_1, a_2), (a_2, a_3), ..., (a_{m-1}, a_m)$ aufgeteilt. Im vertikalen Restriktionsgraph werden zwischen diesen Subnetzen, die zum gleichen Netz gehören, keine Kanten eingeführt. Danach wird der "Left-edge"-Algorithmus für die Subnetze angewendet. Aufeinanderfolgende Subnetze, die zum gleichen Netz gehören, können dabei in der gleichen Spur verdrahtet werden. Ein Beispiel ist in Bild 6.64 gegeben.

In [Deu76] wurde auch ein Beispiel gezeigt, das als "Deutsch's difficult example" bekannt wurde und gewissermaßen als Standardbeispiel für "Channel-Routing" gilt. Der "Dogleg-Router" kann diesen Kanal in 21 Spuren verdrahten. Der vertikale Restriktions-Graph in diesem Beispiel hat keine Zyklen, durch Anwenden des "Left-Edge"-Algorithmus und "branch-and-bound" [Ker73] kann Deutsch's Beispiel in 28 Spuren verlegt werden [Bur86]. Da der längste Pfad im vertikalen Restriktions-Graph die Länge 28 hat, ist dies die optimale Lösung für restriktives Verdrahten.

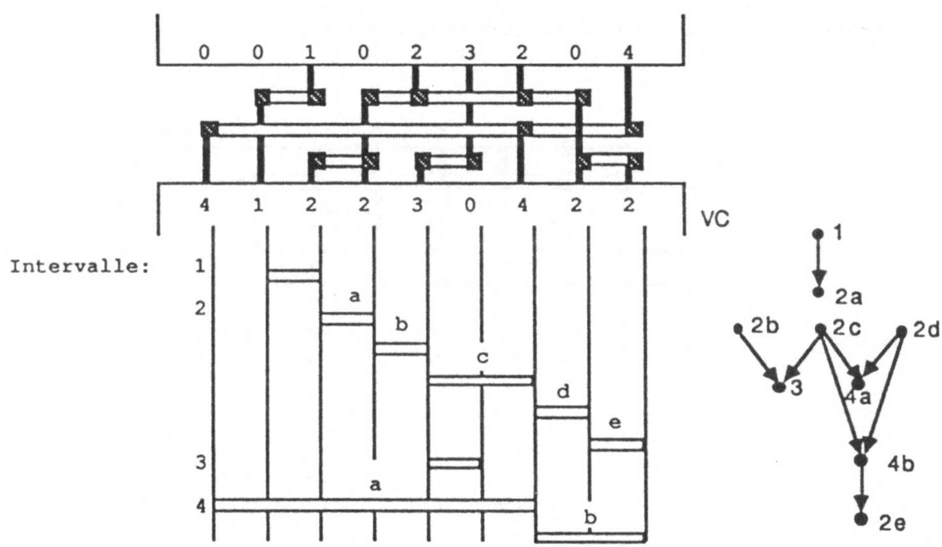


**Bild 6.64.** "Dogleg-Routing"

*"Greedy-Routing"*

Beim "greedy" (hungrigen) Verdrahten wird der Kanal von links nach rechts durchlaufen, wobei jede Spalte untersucht wird und die notwendigen Anschlüsse generiert werden. Falls zusätzliche Spuren notwendig sind, werden diese hinzugefügt. Sind "Doglegs" notwendig, so werden diese eingeführt. Ein solcher Algorithmus wurde erstmals in [Riv82] eingeführt. Die Regeln dabei sind (sie werden in der gegebenen Reihenfolge angewendet, siehe Bild 6.65):

1. Anschlüsse oben und unten werden in den Kanal gebracht. Dabei wird entweder die nächste freie Spur oder eine Spur, die schon das Netz führt, verwendet, abhängig davon, was näher ist.
2. Es werden "Doglegs" eingefügt, um Netze zusammenzufassen, die in verschiedenen Spuren geführt werden. Dabei sollen möglichst viele Spuren frei werden.

3. Es werden "Doglegs" eingeführt, so daß Netze, die in mehreren Spuren geführt werden, möglichst nahe zueinander gebracht werden.
4. Es werden "Doglegs" eingeführt, damit Netze, deren nächster Anschluß oben (unten) ist, so weit wie möglich nach oben (unten) gebracht werden.
5. Falls nach Regel 1 ein Anschluß nicht in den Kanal gebracht werden konnte, so wird eine Spur hinzugefügt. Diese Spur wird möglichst nahe zur Kanalmitte gelegt.
6. Alle Netze, die noch Anschlüsse weiter rechts haben oder mehr als eine Spur benutzen, werden in die nächste Spalte (rechts) geführt.

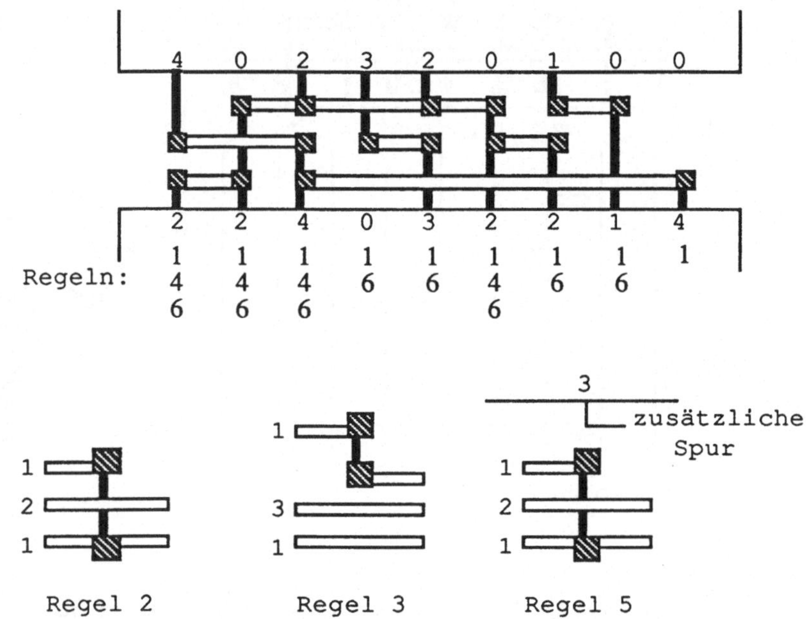


**Bild 6.65.** "Greedy-Routing"

Dieser Algorithmus findet immer eine Lösung. Verschiedene Parameter, wie die Anfangsanzahl der Spuren und die Anzahl der Spalten, die rechts von der untersuchten Spalte betrachtet werden, um Regel 4 anzuwenden, können variiert werden. Der Algorithmus verdrahtet "Deutsch's difficult example" in 20 Spuren.

*Hierarchisches Verdrahten*

Der hierarchische "Channel-Router" in [Bur83] war der erste, der "Deutsch's difficult example" optimal in nur 19 Spuren verdrahten konnte. Das Problem wird dabei hierarchisch dekomponiert, indem der Kanal horizontal halbiert wird, bis ein Problem mit nur 2 Spuren übrigbleibt (Bild 6.66). Für jedes Netz wird in diesem 2n-Raster, n =

Anzahl der Spalten, ein optimaler Steiner-Baum mit Hilfe eines modifizierten Algorithmus aus [Aho77] konstruiert. Auf der nächsten Hierarchiestufe werden die Positionen der Spaltenübergänge übernommen, und es entstehen wiederum 2n-Raster-Probleme (Bild 6.66)

Es ist zu beachten, daß jedem Übergang zwischen Rasterpunkten eine Kapazität zugeordnet wird. Die Länge des Steiner-Baums hängt von einer Kostenfunktion ab, welche mit abnehmender freier Kapazität zunimmt. Der Ansatz ist also letztlich heuristisch. Er ist insofern "global", als daß ein Netz erst dann genau positioniert wird, wenn alle vorhergehenden Hierarchieebenen gelöst wurden.

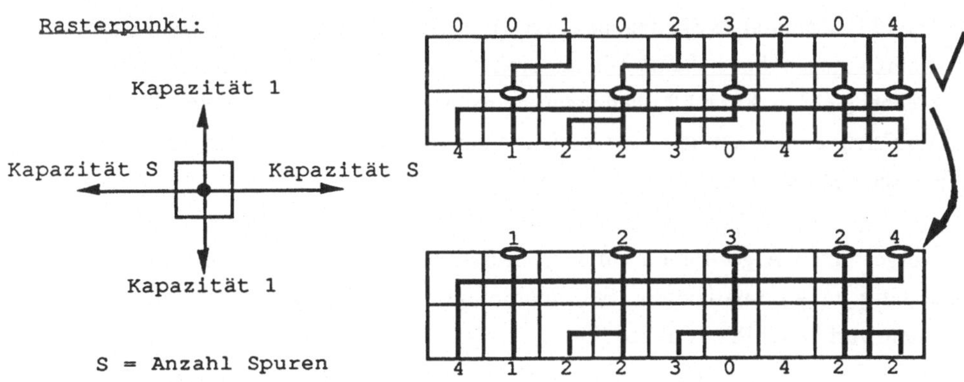


**Bild 6.66.** Hierarchisches Verdrahten

Die Diskussion der Kanal-Verdrahtungsverfahren soll an dieser Stelle mit einigen Bemerkungen beendet werden. Der *symbolische* "Channel-Router" in [Ree85] und das *rekursive* Verdrahtungsverfahren in [Hey88] sind ebenfalls in der Lage, Deutsch's Beispiel in 19 Spuren zu verdrahten. Gute Kanal-Verdrahtungsverfahren nach den vorgestellten Algorithmen liefern für die meisten Probleme Lösungen, die nur wenige Spuren vom Optimum entfernt sind. Bei der Erweiterung auf drei Verbindungsebenen, wie sie in modernen Technologien üblich sind, können von [Con87] und [Jou87] optimale Ergebnisse für Deutsch's Beispiel erzielt werden (zehn Spuren). Allerdings werden dabei technologische Randbedingungen vernachlässigt (verschiedene Entwurfsregeln für verschiedene Ebenen/Kontakte). [Hey88] berücksichtigt diese technologischen Randbedingungen für drei Verbindungsebenen.

*"Switch-Box-Routing"*

"Switch-Box-Router" verdrahten eine rechteckige Fläche mit Anschlüssen an allen vier Seiten. Solche Verdrahtungsflächen entstehen z.B, wenn ein horizontaler und ein vertikaler Kanal sich kreuzen. Als Standardbeispiel für "Switch-Box-Routing" gilt "Burstein's difficult switch box" [Bur83]. Da die Ansätze im wesentlichen auf schon beschriebenen Algorithmen basieren, soll allerdings auf "Switch-Box-Router" an dieser Stelle nicht näher eingegangen werden. Das Problem kann als allgemeines Verdrahtungs-Problem behandelt werden und entsprechend läßt sich ein "Maze-Running"-Algorithmus, z.B. der Lee-Algorithmus, anwenden. Auch der hierarchische Ansatz läßt sich einfach auf "Switch-Box-Routing" erweitern, [Bur83] ist allerdings nicht in der Lage, die dort definierte "Burstein's difficult switch box" zu verdrahten. Der oben beschriebene "greedy" Ansatz ist in [Ham84] auf "Switch-Box-Routing" erweitert worden. Burstein's Beispiel wird damit in 15 Reihen und 23 Spalten verdrahtet. Weaver ist ein wissensbasiertes Expertensystem zur Verdrahtung [Joo86]. Auch Weaver verdrahtet Burstein's "Switch-Box" in 15 Reihen und 23 Spalten, benötigt dafür aber unverhältnismäßig lange Zeit (über 20 Minuten, gegenüber Sekunden in anderen Ansätzen). Mighty [Shi86] verdrahtet das Beispiel bei gleicher Anzahl Reihen in einer Spalte weniger. Mighty benutzt einen "Maze-Running"-Algorithmus, modifiziert jedoch schon existierende Verbindungen, wenn diese andere Netze blockieren.

Die vorgestellten Algorithmen zur Layout-Synthese erlauben es, den Layoutentwurf vollständig zu automatisieren. Für hochintegrierte Schaltungen ist automatischer Layoutentwurf in der Praxis üblich.

# 7 Masken- und Waferherstellung

Dieses Kapitel beschreibt beispielhaft die grundlegenden Konzepte der Herstellung integrierter Schaltungen. Die technologischen Verfahren zur Herstellung integrierter MOS-Schaltungen entsprechen im wesentlichen der Bipolar-Technik. Die fotolithografische Maskentechnik, die Oxidations- und Diffusionsschritte werden wie bei bipolaren Schaltungen durchgeführt, wobei die Temperatur den MOS-Strukturen angepaßt wurde. Die einzelnen Schritte der Maskenherstellung sowie die einzelnen Hochtemperaturprozesse werden anhand der Realisierung eines Si-Gate MOS-FET aufgezeigt. Die Darstellung läßt Details weitgehend außer acht, da sich der Entwerfer außer dem Einhalten der Entwurfsregeln, die bereits im vorhergehenden Kapitel erläutert wurden, nicht tiefer mit dem Herstellungsprozeß auseinanderzusetzen hat. Dennoch ist es sicher sinnvoll, mit der folgenden Übersicht der physikalischen Grundlagen des Herstellungsprozesses das Verständnis der Schnittstellen zwischen dem Entwurf und der Herstellung zu verbessern. Diesem Kapitel liegt im wesentlichen Lehrbuchwissen zugrunde, das vor allem entnommen wurde aus [MeCo80, Muro82, WeEs85, GlDo85, Mukh86] sowie [ScAm87].

Die moderne Mikroelektronikindustrie verfügt über die aufwendigsten und exaktesten Fertigungseinrichtungen, die jemals entwickelt wurden. Die Implementierung integrierter Schaltungen besteht bei den zur Zeit noch üblichen Prozessen aus den drei wesentlichen Schritten Entwurf, Maskenherstellung und Chipfabrikation, deren Zusammenhänge und wesentliche Bestandteile im Bild 7.1 beschrieben sind. Auf neuere Entwicklungen, bei denen sich Änderungen dieses Ablaufs ergeben, wird an der entsprechenden Stelle im folgenden jeweils hingewiesen. Die Entwerfer setzen in einer Reihe von Übersetzungs- und Expansionsschritten eine Spezifikation auf der Systemebene letztlich in ein Layout um, das in standardisierter Form (z.B. GDSII, CIF etc.) als Schnittstelle zur Maskenherstellung dient. Der Entwurfsprozeß sowie die dafür eingesetzten Hilfsmittel wurden in den vorhergehenden Kapiteln ausführlich beschrieben.

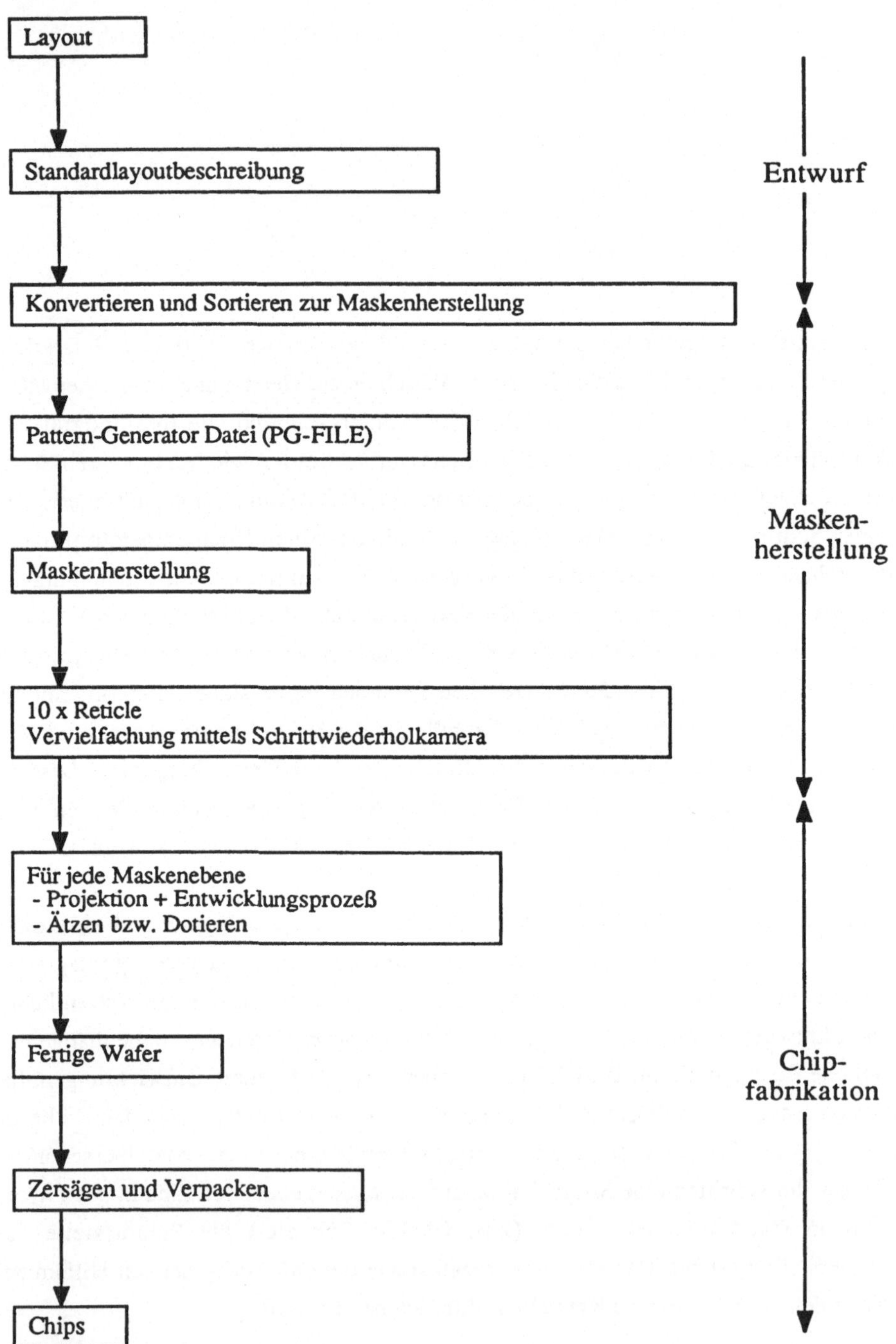


**Bild 7.1.** Entwurf, Maskenherstellung und Chipfabrikation integrierter Schaltkreise

Die Layoutbeschreibung liefert eine detaillierte und vollständige Beschreibung aller geometrischen Muster ("patterns"), deren verschiedene Ebenen während der Maskenherstellung auf die verschiedenen Masken abgebildet werden, die dann in der Chipfabrikation nacheinander auf den Wafer übertragen werden. Je nach Technologie und Entwurf werden die folgenden Ebenen unterschieden:

- p- oder n-dotiertes Substrat
- p- oder n-Wannen
- Diffusion
- Isolator ($SiO_2$)
- Polysilizium
- Metall

Nicht näher eingegangen werden soll in diesem Buch auf den Test, das Bonden und das Verpacken, die als genügend komplexe eigene Themen den hier vorliegenden Rahmen sprengen würden.

## 7.1 Maskenherstellung

Fotomasken sind in der Halbleitertechnik wichtige Hilfsmittel, die bei Standardprozessen (siehe vorn) zur Herstellung integrierter Schaltungen benötigt werden. Dabei ist auf ein transparentes Trägermaterial eine lichtundurchlässige Schicht aufgebracht, welche der gewünschten Struktur einer Schaltungsebene entspricht. Diese Maskenbilder werden dann auf fotolithografischem Wege auf den (Silizium-) Wafer übertragen.

Die Maskenherstellung selbst ist unabhängig von Funktion und Layout einer Schaltung. Maskenproduktion und der spätere Herstellungsprozeß benötigen keine detaillierten Informationen über das jeweils zu produzierende integrierte System. Genügt das Layout den vorgegebenen Entwurfsregeln und einigen durch die Herstellung vorgegebenen Randbedingungen, so garantieren beide Prozesse eine in dieser Beziehung fehlerfreie Waferproduktion (Stichwort: *pattern independency*).

Die z.B. im GDSII-Format vorliegenden Entwurfsdateien werden für die weitere Bearbeitung in "pattern generator files (PG-Files)" übersetzt, wie sie als Eingabe für den *Pattern-Generator* benötigt werden. Ein Pattern-Generator ist eine numerisch gesteuerte Belichtungsmaschine zur Erstellung von Masken, dessen Funktionsweise sich folgendermaßen beschreiben läßt (Bild 7.2):

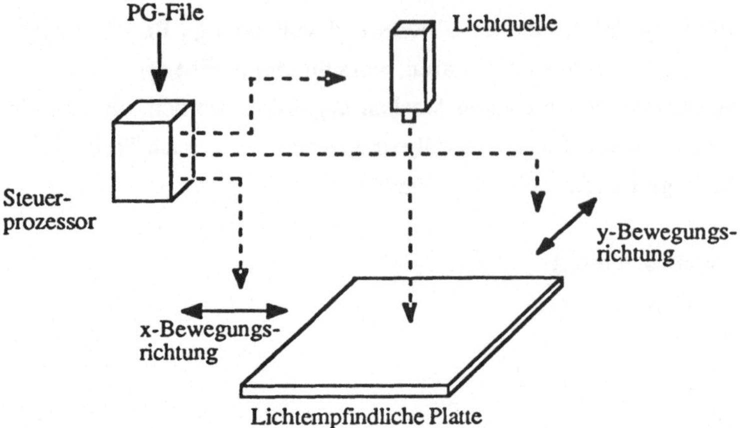


**Bild 7.2.** Pattern-Generator

Auf einem Koordinatentisch befindet sich eine lichtempfindliche Platte, die durch eine Spezialoptik mit variabler Blende belichtet wird. Ein Kleinrechner, dessen Eingabe das PG-File ist, steuert den Pattern-Generator. Das PG-File ist eine Folge von Quintupeln (x,y,w,h,d). Jedes einzelne Quintupel bestimmt, wie in Bild 7.3 gezeigt, die x/y-Koordinaten der Blende, die Blendenöffnung sowie den Winkel der Blende. Ergebnis des Pattern Generators ist eine 5- bis 10-fach vergrößerte Maskenvorlage, das sogenannte *"Reticle"*.

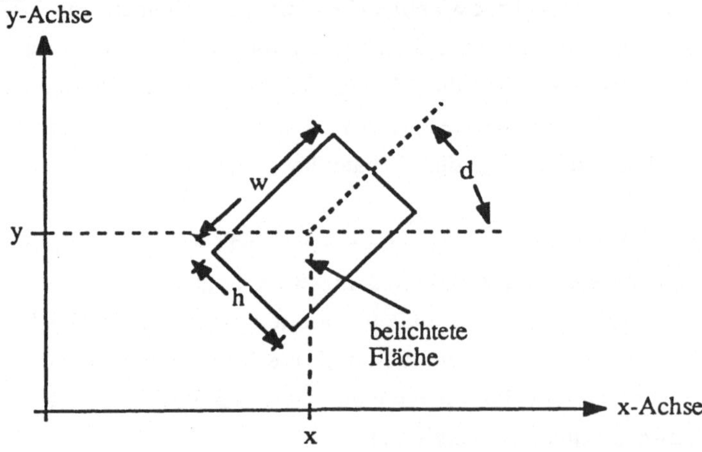


**Bild 7.3.** Parameter des Pattern-Generators

Da auf einem Wafer bis zu einigen hundert Chips gefertigt werden können, muß diese Maskenvorlage noch vervielfacht und auf Originalgröße verkleinert werden. Dies geschieht mittels einer Schrittwiederholkamera. Ähnlich wie beim Pattern-Generator liegt die zu belichtende Fotoplatte auf einem Koordinatentisch. Dabei steuert wieder ein programmierbares Steuergerät die Verschiebung des Koordinatentisches derart, daß das Maskenbild zeilenweise auf die Fotoplatte übertragen wird.

Das z.B. 10:1 Zwischenbild wird dabei in Originalgröße auf die Photoplatte projiziert. Dieser Prozeß wird wiederholt, bis eine komplette Matrix von 1:1 Abbildungen einer Ebene belichtet wurde (step & repeat). Die belichtete Platte wird entwickelt, und man erhält die sogenannte *Muttermaske*. Bild 7.4 zeigt schematisch ein 10X-Reticle und eine Muttermaske.

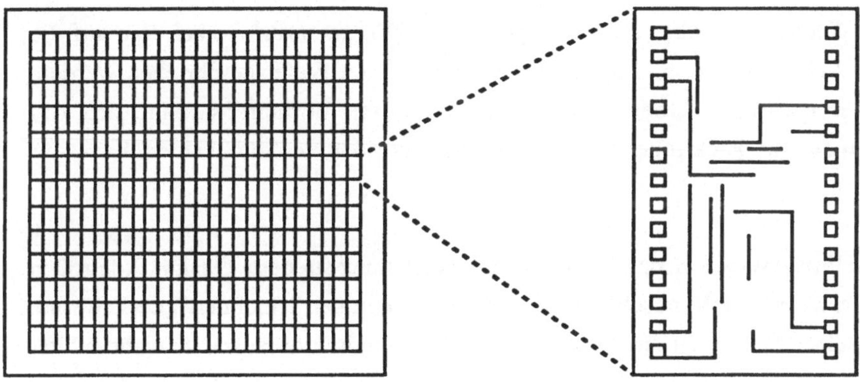

**Bild 7.4.** Muttermaske und 10XReticle

Da eine solche Muttermaske mit hohem Aufwand erstellt wurde, bemüht man sich, ihre Lebensdauer möglichst hoch zu halten. Daher fertigt man im Kontaktkopierverfahren Zwischenkopien an, aus denen dann die sogenannten *Arbeitsmasken* hergestellt werden. Dies ist nötig, da eine im Herstellungsprozeß verwendete Maske sich abnutzt und beschädigt werden kann.

Es ist auch möglich, sich den Weg über eine Gesamt-Mutter- bzw. Arbeitsmaske zu sparen, und die Masken für jedes Chip direkt auf den Wafer zu projizieren. Diese als "*Waferstepping*" bekannte Methode hat den Vorteil, daß die Muster genauer übertragen werden können. Nachteilig ist der erheblich höhere Zeitbedarf, da dieser Vorgang für jedes Chip wiederholt werden muß.

Moderne Maskenhäuser verwenden *Elektronenstrahllithographie* für die Maskenherstellung, bei dem die Maske in einem einzigen Schritt hergestellt werden kann. Die geometrischen Daten werden dabei entsprechend dem Zeilenraster des Elekronenstrahls durch jeweiliges Hell- und Dunkeltasten des Strahls auf die Maske übertragen. Der Vorteil dieses Verfahrens besteht unter anderem darin, daß die Maske verschiedene Chiptypen enthalten kann, was die Herstellung von Multi-Projekt-Chips stark vereinfacht. Der wesentliche Nachteil der Elektronenstrahllithographie ist die durch die sequentielle Arbeitsweise bedingte langsame Arbeitsgeschwindigkeit. Diesen Nachteil der Elektronenstrahllithographie vermeidet die Röntgentechnik, bei der ein gesamtes Chip auf einmal bestrahlt werden kann. Die *Röntgenstrahllithographie* bietet zudem den Vorteil einer höheren Auflösung, die Voraussetzung für eine weiter fortschreitende Strukturverkleinerung ist.

Eine andere Technik besteht aus dem sogenannten *Direktschreiben*, bei dem auf die Masken gänzlich verzichtet und die Muster direkt auf den Wafer geschrieben werden. Aufgrund der niedrigen Arbeitsgeschwindigkeit dieses Verfahrens lohnt sich das Direktschreiben mit Elektronenstrahlen nur für sehr kleine Stückzahlen bzw. für Prototypen.

Es ist wohl selbstverständlich, daß bei der Maskenherstellung strengste Qualitätskontrollen bezüglich Maßhaltigkeit, Randschärfe sowie Fehlstellen in der Schicht erforderlich sind. Die Qualität einer Maske hat direkten Einfluß auf die Produktionsausbeute während der Fertigung.

## 7.2 Waferherstellung

Dieser Abschnitt beschreibt die allgemeinen Prinzipien der Waferherstellung. Die genauere Abfolge der einzelnen Prozeßschritte wird anhand des jeweiligen Herstellungsprozesses (nMOS, CMOS) in den späteren Abschnitten detailliert erläutert. Ausgangsmaterial des Waferfabrikationsprozesses, also der Umsetzung einer geometrischen Form (Layout) in ein funktionierendes Chip, ist ein hochreiner monokristalliner p-Silizium-Stab. Dieser wird mit diamantenbestückten Sägeblättern in Siliziumscheiben zerschnitten. Die durch das Sägen aufgeriebene Oberfläche wird durch Schleifen, Polieren und Abätzen behandelt, um wieder eine ungestörte Kristallstruktur auf der Oberfläche herzustellen. Diese einseitig polierte Siliziumscheibe mit einem Durchmesser von 3- bis 8-Zoll und einer Dicke von ca. 220 μm wird als Wafer bezeichnet.

Es gibt eine große Zahl und viele Varianten verschiedener Prozesse, die bei der Herstellung integrierter Schaltungen Verwendung finden. Wir werden uns hier auf die Herstellung von MOS-Schaltungen konzentrieren. Die Unterschiede bei der Fertigung von MOS-Schaltungen bestehen zum einen darin, ob das Gate aus Metall oder polykristallinem

Silizium (im folgenden als Polysilizium bezeichnet) besteht, und zum anderen in der Verwendung verschiedener Basismaterialien und Substrate. Ferner unterscheiden sich die Prozesse hinsichtlich der Isolations- und auch Kontaktmöglichkeiten und etlicher weiterer Details. Da hier nur die groben Prinzipien der Herstellung integrierter Schaltungen vermittelt werden sollen, ist es sinnvoll, sich auf die am meisten verbreiteten nMOS- und CMOS-Prozesse, nämlich die mit Gates aus polykristallinem Silizium, zu beschränken.

### 7.2.1 Oxidation

Das Überziehen des Wafers mit einer Siliziumdioxidschicht ($SiO_2$) als Isolator ist ein wichtiger Prozeß bei der Herstellung. Diese $SiO_2$-Schicht ist für die Dotierungsstoffe undurchlässig und hält auch hohen Temperaturen stand.

Die Oxidation selbst geschieht bei Temperaturen von 1000 bis 1200 $^{o}C$, indem das Si-Plättchen in einen Sauerstoffstrom ($Si + O_2 \dashrightarrow SiO_2$, Trockenoxidation) oder in Wasserdampf ($Si + 2H_2O \dashrightarrow SiO_2 + 2\ H_2$, Naßoxidation) gehalten wird. Bei der Trockenoxidation wird eine dünne, aber sehr robuste Oxidschicht erzeugt. Die Naßoxidation dauert nicht so lange und führt zu einer dickeren, aber leicht porösen Oxidschicht. Die Dicke des Oxids hängt damit also von der Dauer und der Temperatur, aber auch der Art des Oxidationsprozesses ab. Sie liegt ungefähr im Bereich um 1 µm.

### 7.2.2 Musterübertragung (Patterning)

Mit "Patterning" wird die Übertragung der im Layout definierten Muster auf den Wafer bezeichnet. Dabei werden selektiv verschiedene Materialien (Siliziumdioxid, Polysilizium, Siliziumnitrid, Metall) an den Flächen entfernt, an denen die Maske lichtdurchlässige Fenster enthält. Die Entfernung der Oxidschicht soll zur Verdeutlichung dieser Musterübertragung ausführlicher beschrieben werden. Alle anderen Schritte laufen entsprechend ab. Im ersten Herstellungsschritt werden alle benötigten Diffusionsgebiete im $SiO_2$ freigeätzt. Dies beinhaltet alle Drain- und Source-Gebiete der Transistoren, die Gebiete für die späteren Gates und alle Diffusionsverbindungsleitungen.

Ist der Wafer nach der Oxidation abgekühlt, so wird er mit einem lichtempfindlichen Film (Fotolack) überzogen. Danach wird die erste Maske über das Si-Plättchen gelegt und mit ultraviolettem (UV-) Licht bestrahlt. Die großen Moleküle des Fotolacks werden an den belichteten Stellen in kleinere Moleküle aufgebrochen und mit Hilfe eines organischen Lösungsmittels entfernt.

Im nächsten Schritt wird nun das $SiO_2$ an den freien (belichteten) Stellen weggeätzt, während der Fotolack an den unbelichteten Stellen das $SiO_2$ vor dem Ätzmittel schützt. Zum Schluß wird der Fotolack vollständig entfernt. Die Struktur des $SiO_2$ auf dem Wafer entspricht nun genau dem Abbild der ersten Maske, und die Musterübertragung (in diesem Fall für Siliziumdioxid) ist abgeschlossen.

In einem typischen Herstellungsprozeß wird dieser Schritt in den verschiedenen Stufen des Herstellungsprozesses mit unterschiedlichen Materialien wie Polysilizium, Metall etc. wiederholt. Damit die korrespondierenden Muster auf verschiedenen Ebenen exakt übereinanderliegen, werden spezielle Justierungsmarken verwendet. Trotz genauester Kontrolle der Musterübertragung treten gewisse Prozeßungenauigkeiten auf, die zusammen mit statistischen Abweichungen der Prozeßparameter, Dotierungsschwankungen sowie Defekten beim zugrundeliegenden Substrat für die bereits vorgestellten Entwurfsregeln verantwortlich sind. Zur ständigen Kontrolle der einzelnen Herstellungsschritte wie Belichten, Entwickeln, Ätzen, etc. enthalten die Masken und damit auch die gefertigten Wafer Teststrukturen mit einzelnen Transistoren, minimalen Linien, Justierungsmarken etc.

### 7.2.3 Ionenimplantation

Ionen eines ionisierten Gases werden zwischen zwei Elektroden mit einer Potentialdifferenz von ungefähr 150 kV beschleunigt. Das Gas passiert ein starkes magnetisches Feld, das die Ionenströme entsprechend ihrem Molekulargewicht nach dem Prinzip der Massenspektroskopie trennt und entsprechend der beabsichtigten Wirkung auf den Wafer ablenkt. Die Tiefe, mit der die Ionen in das Silizium eindringen, ist von dem Beschleunigungsfeld und der Ionenkonzentration abhängig.

Ionenimplantation wird beim hier beschriebenen Silizium-Gate nMOS-Prozeß verwendet, um im zweiten Herstellungsschritt die selbstleitenden (depletion mode) von den selbstsperrenden (enhancement mode) Transistoren zu unterscheiden, d.h. es werden durch eine Ionenimplantation die Kanäle der Verarmungslasttransistoren erzeugt.

Dies geschieht mit Hilfe einer zweiten Maske ähnlich wie im ersten Herstellungsschritt. Zuerst wird der Wafer wieder mit Fotolack überzogen, die zweite Maske aufgelegt und mit UV-Licht bestrahlt. An den belichteten Stellen wird der Fotolack wieder entfernt. Dies sind die Gebiete für die Gates der Verarmungslasttransistoren, deren n-dotierte Kanäle in der Regel durch Ionenimplantation erzeugt werden.

Alternativ zur Ionenimplantation besteht auch die Möglichkeit, den Wafer z.B. in einem Diffusionsofen einem Gasstrom aus Arsen- oder Antimonionen auszusetzen. Diese Dotierungsstoffe dringen an den offenen Stellen in die Siliziumscheibe ein und erzeugen dort den n-leitenden Kanal des Verarmungslasttransistors. Verbreiteter ist allerdings das Erzeugen des selbstleitenden Kanals durch Ionenstrahlen. Danach wird der Fotolack wiederum vollständig entfernt.

### 7.2.4 Abscheiden

Siliziumdioxid-, Siliziumnitrid- oder Polysiliziumschichten können in einer Hochtemperaturkammer chemisch durch Abscheidung auf dem Wafer aufgetragen werden.

Um Siliziumdioxid abzuscheiden, wird eine Mischung aus Stickstoff, Silan und Sauerstoff bei 300 bis 500 °C verwendet. Silan reagiert mit Sauerstoff zu Siliziumdioxid und wird auf dem Wafer abgeschieden. Polysilizium erhält man einfach dadurch, daß Silan auf ca. 1000 °C erhitzt wird, wodurch Wasserstoff als Gas entweicht und das übrigbleibende polykristalline Silizium abgeschieden werden kann. Dies ist beispielweise im hier beschriebenen Silizium-Gate Prozeß erforderlich. Um Siliziumnitrid abzuscheiden, werden Silan und Ammoniak auf ungefähr 700 °C erhitzt, wodurch Si-Nitrid und Wasserstoff erzeugt wird. Aluminium kann durch Verdampfen im Vakuum abgeschieden werden. Da wie oben beschrieben, Siliziumdioxid bereits bei Temperaturen zwischen 300 und 500 °C abgeschieden wird, die deutlich unter dem Siedepunkt von Aluminium von 650 °C liegen, kann der Wafer auch noch abschließend nach der Metallisierung mit $SiO_2$ überzogen werden ("overglassing"). Dieser letzte Schritt, bei dem durch eine entsprechende Maske ("bonding mask") die Anschlüsse für die Bonddrähte freigelassen werden, erzeugt eine Schutzschicht auf dem Chip.

### 7.2.5 Kontaktherstellung

Bei diesem Herstellungsschritt werden die einzelne Kontakte auf den Wafer aufgebracht. Zum Aufbringen wird die übliche Reihenfolge der Schritte benutzt. Zuerst wird auf dem Wafer eine dicke Oxidschicht vermischt mit Phosphor abgeschieden. Mit der Kontaktmaske werden anschließend die Kontaktfenster definiert, und das Siliziumoxid wird an all den Stellen entfernt, an denen kontaktiert werden soll. Die Verbindung der Kontakte geschieht dann in einem weiteren Herstellungsschritt, der Metallisierung.

### 7.2.6 Metallisierung

Zunächst wird in diesem Arbeitsgang der gesamte Wafer mit Metall überzogen. Dies geschieht im allgemeinen dadurch, daß Aluminium im Vakuum aufgedampft wird. Danach werden wieder die schon bekannten Herstellungsschritte ausgeführt. Das heißt, um das Aluminium überall dort zu entfernen, wo es nicht benötigt wird, belichtet man den Wafer zuerst mit der Metallmaske und ätzt dann anschließend das überflüssige Metall weg.

Als Anmerkung sei noch erwähnt, daß man Aluminium deshalb benutzt, da es sowohl die Wärme als auch den Strom gut leitet. Ein weiterer wichtiger Punkt ist die leichte Verarbeitbarkeit des Aluminiums, das aufgedampft werden kann.

Abschließend wird der Wafer für ungefähr eine Stunde auf ca. 400 °C erhitzt, um Strahlungsschäden auszuheilen und die Metallschicht zu festigen. In einem letzten Herstellungsschritt wird der Wafer mit einer Schutzschicht überzogen. In diesen Schutzüberzug werden nun mit der siebten Maske noch Löcher geätzt, um die Kontakte mit Bond-Drähten für den Anschluß nach außen zu verbinden. Diese Bond-Drähte sind feine Goldfäden, die von den Pads zu den Pins gezogen werden.

Abschließend soll noch darauf hingewiesen werden, daß man sich intensiv damit beschäftigt hat, weitere Metallebenen - getrennt durch entsprechende Isolationsschichten - aufzubringen, was zwar heute üblich geworden ist, aber dennoch hohe Anforderungen an den Herstellungsprozeß und die verwendeten Materialien stellt. Verwendet man gleiche Materialien, so besteht die Gefahr, daß beim Aufdampfen der weiteren Ebenen die bereits vorhandenen wieder schmelzen. Verwendet man verschiedene Materialien, z. B. Molybdän, so gibt es Korrosionsprobleme bei den Kontakten mit den anderen Ebenen und den Bond-Drähten.

## 7.3 Der Polysilizium-Gate-nMOS-Prozeß

Die einzelnen Herstellungsschritte werden in den folgenden Abschnitten mit Hilfe von Bildern erläutert. Der obere Teil der folgenden Bilder zeigt eine Draufsicht auf die verwendeten Masken; der untere Teil zeigt einen Querschnitt durch den Wafer nach dem Herstellungsschritt.

Die wesentlichen Vorteile des Silizium-Gate nMOS-Prozesses sind die Selbstjustierung der Kanäle (self-aligned), Verarmungslasttransistoren und vergrabene Kontakte zur direkten Verbindung von Polysilizium und Diffusion. Dadurch können Chips mit einer hohen Integrationsdichte sowie einem günstigen Geschwindigkeits-Leistungsprodukt hergestellt werden. Beim Silizium-Gate Prozeß werden gemäß den oben beschriebenen Oxidations-, Patterning- und Abscheidungsprozessen im einzelnen die folgenden Prozeßschritte durchgeführt.

Durch Oxidation von dünnem Oxid, Abscheidung von Siliziumnitrid und einer weiteren Schicht von dünnem Oxid werden zunächst drei Schichten auf der Waferoberfläche erzeugt. Die unterste Oxidschicht dient dazu, die thermische Beanspruchung, die durch die verschiedenen Wärmeausdehnungskoeffizienten von Silizium und Siliziumnitrid entsteht, auszugleichen. Die Nitridschicht verhindert eine Oxidation der aktiven Gebiete. Nach entsprechendem Überziehen mit Photolack und dem Belichten mit der Diffusionsmaske werden die oberste Oxidschicht und das Nitrid in den nicht aktiven Gebieten weggeätzt, und eine dicke $SiO_2$-Schicht kann dort wachsen (Bild 7.5). Durch Ionenimplantation wird zudem an der Oberfläche dieser nicht aktiven Gebiete eine $p^+$-Dotierung erzeugt, um die Transistoren gegeneinander zu isolieren ("channel stops"). Danach kann das auf den aktiven Gebieten noch vorhandene Oxid und Nitrid entfernt werden, damit anschließend die Kanäle und Gates aller Transistoren sowie die Diffusionsverbindungen hergestellt werden können.

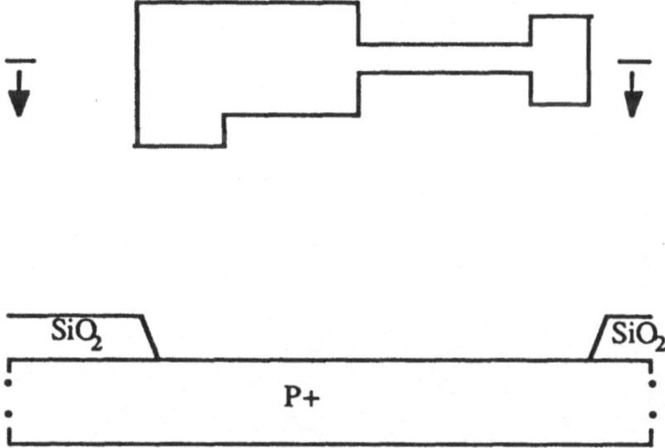


**Bild 7.5.** Ergebnis des ersten Herstellungsschrittes: aktive Gebiete

Wie oben beschrieben, werden dann die durch die Ionenimplantations-Maske definierten Verarmungslasttransistoren erzeugt (Bild 7.6). Zur Vorbereitung der Kanäle wird der Wafer anschließend mit einer sehr dünnen (<0.1 μm) Oxidschicht überzogen. Diese dünne Oxidschicht dient später als Dielektrikum zwischen Kanal und Gate.

Im nächsten Schritt wird eine sehr dünne Polysiliziumschicht (ca. 50 nm) auf dem Wafer abgeschieden. Das Polysilizium kann auch als Leiter verwendet werden, wobei der

Widerstand im Vergleich zu Aluminium allerdings groß ist. Jetzt entfernt man mit der Polysiliziummaske das aufgebrachte Polysilizium überall dort auf dem Wafer, wo keine Gates oder Polysiliziumleitungen gewünscht werden, mit den üblichen Prozeßschritten (Bild7.7).

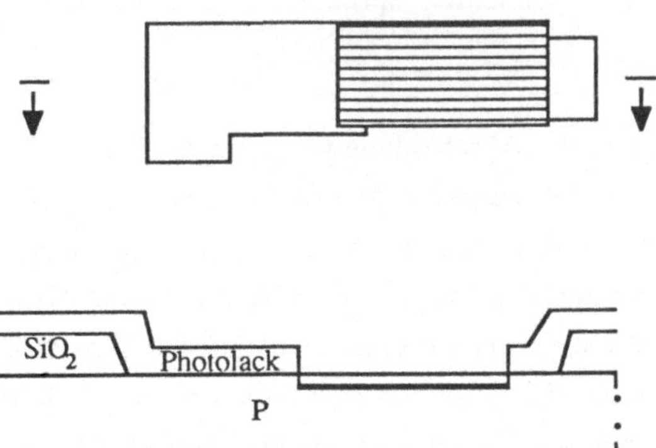


**Bild 7.6.** Ergebnis des zweiten Herstellungsschrittes: Ionenimplantation

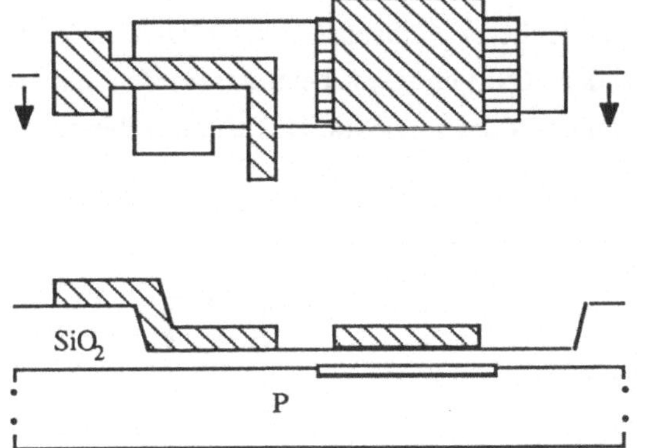


**Bild 7.7.** Polysilizium-Ebene

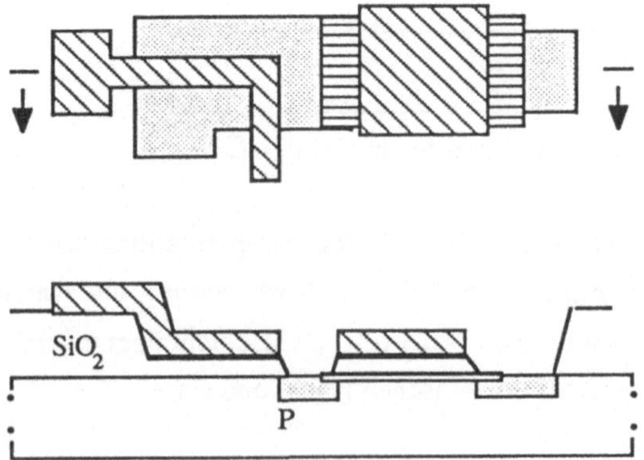


**Bild 7.8.** Diffusion

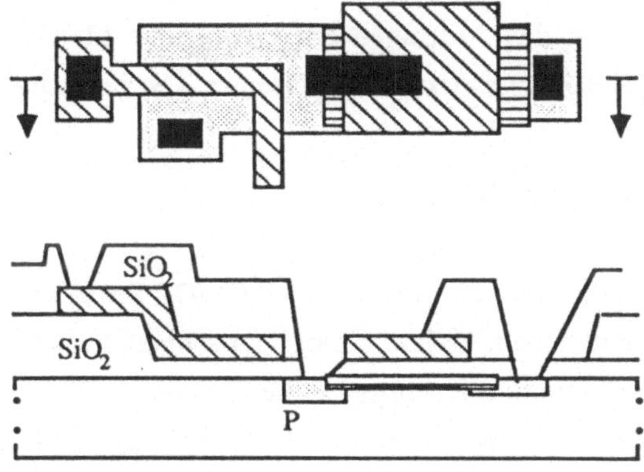


**Bild 7.9.** Kontakte

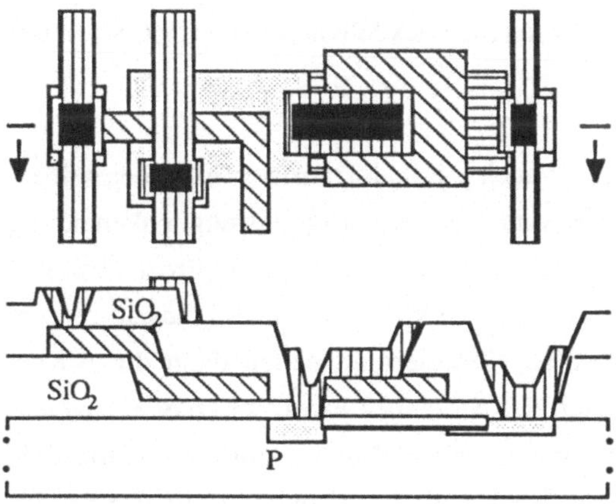


**Bild 7.10.** Metallisierung

Für die nun folgende Diffusion von Source und Drain, sowie der Diffusionsverbindungen benötigt man keine Maske. Zunächst wird die dünne $SiO_2$-Schicht entfernt. Die dicke $SiO_2$-Schicht, die bereits im ersten Herstellungsschritt aufgebracht wurde, bleibt dabei erhalten. Diffundiert man nun in einem weiteren Implantationsschritt mit Phosphor oder Arsen, so entstehen automatisch Source und Drain neben dem bereits hergestellten Kanal des Anreicherungs-Schalttransistors, dessen Polysilizium-Gate eine Diffusion in diesem Bereich verhindert (Bild7.8). Diese Herstellungstechnik nennt man *"Selfaligned-Silicon-Gate"* Prozeß. Man bemerke, daß im Kanal selbstverständlich keine Dotierung erfolgt, obwohl es in den Layoutdarstellungen üblich ist, den Kanal nicht von den Source- und Draingebieten zu unterscheiden. Als Ergebnis dieses Herstellungsschrittes hat man nun alle Transistoren auf dem Wafer erzeugt. Nun müssen nur noch diese einzelnen Transistoren miteinander verbunden werden. Dazu wird zunächst der Wafer mit $SiO_2$ überzogen, und dann werden die Kontakte erzeugt, die dann mit Metall verbunden werden können (Bild 7.9).

Zum Schluß erfolgen noch das Auftragen entsprechender Metallstrukturen für die Verbindungsleitungen (Bild 7.10) und das abschließende "Overglassing".

## 7.4 Der Silizium-Gate-CMOS-Prozeß

Während der letzten Jahre hat sich der Silizium-Gate-CMOS-Prozeß zu einer dominierenden VLSI-Technologie entwickelt. CMOS ermöglicht schnellere Schaltzeiten und einen niedrigeren Leistungsverbrauch, allerdings ist die Herstellung komplizierter und der Flächenbedarf im Vergleich zu nMOS um ca. 10 bis 30% höher. Bereits in Kapitel 3 wurde darauf eingegangen, daß CMOS-Schaltungen durch den Wegfall statischer Ströme ein "ratioless" design ermöglichen und damit leichter zu entwerfen sind. Im folgenden soll kurz auf die wesentlichen Eigenschaften des Silizium-Gate CMOS-Prozesses eingegangen werden.

Da man in CMOS sowohl n- als auch p-Kanal-Transistoren auf demselben Wafer benötigt, ergeben sich automatisch zwei verschiedene Fertigungsmöglichkeiten: der traditionelle p-Wannen-Prozeß und der neuere n-Wannen-Prozeß. Beim Prozeß mit p-Wanne wird von n-Substrat ausgegangen, das dann direkt die p-Kanal-Transistoren enthält. In das n-Substrat werden die p-Wannen eindotiert, in denen dann die n-Kanal-Transistoren hergestellt werden. Der Vorteil des p-Wannen Prozesses ist eine ausgleichende Wirkung der Leistungsunterschiede von n- und p-Kanal-Transistoren, die daher kommt, daß unabhängig vom Transistortyp Transistoren in Wannen im allgemeinen langsamer sind als in reinem Substrat. Da andererseits n-Kanal-Transistoren aufgrund der höheren Beweglichkeit der verwendeten Ladungsträger bei gleicher Dimensionierung ungefähr doppelt so schnell wie p-Kanal-Transistoren sind, werden diese Geschwindigkeitsunterschiede dadurch ausgeglichen, daß beim p-Wannen-Prozeß die schnelleren n-Kanal-Transistoren in der langsameren Wanne und die langsameren p-Kanal-Transistoren im schnelleren Substrat hergestellt werden können. Für den p-Wannen-Prozeß spricht außerdem, daß p-Wannen leichter in n-Substrat implantiert werden können als n-Wannen in p-Substrat. Zudem ist der p-Wannen-Prozeß insgesamt zuverlässiger, was auch daher kommt, daß er weniger empfindlich gegen $\alpha$-Strahlen ist.

Der n-Wannen-Prozeß dagegen vergrößert noch den Geschwindigkeitsunterschied zwischen n- und p-Kanal-Transistoren dadurch, daß die schnelleren Transistoren direkt auf dem Substrat und die langsameren in der Wanne liegen. Andererseits ist der Prozeß aufgrund des verwendeten p-Substrats direkt mit dem nMOS-Prozeß kompatibel, wodurch sowohl einzelne Prozeßschritte aber auch Substratmaterial gemeinsam genutzt werden können, was gerade bei einer größeren Chipproduktion ein enormer Vorteil sein kann. Ein weiterer Vorteil des n-Wannen-Prozesses ist seine geringere Empfindlichkeit gegen latch-up-Effekte, wodurch eher auf entsprechende Schutzringe ("guard rings") verzichtet werden kann, was sich in einer Flächeneinsparung bemerkbar macht.

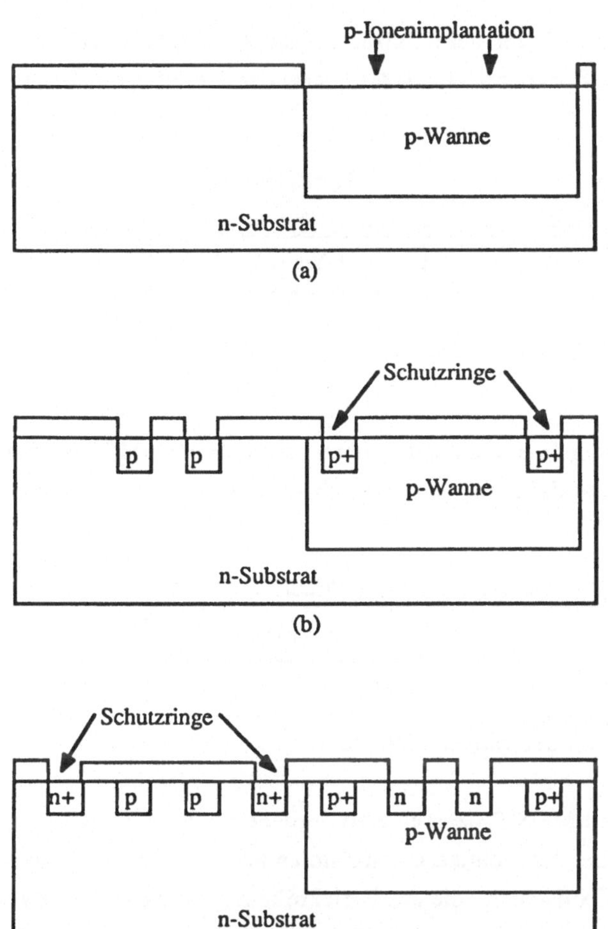


**Bild 7.11.** Schutzringe beim CMOS-Metall-Gate-Prozeß

Das Bild 7.11 zeigt, wie diese Schutzringe (neben "guard rings" auch als "channel stops" bezeichnet) zusammen mit den stark p- und n-dotierten Gebieten erzeugt werden, die zum einen auf dem n-Substrat Source und Drain der p-Kanal-Transistoren und zum andern in der p-Wanne Source und Drain der n-Kanal-Transistoren bilden. Es soll nun kurz auf die einzelnen Prozeßschritte beim p-Wannen Silizium-Gate CMOS-Prozeß eingegangen werden. Die Problematik des "Latch-up"-Effekts wird am Ende dieses Unterkapitels nochmals aufgegriffen und ausführlicher diskutiert. Der höheren Übersichtlichkeit wegen wird daher zunächst bei der Darstellung der Herstellungsschritte auf den Einbau von "guard-rings" verzichtet. Der Leser sei dazu auf das Bild 7.11 bzw. das Ende dieses Unterkapitels verwiesen.

Beim p-Wannen-Prozeß wird auf n-Substrat zunächst die p-Wanne durch die Implantation von p-Ionen (meist Bor) durch einen entsprechenden fotolithographischen Schritt erzeugt (Bild 7.12).

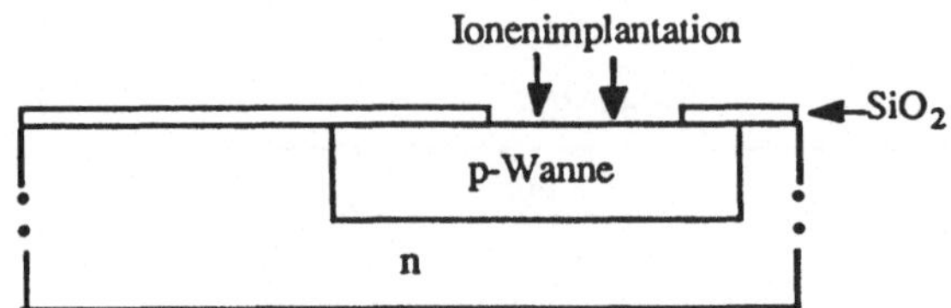


**Bild 7.12.** p-Wanne auf n-Substrat

Anschließend werden wie beim bereits oben besprochenen nMOS-Silizium-Gate Prozeß alle aktiven Gebiete definiert, und zwar gleichzeitig für die p-Wannen wie für das n-Substrat (Bild 7.13).

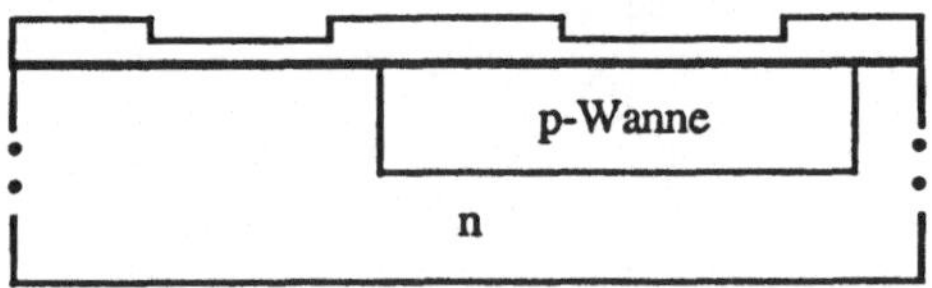


**Bild 7.13.** Definition der aktiven Gebiete

Der im Falle des nMOS-Prozesses erforderliche nächste Prozeßschritt, nämlich die Implantation für die Verarmungslasttransistoren kann hier entfallen, so daß als nächstes gleich die dünne Oxidschicht, die das Dielektrikum für die n- und p-Kanal Transistoren bildet, wachsen kann. Wie beim nMOS-Prozess auch, kann dann eine dünne Polysilizium-Schicht aufgedampft werden, aus der dann anschließend alle Gebiete selektiv weggeätzt werden, die nicht als Kanäle oder Polysilizium verwendet werden sollen.

Zwei in der Regel komplementäre Masken werden nun benutzt, um die p- und die n-Kanal-Transistoren zu definieren. Dann wird der Wafer mit (z.B. durch Bor) p-dotiertem Oxid bedampft, das an den Stellen wieder entfernt wird, an denen p-Kanal-Transistoren gefertigt werden sollen. Anschließend wird eine (z.B. mit Phosphor) n-dotierte Oxidschicht auf den Wafer aufgedampft. Das Ergebnis ist in Bild 7.14 dargestellt. Danach kann in einem einzigen Hochtemperaturschritt die Dotierung aller Source- und Drain-Gebiete gemeinsam erfolgen. Die mit diesem Schritt ebenfalls verbundene leichte

Dotierung des Polysiliziums erhöht zudem dessen Leitfähigkeit. Alternativ kann auch hier die Dotierung durch Ionenimplantation ersetzt werden, was in modernen Prozessen auch mehr und mehr geschieht. Sowohl bei der hier beschriebenen Dotierung wie auch bei der Ionenimplantation ist der CMOS-Silizium-Gate-Prozeß genau wie im Falle von nMOS selbstjustierend, da die Polysilizium-Gates eine Dotierung im Bereich der Kanäle verhindern.

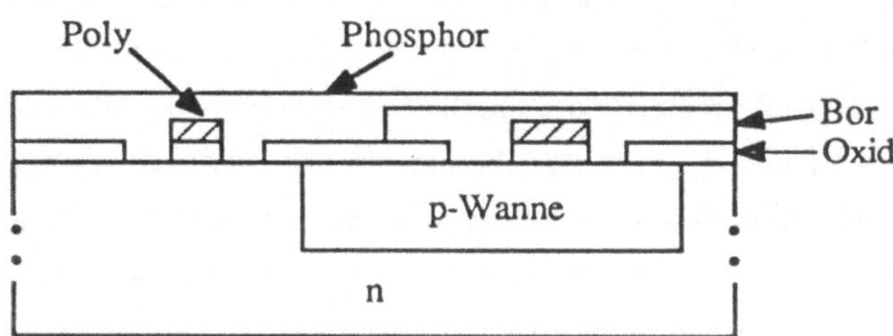


**Bild 7.14.** Vorbereitung der Dotierung

Die nun folgenden Schritte zur Erzeugung der Kontakte, Metalleitungen etc. entsprechen denen beim nMOS-Silizium-Gate Prozeß. Das Ergebnis ist in Bild 7.15 dargestellt.

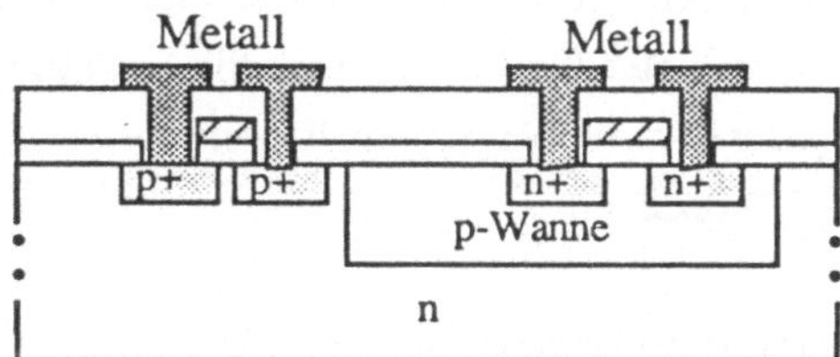


**Bild 7.15.** Ergebnis einen CMOS-Silizium-Gate-Prozesses

Abschließend soll noch auf einige Besonderheiten von CMOS-Prozessen hingewiesen werden. So erlaubt der beschriebene Silizium-Gate-Prozeß im Falle von CMOS keine vergrabenen direkten Kontakte zwischen Diffusion und Polysilizium. Ein solcher Kontakt würde eine Anpassung der jeweiligen Dotierung von Polysilizium an die Diffusionsdotierung erfordern. Damit würde sich aber bei der Verbindung einer solchen Polysiliziumleitung mit Gates von verschiedenen Transistoren eine Oberflächendiode zwischen dem nicht angepaßten "Polysilizium-Ende" und dem entsprechenden Drain- bzw. Source-Anschluß ergeben. Daher verzichtet man auf die "buried contacts" und verbindet Diffusion mit Polysilizium nur über Metall. Ebenfalls soll nicht unerwähnt bleiben, daß es für eine korrekte Funktion erforderlich ist, sämtliche Wannen sowie das Substrat mit entsprechenden Spannungen zu verbinden. Dies geschieht jeweils außerhalb der aktiven Gebiete dadurch, daß in die Wannen stark p-dotierte Zonen ("plugs") eindiffundiert werden, mit denen die Wannen über eine entsprechende Metalleitung mit Masse verbunden werden.

Ähnlich erfolgt die Verbindung des n-Substrats durch stark n-dotierte Zonen mit der positiven Spannungsversorgung. Der Übersichtlichkeit halber wurde im Bild 7.15 auf die Darstellung dieser Anschlüsse und Verbindungen verzichtet.

Die Schritte für den n-Wannen-Prozeß entsprechen genau denen des p-Wannen-Prozesses, wobei Wannen und Substrat natürlich gerade vertauscht sind. Allerdings ist dieser Prozeß weitaus schwieriger zu beherrschen, und zahlreiche Experimente verbunden mit vielen zusätzlichen individuell verschiedenen Prozeßschritten können erforderlich werden, um eine mit dem p-Wannen-Prozeß vergleichbare Qualität zu erzielen. Die Alternative dazu, die gewissermaßen die Vorteile beider Prozesse kombiniert und zudem dem p-Wannen-Prozeß sehr ähnlich ist, besteht darin, sowohl mit einer p- als auch mit einer n-Wanne zu arbeiten. Dieser Zwei-Wannen-Prozeß (auch "twin well" oder "twin tub" genannt) arbeitet mit einem schwach dotierten n-Substrat, auf dem in verschiedenen getrennten Wannen die p- und n-Kanal-Transistoren hergestellt werden. Ein typischer Zwei-Wannen-Prozeß erfordert allerdings um die sechs Ionenimplantationsschritte und neun Maskenebenen.

Leider ist auch CMOS nicht frei von Nachteilen. Das sog. "Latch-up" kann dazu führen, daß in einer CMOS-Schaltung große Ströme fließen, die nicht nur eine fehlerhafte Funktion zur Folge haben, sondern unter Umständen auch die Schaltung zerstören können. Latch-up kommt durch parasitäre bipolare Transistoren zustande. Bild 7.16 zeigt dies für einen n-Wannen CMOS-Prozeß.

Latch-up ist durch die parasitären Bipolartransistoren $T_1$ und $T_2$ bedingt. Vereinfachend kann man sagen, daß diese Transistoren leiten, wenn die Spannung zwischen Basis und Emitter (an den Widerständen $R_1$ und $R_2$) einen gewissen Wert übersteigt, der typischerweise bei 0,6 bis 0,7 V liegt. In diesem Falle hat die Emitter-Kollektor-Strecke einen sehr kleinen Widerstand.

Latch-up ergibt sich dann, wenn der pnp-Bipolartransistor $T_1$ und der npn-Bipolartransistor $T_2$ leiten. Dies kommt wie folgt zustande: Fließt genügend Strom durch $R_1$, so daß der Spannungsabfall ca. 0.6V übersteigt, so fängt $T_1$ zu leiten an. Dadurch ergibt sich ein großer Strom in $R_2$, der $T_2$ zum Leiten bringt. Dies wiederum erhöht den Spannungsabfall an $R_1$ und $T_1$ leitet stärker. Es fließt also ein großer Strom zwischen $U_{DD}$ und GND, der sich selbst erhält und nicht mehr abzustellen ist. Der gleiche Effekt kann selbstverständlich dadurch ausgelöst werden, das zunächst ein großer Strom in $R_2$ fließt.

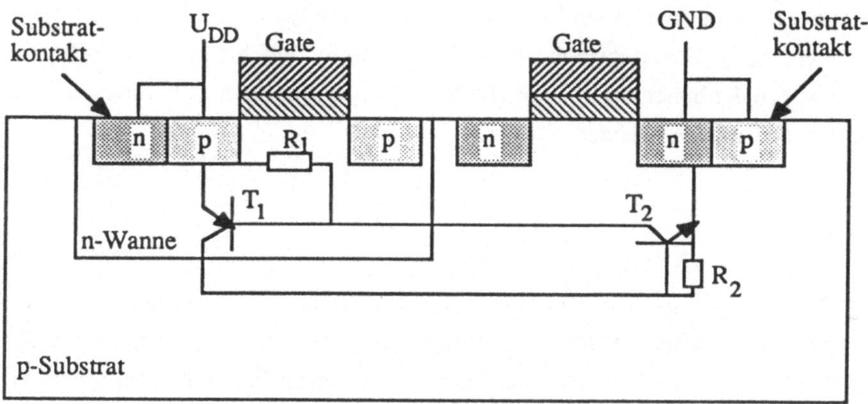


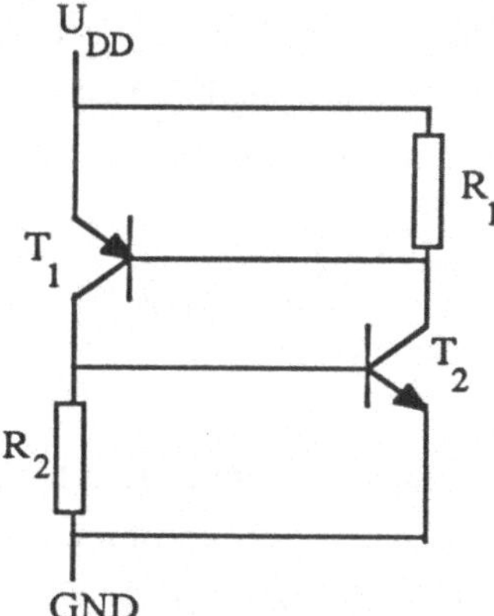


**Bild 7.16.** Latch-up bei einem n-Wannen-CMOS-Prozeß

Abhilfe kann durch verschiedene Maßnahmen geschaffen werden [Herm85]:

- Die Verstärkung der parasitären Transistoren wird möglichst klein gehalten. Dies geschieht durch entsprechende Wahl verschiedener Prozeßparameter.

- p- und n-Transistoren werden soweit wie möglich getrennt. Dies muß während der Layouterstellung berücksichtigt werden.

- Die Widerstände $R_1$ und $R_2$ werden so klein wie möglich gehalten, d.h. es wird ein möglichst guter Kontakt zwischen $U_{DD}$ und der Wanne bzw. GND und dem Substrat hergestellt. Dies wird meist durch sog. "Substratkontakte" bewerkstelligt. Je mehr solcher Kontakte, desto unwahrscheinlicher ist Latch-up. Im Extremfall werden diese Kontakte als sog. "Guard"-Ringe um die Transistoren gelegt.

Moderne Prozesse sind weitgehend Latch-up frei, sofern genügend Substratkontakte verwendet werden, typischerweise ein Kontakt für jeweils fünf bis zehn Transistoren. Latch-up ist wegen der hohen Ströme vor allem bei Ausgangstreibern zu befürchten. Hier werden oft Guard-Ringe verwendet.

## 7.5 Ausbeute

Die Herstellung von Chips erfordert sehr exakte Produktionsprozesse. Die geforderte Genauigkeit für geometrische Abmessungen liegt schon heute bei weniger als 1 µm, der geforderte Reinheitsgrad der Materialien und der Umgebung des Herstellungsprozesses ist sehr hoch. Zudem setzt sich der Produktionsprozeß aus vielen schwierigen Einzelschritten zusammen, die physikalisch, chemisch und mechanisch sein können. Eine typische Ausbeute liegt bei 1-50%, wobei Ausbeute definiert ist als der prozentuale Anteil der funktionstüchtigen Chips an der Gesamtproduktion:

$$\text{Ausbeute} = \frac{\text{funktionsfähige Chips}}{\text{insgesamt gefertigte Chips}} \; 100\%$$

Eine hohe Ausbeute wird nur erreicht, wenn zum einen schon viele Erfahrungen über den Prozeß vorliegen und zum anderen die Schaltung nach konventionellen Methoden hergestellt wird. Bei innovativen Herstellungsverfahren können durchaus Ausbeuten von weniger als einem Prozent vorliegen.

Die *Fehlerursachen* sind zum Beispiel:

- Verunreinigungen oder andere Materialfehler im zugrundeliegenden Silizium oder Oxid,
- Verunreinigungen in der Umgebung wie z.B. Staub, Feuchtigkeit etc. (Die Anforderungen liegen hier weitaus höher als z.B. im klinischen Bereich),
- Risse oder andere Beschädigungen in der Maske
- Fehler beim Verpacken der Chips in Gehäuse und beim Bonden
- usw.

Selbst wenn jeder einzelne Prozeßschritt fast fehlerfrei ist, nimmt die Ausbeute bei vielen Prozeßschritten doch sehr schnell ab, wie das Bild 7.17 zeigt.

Obwohl die Ausbeute von sehr vielen verschiedenen Faktoren abhängt, nimmt sie üblicherweise mit zunehmender Chipfläche ab. Für eine grobe Abschätzung der zu erwartenden Ausbeute dient das folgende einfache Modell. Es geht von der Annahme aus, daß Fehler gleichmäßig über die Waferfläche verstreut sind, und daß ein Fehler pro Chip genügt, um diesen funktionsunfähig zu machen. Dies führt zu einer *Poissonverteilung*. Die Wahrscheinlichkeit dafür, daß ein Chip in Ordnung ist, ist gegeben durch $c\,e^{-kA}$ mit Konstanten c und k und der Chipfläche A.

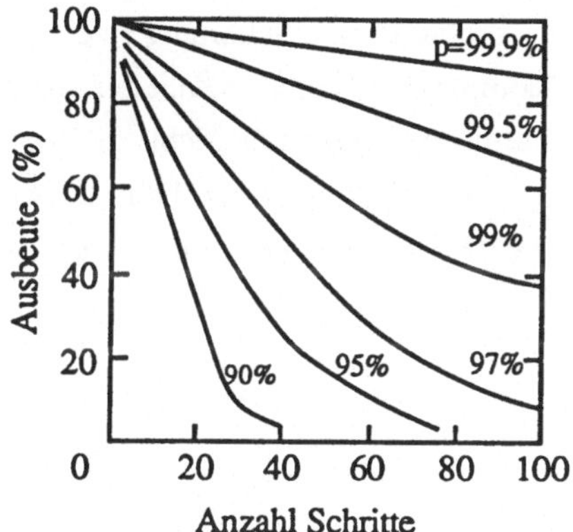


**Bild 7.17.** Ausbeuteverlauf (prozentual) in Abhängigkeit von der Anzahl der Prozeßschritte (Parameter ist die Ausbeute jedes einzelnen Prozeßschritts)

Bild 7.18 zeigt diesen Zusammenhang für sehr hoch und weniger hoch integrierte IC's, wobei unbedingt darauf hingewiesen werden sollte, daß hier nur ein sehr grober qualitativer Verlauf angegeben werden kann, da Informationen über Ausbeuten von den Herstellern im allgemeinen nicht zu erhalten sind.

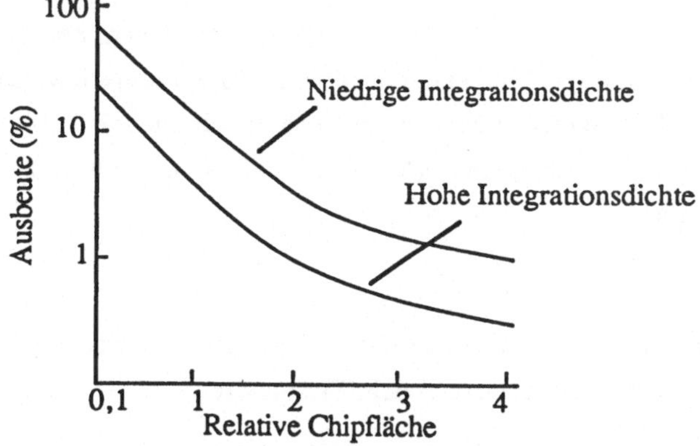


**Bild 7.18.** Ausbeuteverlauf in Abhängigkeit von relativer Chipfläche und Integrationsdichte

Dieses Ausbeutemodell verdeutlicht die *Bedeutung der Chipgröße* für die Herstellungskosten. Die Produktionskosten größerer Chips sind wegen der niedrigen Ausbeute wesentlich höher. Auf der anderen Seite spart man Platinenfläche und Verbindungsleitungen, wenn man eine Schaltung mit wenigen, aber großen Chips realisiert. Der Hersteller muß hier zwischen Chip-Preis und Aufbaukosten abwägen.

Normalerweise ist es üblich, produzierte Güter stichprobenweise auf ihre Qualität zu prüfen. Angesichts der schwachen Ausbeute bei der IC-Herstellung ist es hier notwendig, jedes einzelne Chip zu testen. Das Problem, eine Schaltung erschöpfend zu testen, hat im allgemeinen Fall exponentielle Komplexität bzgl. der Zahl der Anschlüsse und Zustände und ist für hochintegrierte Schaltungen praktisch nicht zu lösen. Deshalb muß der Entwerfer die leichte Testbarkeit einer Schaltung schon beim Entwurf im Auge behalten (Design for Testability, DfT). Die Themen *Fehlerdiagnose und Testbarkeit* können im Rahmen dieses Buchs jedoch nicht weiter vertieft werden.

## 7.6 Skalierungseffekte

Anfang der 60'er Jahre hatte die minimale Prozeßungenauigkeit $\lambda$ noch eine Größe von 25 µm. Im Mittel schrumpft $\lambda$ um 10% pro Jahr. Beispielsweise benutzte man 1980 ein $\lambda$ von 2-3 µm, 1988 liegt $\lambda$ bereits unter einem µm. Prognosen sagen für 1990 - 2000 weniger als 0,5 µm voraus.

Die erzielten Verbesserungen bezogen sich im einzelnen auf:

- *Maskenherstellung*
  Zu Beginn der IC-Herstellung wurde eine Maske mit einem Zeichengerät auf eine Folie gemalt, die anschließend schrittweise fotographisch verkleinert wurde. Dieser Prozeß ist aber, aus Mangel an Genauigkeit, nicht beliebig oft wiederholbar. Heute benutzt man einen *Pattern-Generator* (PG), der in Kap. 7.1 ausführlich beschrieben ist.

- *Ätzen*
  Früher benutzte man flüssige Ätzmittel. Heute ätzt man trocken in der Gasphase, womit man bessere Ergebnisse erzielt (Plasmaätzen).

- *Belichtung*
Die Auflösung hängt von der Wellenlänge der verwendeten Strahlung ab. Ist der Abstand zweier Punkte kleiner als die halbe Wellenlänge, können sie nicht mehr voneinander unterschieden werden. Sichtbares Licht ist mit seiner Wellenlänge von etwa 0,5 µm für die Zukunft zu langwellig. Deshalb benutzt man zukünftig Röntgen- oder Elektronenstrahlen.

Diese modernen Techniken verlangen aber auch hohe Investitionen. Eine Plasmaätzanlage kostet über 100.000.- DM, ein Pattern-Generator ist für etwa 300.000.- DM zu haben und ein Elektronenstrahlbelichtungsgerät kostet gar über 1.000.000.- DM. Insgesamt betragen die Investitionen für die Geräte einer Fertigungslinie je nach Ausbau und Infrastruktur 1987 30-100 Mio. DM.

### 7.6.1 Auswirkungen der Skalierung auf Transistoren

Wie beeinflußt die Skalierung nun die Eigenschaften eines Chips? Tabelle 7.1 gibt eine Übersicht über die Entwicklung einzelner Transistorkenngrößen unter der Annahme einer linearen Skalierung mit dem Faktor F. Die treibende Kraft für eine Miniaturisierung der Schaltungen ist die Tatsache, daß das *Verzögerungsleistungsprodukt* (Produkt aus Signalverzögerungszeit und Leistungsverbrauch), das allgemein als Charakteristikum einer integrierten Schaltung herangezogen wird, in etwa proportional der dritten Potenz dieses Skalierungsfaktors S ist. Ein weiteres Argument ist die Senkung der Herstellungskosten, da der Duplizierungsaufwand für integrierte Schaltungen weitaus geringer als für bestückte Leiterplatten ist. Nebenbei nimmt die Zuverlässigkeit zu, da sehr häufig nicht die einzelnen integrierten Schaltkreise, sondern deren Verbindungen für einen Ausfall verantwortlich sind.

**Tabelle 7.1.** Skalierungseffekte für MOS-Transistoren

| MOSFET-Parameter | Skalierungs-faktor |
|---|---|
| Geometrie (Länge, Breite, Oxiddicke ) | 1/F |
| Dotierungskonzentration | F |
| Spannung | 1/F |
| Feld | 1 |
| Strom | 1/F |
| Widerstand | 1 |
| Verzögerung | 1/F |
| Leistungsverbrauch | $1/F^2$ |
| Leistungsdichte | 1 |
| Verzögerungsleistungsprodukt | $1/F^3$ |

### 7.6.2 Auswirkungen der Skalierung auf Leitungen

Leider wirkt sich die Skalierung nicht nur vorteilhaft aus. Die Verringerung des Verzögerungsleistungsprodukts gilt nur für die aktiven Elemente (Transistoren). Ganz anders verhält es sich bei den passiven Elementen (Verbindungsleitungen zwischen den Transistoren), bei denen sich die Skalierung sehr negativ auswirken kann, wie Tabelle 7.2 und Bild 7.19, in dem die Skalierungsfaktoren F und $F_C$ definiert werden, verdeutlichen. F gibt dabei an, um welchen Faktor die minimalen Strukturgrößen verkleinert werden, und $F_c$ bedeutet, um welchen Faktor die Kantenlänge eines Chips zunimmt. Bild 7.19 verdeutlicht den Unterschied zwischen globalen und lokalen Verbindungen.

Man sieht, daß die Übertragungszeit und die Stromdichte mit zunehmender Verkleinerung linear und der Leitungswiderstand sogar quadratisch wachsen. Die Stromdichte befindet sich aber bereits bei heutigen Schaltungen mit 1000 *A* pro Quadratmillimeter (Aluminiumleitungen) an der oberen Grenze, ab der durch *Migration* Leitungen sehr unzuverlässig werden. (Bei hohen Stromdichten werden Metallatome aus dem Atomgitter herausgeschlagen. Dies bezeichnet man als Migration.) Die Leitungen "verschwinden" durch diesen Prozeß.

**Tabelle 7.2.** Vergleich der Skalierungsauswirkungen bei lokalen und globalen Verbindungen

| Eigenschaft | vor Skalierung | nach Skalierung |
|---|---|---|
| Länge<br>lokal<br>global | <br>L<br>L | <br>L/F<br>$F_c L$ |
| Dicke | W | W/F |
| Breite | H | H/F |
| Widerstand<br>lokal<br>global | <br>R<br>R | <br>FR<br>$F_c F^2 R$ |
| Kapazität<br>lokal<br>global | <br>C<br>C | <br>C/F<br>$F_c C$ |
| Verzögerung<br>lokal<br>global | <br>RC<br>RC | <br>RC<br>$(FF_c)^2$ RC |
| Stromdichte | J | FJ |

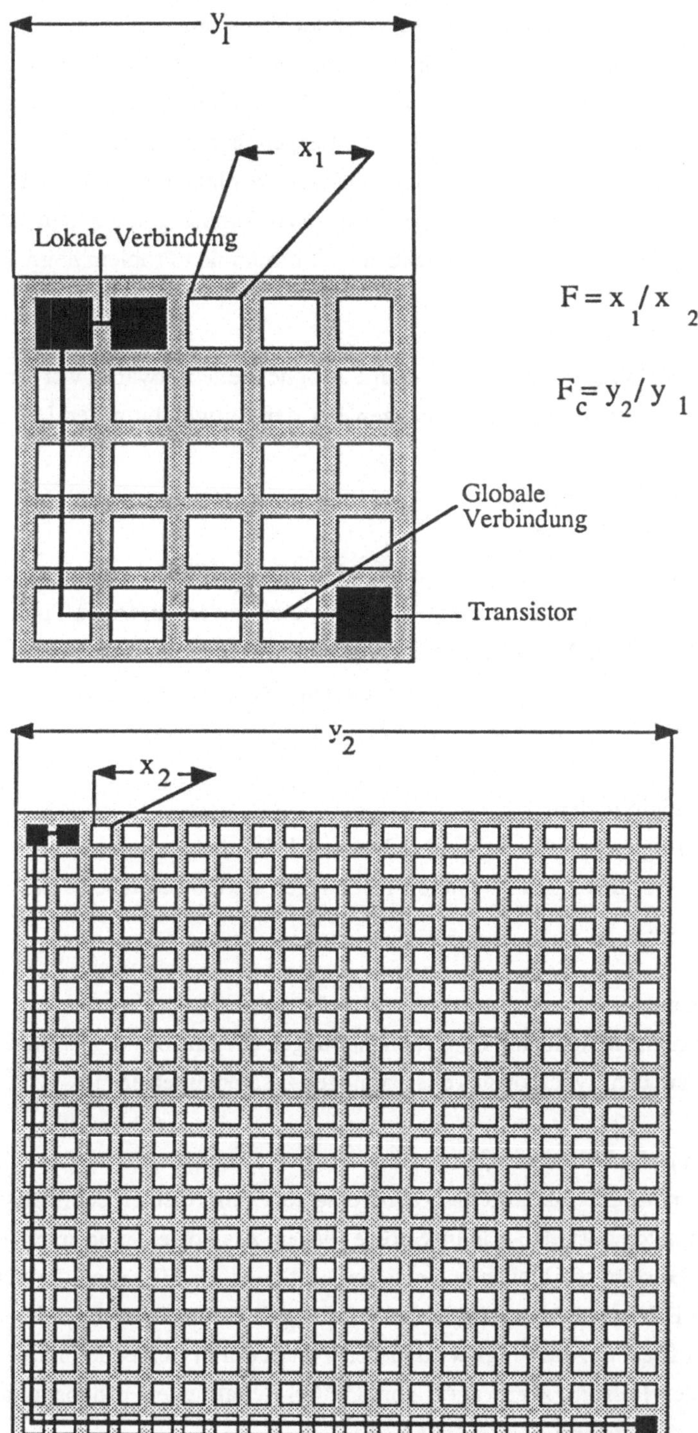


**Bild 7.19.** Entwicklung lokaler und globaler Verbindungen bei Skalierung

Aus der Tatsache, daß im Gegensatz zur Verzögerung der Transistoren die Leitungsverzögerung bei globalen Leitungen quadratisch im Verhältnis zur Strukturverkleinerung ansteigt, ergeben sich ganz neue Anforderungen an den Entwurf hochintegrierter Schaltungen. Während noch vor wenigen Jahren die Laufzeit gegenüber der Schaltzeit vernachlässigbar klein war, haben sich diese Zeiten mittlerweile einander angenähert, und zukünftig werden sogar die Laufzeiten über die Schaltzeiten dominieren. Die Laufzeit und damit die Verbindungsleitungen werden zunehmend zum zentralen Problem beim VLSI-Entwurf.

Zum Abschluß dieses Kapitels sollen noch einige Möglichkeiten erwähnt werden, mit denen versucht werden kann, diesen Tendenzen bei der Entwicklung der Leitungsverzögerung entgegenzuwirken:

- Minimierung der Leitungen
  Die Minimierung der Leitungen wird wichtiger als die Minimierung der Verarbeitungseinheiten. Braucht man z.B. an zwei voneinander entfernten Punkten in einer Schaltung eine Variable negiert und nicht negiert, so wird man u.U. an beiden Stellen invertieren, statt die Variable nur einmal zu negieren und dann zu transportieren.

- 'buses first, logic under'
  Wie es im Englischen kurz umschrieben wird, ist der wesentliche Kern der Methode, zuerst die Leitungsbahnen festzulegen und anschließend die Logik unterzubringen.

- Isochrone Zonen
  Zukünftig könnte man hochintegrierte Schaltungen eher als bisher aus asynchron kommunizierenden, synchronen Teilschaltungen zusammensetzen.

- CMOS- statt nMOS-Technologie
  Man geht von nMOS- auf CMOS-Technologie über. Ein Nachteil der (statischen) nMOS-Technologie ist, daß ständig Ströme fließen. Als Folge davon ergeben sich ein höherer Leistungsverbrauch und eine Begünstigung der Migration. Bei CMOS treten diese Effekte nicht in dem Maße auf, da hohe Ströme nur kurzzeitig beim Umschalten fließen. Allerdings wird dieser Vorteil durch steigende Frequenzen, zu denen der Leistungsverbrauch von CMOS-Schaltungen proportional ist, zunehmend kompensiert.

# Literaturverzeichnis


[Aar85] E. H. L. Aarts, P. J. M. Lararhoven
Statistical Cooling: A General Approach to Combinatorial Optimization Problems
Philips Journal of Research, Vol. 40, 1985

[AGR70] S. B. Akers, J. M. Geyer, D. L. Roberts
IC Mask Layout with a Single Conductor Layer
7th Design Automation Workshop, 1970

[Aho77] A. V. Aho, M. R. Garey, F. K. Hwang
Rectilinear Steiner Trees: Efficient Special Case Algorithms
Networks, 7, 1977

[AHU83] A. V. Aho, J. E. Hopcroft, J. D. Ullman
Data Structures and Algorithms
Addison-Wesley, 1983

[Amann87] R. Amann
Algorithmische Entwurfsverfahren für kombinierte PLA/ROM-Steuerwerke unter Verwendung von Zählern
Fortschrittberichte VDI, Reihe 9, No. 68

[APD81] P. Antognetti, D. O. Pederson, H. De Man
Computer Design Aids for VLSI Circuits
NATO Advanced Study Institutes Series, Series E: Applied Sciences - No. 48, 1981

[ASTAP]
Advanced Statistical Analysis Program (ASTAP), Program Reference Manual,
Pub. No. SH20-1118-0, IBM Corp. Data Proc. Div. , White Plains, NY 10604

[Ayres79] R. Ayres
Silicon Compilation - A Hierarchical Use of PLA's -
Caltech Conference on VLSI, 1979

[Bair78] H. S. Baird
Fast Algorithms for LSI Artwork Analysis
Journal of Design Automation and Fault-Tolerant Computing, Vol. 2, 1978

[Barb79] M. Barbacci
Instruction Set Processor Specification (ISPS): The Notation and its Application
Dept. of Computer Science, Carnegie Mellon University 1979

[Barb80] D. F. Barbe
Very Large Scale Integration Fundamentals and Applications
Springer Verlag, 1980

[Bata81] J. Batali et al.
The DPL/Daedalus Design Environment
VLSI '81, J. P. Gray (Editor), Academic Press, 1981

[BaTe80] C.M. Baker, C. Terman
Tools for Verifying Integrated Circuit Designs
Lambda Magazin, 1980

[BeFr79] J. L. Bentley, J. H. Friedman
A Survey of Algorithms and Data Structures for Range Stretching
ACM Computing Surveys, Vol. II, No. 4, 1979

[BeSt75] J. L. Bentley, D. F. Stanat
Analysis of Range Searches in Quad Trees
Info. Proc. Letter, 3-1975-6

[BHMS84] R. Brayton, G. Hachtel, C. McMullen, A. Sangiovanni-Vincentelli
Logic Minimization Algorithms for VLSI Synthesis
Kluwer Academic Publishers, 1984

[BHS81] R. K. Brayton, G. D. Hachtel, A. Sangiovanni-Vincentelli
A Taxonomy of CAD for VLSI
European Conference on Circuit Theory and Design, 1981

[Bla85] J. P. Blanks
Near-Optimal Placement Using a Quadratic Objective Function
22nd Design Automation Conf., 1985

[Bray88] R. Brayton, et al.
The Yorktown Silicon Compiler
in: D. Gajski (Hrsg. ), Silicon Compilation, Addison-Wesley, 1988

[Bre77] M. A. Breuer
Min-Cut Placement
Journal on Design Automation and Fault Tolerant Computing, Oct. 1977

[Bre77] M. A. Breuer
A Class of Min-Cut Placement Algorithms
14th Design Automation Conf., 1977

[Breu72] M. A. Breuer (Hrsg.)
Design Automation of Digital Systems
Prentice-Hall, 1972

[Breu75] M. A. Breuer (Hrsg.)
Digital System Design Automation: Languages, Simulation & Data Base
Pitman, 1975

[BrHe86] R. Brück, J. Herrmann
KOCOS - Ein Expertensystem zur Kompaktierung von Symbolischem VLSI-Layout
H. Heckl (Hrsg.), 2. E. I. S. Workshop, GMD, 1986

[Bur83] M. Burstein, R. Pelavin
Hierarchical Wire Routing
IEEE Trans. on Computer Aided Design, Vol. CAD-2, No.4, 1983

[Bur86] M. Burstein
Channel Routing
in: T. Ohtsuki (Hrsg.), Layout Design and Verification
Advances in CAD for VLSI, Vol. 4, North-Holland, 1986

[CaTr84] R. Camposano, L. Treff
STRUDEL: Eine Sprache zur Spezifikation der Struktur digitaler Schaltungen
Interner Bericht 7/84, Fakultät für Informatik, Universität Karlsruhe, 1984

[CER88] P.Castro, W. Eppler, W. Rosenstiel
Entwurf einer Schaltung zur Beschleunigung der Koordinatentransformation mit einem Silicon Compiler
GI-Jahrestagung, 1988

[Cha72] S. Chang
The Generation of Minimal Trees With a Steiner Topology
Journal of the Association for Computing Machinery, Vol. 19, No. 4, 1972

[Chu79] Y. Chu
Introducing CDL
IEEE Computer, Dec. 1979

[CKR84] R. Camposano, A. Kunzmann, W. Rosenstiel
Automatic Data Path Synthesis from DSL Specifications
Int. Conference on Computer Design ICCD'84, 1984

[CKS77] Y. E. Cho, A. J. Korenjak, D. E. Stockton
FLOSS: An Approach to Automated Layout for High-Volume Designs
14th Design Automation Conference, 1977

[CoBu85] P. Cotrell, E.M. Buturla
VLSI Wiring Capacitances
IBM Journal of Research and Development, Vol.29, No.3, May 1985

[Con87] J. Cong, D. F. Wong, C. L. Liu
A New Approach to the Three Layer Channel Routing Problem
Digest Intl. Conf. on Computer Aided Design, 1987

[CrKi56] S. R. Cray, R. N. Kisch
A Progress Report on Computer Applications in Computer Design
Proc. WJCC, 1956

[Deu76] D.N. Deutsch
A "Dogleg" Channel Router
13th Design Automation Conf., 1976

[Dij59] E.W. Dijkstra
A Note on Two Problems in Connexion With Graphs
Numerische Mathematik, Vol.1, 1959

[DoDa85] J. Do, W. Dawson
SPACER II - A Well Behaved IC Layout Compactor
VLSI'85, 1985

[Don73] W. E. Donath, A. J. Hoffmann
Lower Bounds for the Partitioning of Graphs
IBM Journal of Research and Development, 1973

[Don75] W. E. Donath
Hierarchical Placement Method
IBM Technical Disclosure Bulletin, 1975

[DSA87] G. De Micheli, A. Sangiovanni-Vincentelli, P. Antognetti (Hrsg. )
Design Systems for VLSI Circuits - Logic Synthesis and Silicon Compilation
Martinus Nijhoff Publishers, 1987

[DuDi75] J. Duley, D. Dietmeyer
A Digital System Design Language (DDL)
IEEE Transactions on Computers, Vol. C-24, No. 2, 1975

[Dun85] A. E. Dunlop, B. W. Kernighan
A Procedure For Placement of Standard-Cell VLSI Circuits
IEEE Trans. on Computer Aided Design of Circuits and Systems
Vol. CAD-4, No. 1, 1985

[Dunl78] A. E. Dunlop
SLIP: Symbolic Layout of Integrated Circuits with Compaction
Computer Aided Design, 1978

[Dunl80] A. E. Dunlop
SLIM - The Translation of Symbolic Layouts into Mask Data
17th Design Automation Conference, 1980

[EDIF87] EDIF Steering Committee
EDIF Electronic Design Interchange Format
Version 2 2 0, 1987

[EnDa85] G. Entenman, S. W. Daniel
A Fully Automatic Hierarchical Compactor
22nd Design Automation Conference, 1985

[Even79] S. Even
Graph Algorithms
Pitman, 1979

[Fid82] C. M. Fiduccia, R. M. Mattheyses
A Linear-Time Heuristic For Improving Network Partitions
19th Design Automation Conf. 1982

[Fra86] J. Frankle, R. M. Karp
Circuit Placements And Cost Bounds by Eigenvector Decomposition
Digest of the Intl. Conf. on Computer Aided Design, Nov. 1986

[Gajs88] D. Gajski (Hrsg. )
Silicon Compilation
Addison Wesley 1988

[GaKu83] D. Gajski, R. Kuhn
Guest Editors' Introduction: New VLSI Tools
Computer, December 1983

[GHHS84] E. Göttler, L. Haschigh, E. Hörbst, G. Sandweg et al.
Entwicklung von kundenspezifischen Schaltungen
Elektronik, Hefte 19, 20, 21, 22, 1984

[GlDo85] A. Glasser, D. W. Dobberpuhl
The Design and Analysis of VLSI Circuits
Addison-Wesley, 1985

[GoPa81] G. B, Goates, S. S. Patil
ABLE: A LISP-based Layout Modeling Language with User-Definable Procedural Models for Storage/Logic Array Design
18th Design Automation Conference, 1981

[Gree86] J. W. Greene
Layout to Layout Compaction
VLSI Systems Design, 1986

[GrPi82] D. J. Mc Greivy, K. A. Pickar (Hrsg. )
VLSI Technologies Through the 80s and Beyond
IEEE EHO 192-5, 1982

[Had77] F. O. Hadlock
A Shortest Path Algorithm for Grid Graphs
Networks, Vol. 7, 1977

[Haj85] B. Hajek
A Tutorial Survey of Theory and Applications of Simulated Annealing
24th Conf. on Decision and Control, Dec. 1985

[Hal70] K. M. Hall
An R-Dimensional Quadratic Placement Algorithm
Management Science, Vol. 17, Nov. 1970

[Ham84] G. T. Hamachi, J. K. Ousterhout
A Switchbox Router With Obstacle Avoidance
21st Design Automation Conf., 1984

[Han66] M. Hanan
On Steiner's Problem with Rectilinear Distance
SIAM Journal of Applied Mathematics, No. 14, 1966

[Han76] M. Hanan, P. K. Wolff Sr., B. J. Agule
A Study of Placement Techniques
Journal of Design Automation and Fault-Tolerant Computing, Vol. 1, No. 1, 1976

[Hanc81] A. Hanczakowski
TRICKY - Symbolic Layout System for Integrated Circuits
VLSI Spring Compcon, 1981

[Has71] A. Hashimoto, J. Stevens
Wire Routing by Optimizing Channel Assignment Within Large Apertures
8th Design Automation Workshop, 1971

[Hayes82] J. P. Hayes
A Unified Switching Theory with Applications to VLSI Design
Proceedings of the IEEE, Vol. 70, No. 10, 1982

[Herm85] L. Herman
Controlling CMOS Latch-up
VLSI Design, April 1985

[Hey88] W. Heyns, K. van Nieuwenhove
Recursive Channel Router
Proc. 25th Design Automation Conference, 1988

[HFL85] D. D. Hill, J. P. Fishburn, M. D. P. Leland
Effective Use of Virtual Grid Compaction in Macro-Module Generators
22nd Design Automation Conference, 1985

[Hig69] D. W. Hightower
A Solution to the Line Routing Problem on a Continous Plane
6th Design Automation Workshop, 1969

[Hig80] D. W. Hightower, R. Boyd
A Generalized Channel Router
17th Design Automation Conf., 1980

[HiPe78] F. J. Hill, G. R. Peterson
Digital Systems: Hardware Organization and Design
John Wiley & Sons, 1978

[HiPe81] F. J. Hill, G. R. Peterson
Introduction to Switching Theory and Logical Design
John Wiley and Sons, 1981

[HNS86] E. Hörbst, M. Nett , H. Schwärtzel
VENUS - Entwurf von VLSI-Schaltungen
Springer-Verlag, 1986

[HoLa83] M. Hofman, U. Lauther
MEX: An Instruction-Driven Approach to Feature Extraction
Proc. 20th DAC, 1983

[Höff78] B. Höfflinger (Hrsg.)
Großintegration
Oldenburg Verlag, 1978

[Hsue79] M. Y. Hsueh
Symbolic Layout Compaction of Integrated Circuits
Technical Report UCB/ERL/M79/80, University of California at Berkeley, 1979

[Hsue81] M. Y. Hsueh
Symbolic Layout Compaction, in: Computer Aids for VLSI Circuits
Ed. by P Antognetti, D. O. Pederson, H. DeMan, Sijthoff&Noordhoff, 1981

[Hua86] M. D. Huang, F. Romeo, A. Sangiovanni-Vincentelli
An Efficient General Cooling Schedule for Simulated Annealing
Intl. Conf. on Computer Aided Design, 1986

[Hwa78] F. K. Hwang
An O(nlogn) Algorithm for Suboptimal Rectilinear Steiner Trees
IEEE Trans. on Circuits and Systems, CAS-26, 1978

[IEEE88] IEEE-Std 1076-1987
IEEE Standard VHDL Language Reference Manual, March 1988

[JoBr80] S. C. Johnson, S. A. Browning
The LSI Design Language i
TM-1980-1273-10, Bell Laboratories, Murray Hill, 1980

[Joha79] D. Johannsen
Bristle Blocks - A Silicon Compiler
Caltech Conference on VLSI, January 1979

[Joo86] R. Joobbani, D. Siewiorek
WEAVER: a Knowledge-Based Routing Expert
IEEE Design and Test of Computers, Vol.3, No. 1, Feb. 1986

[Jou87] J. M. Jou, J. Y. Lee, J. F. Wang
A New Three-Layer Detailed Router for VLSI Layout
Digest Intl. Conf. on Computer Aided Design, 1987

[JSW82] P. G. Jespers, C. H. Sequin, F. van de Wiele
Design Methodologies for VLSI Circuits
Sijthoff & Noordhoff, 1982

[Kar83] R. M. Karp, R. L. Leighton, R. Rivest, C. D. Thompson, U. Vazirani, V. Vazirani
Global Wire Routing in Two Dimensional Arrays
Ann. Symp. on Foundations of Computer Science, 1983

[Karp82] K. Karplus
CHISEL, an Extension to the Programming Language C for VLSI Layout
Ph. D. Thesis, Dept. of Computer Science, Stanford University, 1982

[Katz83] R. H. Katz, J. Moran, U. Ramachandran, D. Schuh
"Big Caesar" and "Little Caesar": Adventures in Modifying and Extending CAD Software, VLSI Design, February 1983

[KCG58] M. Kloomok, P. W. Case, H. H. Graff
The Recording, Checking and Printing of Logic Diagrams
Proc. EJCC, 1958

[KeBi83] K. Keller, G. Billingsley
KIC2: Integrated Circuit Layout Program
University of California at Berkeley, April 1983

[Kede82] G. Kedem
The Quad-CIF Tree: A Data Structure for Hierarchical On-Line Algorithms
19th Design Automation Conference, 1982

[KeNe82] K. Keller, A. R. Newton
KIC2: A Low Cost Interactive Editor for Integrated Circuit Design
IEEE Compcon 1982

[Ker70] B. W. Kernighan, S. Lin
An Efficient Heuristic Procedure for Partitioning Graphs
Bell System Technical Journal, Vol. 49, No. 2, 1970

[Ker73] B. W. Kernighan, D. G. Schweikert, G. Persky
An Optimum Channel-Routing Algorithm for Polycell Layouts of Integrated Circuits
10th Design Automation Workshop, 1973

[KeWa83] G. Kedem, H. Watanabe
Graph-Optimization Techniques for IC Layout and Compaction
20th Design Automation Conference, 1983

[Kim84] J. H. Kim et. al.
Exploring Domain Knowledge in IC Layout
IEEE Design&Test, 8/1984

[King84] C. Kingsley
A Hierarchical, Error Tolerant Compactor
21st Design Automation Conference, 1984

[Kir83] S. Kirkpatrick, C. D. Gelatt, M. P. Vecchi
Optimization by Simulated Annealing
Science, Vol. 220, No. 4598, 1983

[Klin83] R. M. Kline
Structured Digital Design
Prentice-Hall, 1983

[KoAc86] P. Kollaritsch, B. Ackland
COORDINATOR: A Complete Design-Rule Enforced Layout Methodology
Intl. Conf. on Computer Design ICCD'86, 1986

[Kri84] B. Krishnamurthy
An Improved Min-Cut Algorithm for Partitioning VLSI Networks
IEEE Trans. on Computers Vol. C-33, Mai 1984

[KSS81] H. T. Kung, B. Sproull, G. Steele (Hrsg. )
VLSI Systems and Computations
Springer Verlag, 1981

[LaP80] A. S. LaPaugh
Algorithms for Integrated Circuits Layout: An Analytic Approach
Ph. D. Thesis, Laboratory for Computer Science, MIT, 1980

[LaP86] D. P. La Potin, S. W. Director
Mason: A Global Floorplanning Approach for VLSI Design
IEEE Trans. on Computer Aided Design, Vol. CAD-5, No. 4, 1986

[Lau79] U. Lauther
A Min-Cut Placement Algorithm for General Cell Assemblies Based on a Graph Representation
16th Design Automation Conf., 1979

[Lau86] U. Lauther, H. Yaghutiel
Simulated Annealing for Slicing Structures
EECS 290-C Final Report, Department of EECS,
University of California at Berkeley, Juni 1986

[Lee61] C. Lee
An Algorithm for Path Connections and its Applications
IRE Trans. on Electronic Computers, VEC-10, 1961

[LeMe83] Th. Lengauer, K. Mehlhorn
VLSI Complexity, Efficient VLSI Algorithms and the HILL Design System
Report A83/03, Universität des Saarlandes

[Lauth81] U. Lauther
An O(NLogN) Algorithm for Boolean Mask Operations
Proceedings 18th DAC, 1981

[LiWo83] Y. Z. Liao, C. K. Wong
An Algorithm to Compact a VLSI Symbolic Layout with Mixed Constraints
20th Design Automation Conference, 1983

[Lun86] M. Lundy, A. Mees
Convergence of the Annealing Algorithm
Mathematical Programming, Vol. 34, 1986

[Male85] F. Maley
Compaction with Automatic Jog Introduction
Proceedings Chapel Hill Conference on VLSI, 1985

[Mar84] M. Marek-Sadowska
Global Router for Gate Array
Int. Conf. on Computer Design, 1984

[MeCo80] C. Mead, L. Conway
Introduction to VLSI Systems
Addison-Wesley, 1980

[Met53] N. Metropolis, A. W. Rosenbluth, M. N. Rosenbluth, E. Teller, A. H. Teller
Equation of State Calculations by Fast Computing Machines
Journal of Chemical Physics, Vol. 21, No. 6, 1953

[Mik68] K. Mikami, K. Tabuchi
A Computer Program for Optimal Routing of Printed Circuit Connectors
IFIPS Proc. Vol. H47, 1986

[Mill79] J. Millman
Microelectronics
Mc Graw Hill, 1979

[MJD83] J. Mavor, M. A. Jack, P. B. Denyer
Introduction to MOS LSI Design
Addison-Wesley, 1983

[MlSu86] D. A. Mlynski, C. Sung
Layout Compaction, in: T. Ohtsuki (Hrsg.), Layout Design and Verification
Advances in CAD for VLSI, Vol. 4, North-Holland, 1986

[MNE82] R. Matthews, J. Newkirk, P. Eichelberger
A Target Language for Silicon Compilers
IEEE Compcon, 1982

[Mohs79] A. Mohsen
Device and Circuit Design for VLSI
Caltech Conference on VLSI, January 1979

[Mokh85] N. Mokhoff
CMOS Achives Balance of Speed, Power and Density
Computer Design, Mai 1985

[Moor59] E. F. Moore
The Shortest Path Through a Maze
Annals of the Computation Laboratory of Harvard University, Vol. 30,
Harvard University Press, 1959

[Moor79] G. Moore
VLSI:Some Fundamental Challenges
IEEE Spectrum, April 1979

[Most81] R. C. Mosteller
REST: A Leaf Cell Design System
VLSI'81, Academic Press, 1981

[MPC88] M. McFarland, A. Parker, R. Camposano
Tutorial on High-Level Synthesis
25th Design Automation Conference, 1988

[Mukh86] A. Mukherjee
Introduction to nMOS and CMOS VLSI Systems Design
Prentice Hall, 1986

[Muro82] S. Muroga
VLSI System Design:When and How to Design Very-Large-Scale Integrated Circuits
John Wiley & Sons, 1982

[NDR87] L. S. Nyland, S. W. Daniel, D. Rogers
Improving Virtual Grid Compaction Through Grouping
24th Design Automation Conference, 1987

[NeSp79] W. M. Newman, R. F. Sproull
Principles of Interactive Graphics
McGraw-Hill, 1979 (2nd Edition)

[Nies83] N. Niessen
Hierarchical Design Methodologies and Tools for VLSI Chips
IEEE Proceedings, Vol. 71, No. 1, 1983

[NPSS81] A. R. Newton, D. O. Pederson, A. L. Sangiovanni-Vincentelli, C. H. Sequin
Design Aids for VLSI: The Berkeley Perspective
IEEE Transactions on Circuits and Systems, Vol. CAS-28, No. 7, July 1981

[Oh86/87] T. Ohtsuki (Hrsg. )
Advances in CAD for VLSI, Band 1 - 7,
North Holland 1986/87

[Oht86] T. Ohtsuki (Hrsg.)
Layout Design and Verification
Advances in CAD for VLSI, Vol. 4, North-Holland, 1986

[Ott82] R. Otten
Automatic Floorplan Design
19th Design Automation Conf., 1982

[Ott84] R. H. J. M. Otten, L. P. P. P. van Ginneken
Floorplan Design Using Simulated Annealing
Digest of the Intl. Conf. on Computer Aided Design, 1984

[Ott87] R. Otten
Layout Compilation
in: G. De Micheli, A. Sangiovanni-Vincentelli, A. Antognetti (Hrsg.)
Design Systems for VLSI Circuits - Logic Synthesis and Silicon Compilation,
Martinus Nijhoff Publishers, 1987

[Oust81] J. K. Ousterhout
Caesar: An Interactive Editor for VLSI
VLSI Design, Vol. II, No. 4, 4th Quarter 1981

[Oust82] J. K. Ousterhout
Corner Stitching: A Data Structuring Technique for VLSI Layout Tools
Report UCB/CSD82/114 of California at Berkeley, December 1982

[Oust84] J. K. Ousterhout et al
Magic: A VLSI Layout System
21st Design Automation Conference, 1984

[Pilo83] R. Piloty et al.
CONLAN Report
Springer, Berlin 1983

[Pre79] B.T. Preas
Placement and Routing Algorithms for Hierarchical Integrated Circuit Layout
Doctoral Dissertation, Department of Electrical Engineering,
Stanford University, 1979

[Pre88] B. Preas, M. Lorenzetti (Hrsg.)
Physical Design Automation of VLSI Systems
Benjamin Cummings Publishing Company, 1988

[Prei61] R. J. Preiss
Design Automation Survey: a Report to the AIEE Membership
AIEE Conference Paper CP61-178, New York, 1961

[Rabb83] G. Rabbat
Hardware and Software Concepts in VLSI
Van Nostrand Reinhold, 1983

[Ramm86] F. J. Rammig
Mixed Level Modeling and Simulation of VLSI Systems
in: E. Hörbst (Hrsg.): Logic Design and Simulation
aus der Reihe: T. Ohtsuki (Hrsg.): Advances in CAD for VLSI, North Holland, 1986

[RaTr83] B. Randell, P. C. Treleaven
VLSI Architecture
Prentice Hall 1983

[Ree85] J. Reed, A. Sangiovanni-Vincentelli, M. Santomauro
A New Symbolic Channel Router: YACR2
IEEE Trans. on Computer Aided Design, Vol. CAD-4, No. 3, 1985

[Rich67] P. Richman
Characteristics and Operation of MOS Field-Effect Devices
McGraw Hill, 1967

[Riv82] R. L. Rivest, C. M. Fiduccia
A "Greedy" Channel Router
19th Design Automation Conf., 1982

[RoKn83] W. Rosenstiel, B. Knödler
Gate-Arrays - Entwurfsprinzipien, Anwendungen, Technologien
Technische Rundschau, 75. Jahrgang, No. 51/52, 1983

[Rom85] F. Romeo, A. Sangiovanni-Vincentelli
Probabilistic Hill-Climbing Algorithms: Properties and Applications
in: H. Fuchs (Hrsg.), 1985 Chapel Hill Conference on Very Large Scale Integration, Computer Science Press, 1985

[Rose80] L. M. Rosenberg
The Evolution of Design Automation to Meet the Challenges of VLSI
17th Design Automation Conference, 1980

[Rose86] W. Rosenstiel et al.
Logic Synthesis, in: E. Hörbst (Hrsg. ): Logic Design and Simulation aus der Reihe: T. Ohtsuki (Hrsg. ): Advances in CAD for VLSI, North Holland, 1986

[San87] A. Sangiovanni
Automatic Layout of Integrated Circuits
in: G. de Micheli, A. Sangiovanni-Vincentelli, P. Antognetti (Hrsg.)
Design Systems for VLSI Circuits - Logic Synthesis and Silicon Compilation
Martinus Nijhoff Publishers, 1987

[SaPa82] S. Sastry, A. Parker
The Complexity of Two-Dimensional Compaction of VLSI Layouts
Int. Conference on Circuits and Computers, 1982

[ScAm87] Scientific American, No. 10, 1987

[Schu72] D. M. Schuler, E. G. Ulrich
Clustering and Linear Placement
9th Design Automation Workshop, 1972

[ScOu84] W. Scott, J. K. Ousterhout
Plowing: Interactive Stretching and Compaction in Magic
21st Design Automation Conference, 1984

[Seid88] A. Seidl, H. Klose, M. Svoboda, J. Oberndorfer, W. Roessner
CAPCAL- A 3-D Capacitance Solver for Support of CAD Systems
IEEE Transactions on CAD of Integrated Circuits and Systems, Vol.7, May 1988

[Seil82] L. Seiler
A Hardware Assisted Design Rule Check Architecture
19th Design Automation Workshop, 1982

[Shi86] H. Shin, A. Sangiovanni-Vincentelli
MIGTHY: A "Rip-up and Re-route" Detailed Router
Int. Conf. on CAD, 1986

[SLW83] M. Schlag, Y. Z. Liao, C. K. Wong
An Algorithm for Optimal Two-Dimensional Compaction of VLSI Layouts
Integration, 1, 1983

[Sou78] J. Soukup
Fast Maze Router
15th Design Automation Conf., 1978

[SSS86] H. Shin, A. L. Sangiovanni-Vincentelli, C. H. Sequin
Two Dimensional Compaction by Zone Refining
23rd Design Automation Conference, 1986

[Sto83] L. Stockmeyer
Optimal Orientations of Cells in Slicing Floorplan Designs
Informations and Control, Vol. 59, 1983

[StSe84] F. Straker, S. Selbstherr
Capacitance Computation for VLSI Structures
Proc. Int. Conf. on Simulation of Semiconductor Devices and Processes, 1984

[Szyg72] S. Szygenda
TEGAS 2 - Anatomy of a General Purpose Test Generation and Simulation System for Digital Logic
9th Design Automation Workshop, 1972

[SzWy83] T.G. Szymanski, C.J. von Wyk
Space Efficient Algorithms for VLSI Network Analysis
20th Design Automation Conference, 1983

[TaOu84] G. Taylor, J. K. Ousterhout
Magic's Incremental Design-Rule Checker
21st Design Automation Conference, 1984

[TaSu82] M. Tamminen, R. Sulonen
The EXCELL Method for Efficient Geometric Access to Data
19th Design Automation Conference, 1982

[Thom86] D. Thomas
Automatic Data Path Synthesis
S. Goto (Hrsg. ): Design Methodologies
aus der Reihe: T. Ohtsuki (Hrsg. ): Advances in CAD for VLSI, North Holland, 1986

[Trim87] S.M. Trimberger
An Introduction to CAD for VLSI
Kluwer, 1987

[Ullm84] J. D. Ullman
Computational Aspects of VLSI
Computer Science Press, 1984

[Vec83] M. P. Vecchi, S. Kirkpatrick
Global Wiring by Simulated Annealing
IEEE Trans. on Computer Aided Design, Vol. CAD-2, No. 4, 1983

[Vlad81] A. Vladimirescu et al.
SPICE Version 2G User's Guide
Department of Electrical Engineering and Computer Science, University of California, Berkeley, 1981

[VLSI81] VLSI 81 - Very Large Scale Integration
International Conference on Very Large Scale Integration
University of Edinburgh, August 1981

[VLSI82] Advanced Course on VLSI Architecture
Bristol, Juli 1982

[VLSI85] VLSI 85 - Very Large Scale Integration
International Conference on Very Large Scale Integration, Tokio, 1985

[Warn69] J. E. Warnock
A Hidden Surface Algorithm for Computer Generated Halftone Pictures
Computer Science Department, University of Utah, 1969

[WaTh85] R. A. Walker, D. E. Thomas
A Model of Design Representation and Synthesis
22nd Design Automation Conference, 1985

[WeEs85] N. Weste, K. Eshraghian
Principles of CMOS VLSI Design
Addison-Wesley, 1985

[West81a] N. E. Weste
MULGA - An Interactive Symbolic Layout System
for the Design of Integrated Circuits
Bell System Technical Journal, Vol. 60, No. July-August 1981

[West81b] N. E. Weste
Virtual Grid Symbolic Layout
18th Design Automation Conference, 1981

[Whi84] S. White
Concept of Scale in Simulated Annealing
Int. Conf. on Computer Design, 1984

[Will78] J. D. Williams
STICKS - A Graphical Compiler for High Level LSI Design
National Computer Conference, 1978

[WMND83] W. Wolf, R. Mathews, J. Newkirk, R. Dutton
Two-Dimensional Compaction Strategies
ICCAD, 1983

[Wolf84] W. Wolf
Two-Dimensional Compaction Strategies
Ph. D. Thesis, Stanford University, 1984

[Won86] D. F. Wong, C. L. Liu
A New Algorithm for Floorplan Design
23rd Design Automation Conf., 1986

[Wong84] C. K. Wong
An Optimal Two-Dimensional Compaction Scheme, in: P. Bertolazzi, F. Luccio (Hrsg.), VLSI: Algorithms and Architectures, North-Holland, 1985

[Yos82] T. Yoshimura, E.S. Kuh
Efficient Algorithms for Channel Routing
IEEE Trans. on CAD of Integrated Circuits and Systems, CAD-1, 1, 1982

[Yosh86] K. Yoshida
Layout Verification, in: T. Ohtsuki (Hrsg.), Layout Design and Verification
North Holland, 1986

[Young79] E. S. Young
Fundamentals of Semiconductor Devices
McGraw Hill, 1979

# Sachverzeichnis

## A



## B



## C

# D



# E



# F



# G

## H



## I



## K



## L

## M



## N



## O



## P

## Q



## R



## S

# T



# U



# V

## W



## Z